职业教育机电类专业课程改革创新规划教材

单片机应用技术

丛书主编　李乃夫

主　　编　孙月红

副 主 编　袁小平

参　　编　许春香　王振宇　张耀文
　　　　　　顾佳茗　叶勇盛

主　　审　姚永平

电子工业出版社

Publishing House of Electronics Industry

北京·BEIJING

内 容 简 介

本书以国内广泛使用的 MCS-51 系列单片机中的 8051 为基础，以 STC 公司生产的最新 15 系列芯片为主要对象，介绍了它的基本结构、特点和程序设计方法，以及 MCS-51 内部的主要资源，包括定时/计数器、中断系统、内部接口等使用方法，重点介绍了 STC15 单片机的常用控制功能、应用系统开发与运用。本书针对单片机原理及应用，本着理论必需、够用的原则，突出实用性、操作性，内容由浅入深，循序渐进，精选项目，突出重点；对于接口技术和应用系统则提供了详细的原理说明、电路图、完整的程序代码及程序流程图。开发语言采用移植性高、直接对系统硬件控制的 C 语言。

本书可作为技师、职业院校机电、电子等专业的教材，也可以作为工程技术人员的参考书。

未经许可，不得以任何方式复制或抄袭本书之部分或全部内容。
版权所有，侵权必究。

图书在版编目（CIP）数据

单片机应用技术/孙月红主编. —北京：电子工业出版社，2017.6
职业教育机电类专业课程改革创新规划教材
ISBN 978-7-121-27935-5

Ⅰ.①单… Ⅱ.①孙… Ⅲ.①单片微型计算机－职业教育－教材 Ⅳ.①TP368.1

中国版本图书馆 CIP 数据核字（2015）第 309833 号

策划编辑：张　凌
责任编辑：张　凌
印　　刷：三河市鑫金马印装有限公司
装　　订：三河市鑫金马印装有限公司
出版发行：电子工业出版社
　　　　　北京市海淀区万寿路 173 信箱　邮编　100036
开　　本：787×1 092　1/16　印张：21.25　字数：544 千字
版　　次：2017 年 6 月第 1 版
印　　次：2017 年 6 月第 1 次印刷
定　　价：39.80 元

凡所购买电子工业出版社图书有缺损问题，请向购买书店调换。若书店售缺，请与本社发行部联系，联系及邮购电话：（010）88254888，88258888。
质量投诉请发邮件至 zlts@phei.com.cn，盗版侵权举报请发邮件至 dbqq@phei.com.cn。
本书咨询联系方式：（010）88254583，zling@phei.com.cn。

序

21 世纪，全球全面进入了计算机智能控制/计算时代，其中的一个重要方向就是以单片机为代表的嵌入式计算机控制/计算。由于最适合中国工程师、学生入门的 8051 单片机在中国应用已有 40 多年的历史，绝大部分的工科院校的工科非计算机专业均有此必修课，有几十万名对该单片机十分熟悉的工程师可以相互交流开发、学习心得，有大量的经典程序和电路可以直接套用，从而大幅降低了开发风险，极大地提高了开发效率，这也是 STC 宏晶科技/南通国芯微电子有限公司开发基于 8051 内核的 STC 系列单片机的巨大技术优势，是目前中国高校工科非计算机专业以国产 STC 介绍微机原理、单片机原理及应用的主要原因。

Intel 8051 技术诞生于 20 世纪 70 年代，不可避免地面临技术落伍的危险，如果不对其进行大规模技术创新，我国的单片机教学与应用就会陷入被动局面。为此，我们对 STC15 系列单片机进行了全面的技术升级与创新。

1．一个芯片就是一个仿真器（IAP15F2K61S2/IAP15W4K58S4，人民币 5 元方便学校教学）。

2．不需外部晶振（内部时钟 5~35MHz，ISP 编程时可设置，工业级范围，温漂 1%）。

3．不需外部复位（内置高可靠复位电路，ISP 编程时可设多级复位门槛电压）。

4．大容量 Flash 程序存储器（可反复编程 10 万次以上，无法解密），容量从 1~63.5KB 可选。

5．大容量内部 SRAM，128/256/512/1K/2K/4K 字节可选。

6．ISP/IAP 技术全球领导者，全部可在线升级，全部可用 Flash 实现 EEPROM 的功能。

7．对传统 8051 进行了提速，指令最快提高了 24 倍，平均快了 6.8 倍。

8．集成 ADC/CCP/PWM（PWM 还可当 DAC 使用,新增 PWM 带死区控制的 STC15W4K32S4 系列）。

9．集成 2~4 路超高速异步串行通信端口 UART，分时复用可当 5 组使用。

10．集成 1 路高速同步串行通信端口 SPI。

11．定时器（3~6 个 16 位自动重装载定时器+2~3 路 CCP 定时器），看门狗。

12．超强抗干扰，无法解密。

STC15F2K60S2 单片机是宏晶科技的典型单片机产品，采用了增强型 1T 8051 内核，片内集成：60KB Flash 程序存储器、1KB 数据 Flash（EEPROM）、2048B RAM、3 个 16 位可自动重装载的定时/计数器（T0、T1 和 T2）、可编程时钟输出功能、最多 42 根 I/O 口线、2 个全双工超高速异步串行口（UART）、1 个高速同步通信端口（SPI）、8 通道 10 位 ADC、3 通道 PWM/可编程计数器阵列/捕获/比较单元（PWM/PCA/CCU/DAC）、MAX810 专用复位电路和硬件看门狗等资源。另外，STC15F2K60S2 单片机内部还集成了高精度 R/C 时钟，可以省去外部晶振电路，单芯片就是最小应用系统，真正实现了一块芯片就是一台"单片微型计算机"的梦想。STC15F2K60S2 单片机具有在系统可编程（ISP）功能，可以省去价格较高的专用编程器，开发环境的搭建非常方便。

引脚兼容的专用仿真芯片是 IAP15F2K61S2，作为校企合作的代表，IAP15F2K61S2 可直接当仿真器，特别适合教学，售价也只有 5 元人民币，同系列 8-Pin 的单片机 STC15F100W，人民币只需 0.89 元。定时器只需要学习一种模式，模式 0（16 位自动重装载）即可，解决了 8051 单片机长期以来虽有四种模式，却定时不准或定时不够长的问题，并且对串行口也做了重大改进，既简单方便、误差小，速度又快（系统时钟频率/4/（65536-[T2H，T2L]））。

在中国民间草根企业掌握了 Intel 8051 单片机技术，以"初生牛犊不怕虎"的精神，击溃了欧美竞争对手后，正在向 32 位单片机前进。此时，欣闻官方国家队也已掌握了 Intel 80386 通用 CPU 技术，相信经过数代人的艰苦奋斗，我们一定会赶上和超过世界先进水平！

明知山有虎，偏向虎山行。

感谢 Intel 公司发明了经久不衰的 8051 体系结构，感谢孙月红老师的新书，保证了中国 40 多年来的单片机教学与世界同步。

STC 创始人：姚永平
www.STCMCU.com　　www.GXWMCU.com

前　言

单片机在我们的日常生活和工作中无处不在、无处不有：家用电器中的电子表、洗衣机、电饭煲、豆浆机、电子秤；住宅小区的监控系统、电梯智能化控制系统；汽车电子设备中的ABS、GPS、ESP、TPMS；医用设备中的呼吸机，各种分析仪，监护仪，病床呼叫系统；公交汽车、地铁站的IC卡读卡机、滚动显示车次和时间的LED点阵显示屏；计算机的外设，如键盘、鼠标、光驱、打印机、复印件、传真机、调制解调器；计算机网络的通信设备；智能化仪表中的万用表，示波器，逻辑分析仪；工厂流水线的智能化管理系统，成套设备中关键工作点的分布式监控系统；导弹的导航装置，飞机上的各种仪表等。

单片机经过几十年的发展与使用，单片机正朝着高性能、高集成度和多品种方向发展，它们的CPU功能在增强，内部资源在增多，引脚的多功能化，以及低电压低功耗的开发与应用。当今时代是一个新技术层出不穷的时代，在电子领域尤其是自动化智能控制领域，传统的分立元件或数字逻辑电路构成的控制系统，正以前所未见的速度被单片机智能控制系统所取代。单片机具有体积小、功能强、成本低、应用面广等优点，在智能控制、仪器仪表、PLC等方面得到了广泛的应用。

目前，国内不少教材仍使用经典的Intel公司的MCS51单片机进行讲解，本书选择国内比较流行、一块芯片就是一个最小系统的STC15系列单片机、编程语言采用C语言进行介绍。教师可登录宏晶公司 www.stcmcu.com 网站申请免费IAP15F2K61S2、IAP15W4K61S4芯片及U8程序下载器。各模块所需元件、电路原理图、演示实物图、调试程序、中高级学习板、演示文稿、学习视频等资料可通过网址 http://jjauto.lingw.net 查看。

本书编写得到南通国芯微电子有限公司姚永平的技术指导与支持，国家级特级教师李乃夫老师、潘玉山老师也给予帮助与指导。

本书由从事教学工作一线的教师编写，以项目为教学单元，贯彻"学中做、做中学"的学习理念，以实用、够用为主的指导原则。使用积木式的逻辑思维模式构建硬件，并实用性地介绍这些积木的使用，读者学完本课程项目后可以使用这些积木硬件开发很多实用性的小系统。读者根据书中列举的一个一个项目去完成，不需要过多地了解单片机元器件内部结构，可以揭开单片机神秘的面纱。

本书共13个项目，分别是：Keil C51软件的安装与应用、Proteus仿真软件的安装与使用、指示灯电路的制作与应用、单片机最小系统的制作、蜂鸣器电路的制作、流水灯电路的制作与应用、矩阵键盘的制作与应用、一位数码管电路的制作与应用、多位数码管电路的制作与应用、温度传感器DS18B20的应用、ADC/DAC模数转换的应用、电动机控制的应用、单片机综合应用分析。

本书由孙月红任主编，袁小平任副主编，许春香教授编写了项目1、2、3，王振宇老师编写了项目4，张耀文老师编写项目5，顾佳茗老师编写了项目8、9，叶勇盛老师编写了项目10、11、12，其他项目及附录由孙月红编写。程序经孙月红老师通过自做实物模块得到验证。袁小平教授验证了全书电路及其相关程序，同时对相关章节的内容提出了宝贵的修改意见。

鉴于一线教师教科研工作繁重，加之使用最新芯片进行调试，仅开发了 STC15 系列单片机芯片的很小部分功能，书中难免有错误或不妥之处，恳请广大同行及读者批评指正。

编　者

目　录

项目 1　Keil C51 软件的安装与应用 ·· 1

　　任务 1　安装 Keil C51 软件 ··· 1
　　任务 2　Keil C51 软件的应用 ·· 6
　　任务 3　理解 C 语言程序基本结构 ··· 22

项目 2　Proteus 仿真软件的安装与使用 ·· 28

　　任务 1　安装 Proteus 仿真软件 ·· 28
　　任务 2　Proteus 仿真软件的应用 ··· 33

项目 3　指示灯电路的制作与应用 ··· 44

　　任务 1　认识常用电子元器件 ··· 44
　　任务 2　确定指示灯电路参数 ··· 53
　　任务 3　制作指示灯电路 ·· 59

项目 4　单片机最小系统的制作 ·· 69

　　任务 1　制作传统 51 单片机最小系统 ·· 69
　　任务 2　制作 STC15 单片机最小系统 ·· 76
　　任务 3　制作带硬件仿真的 STC15 单片机最小系统 ·················· 82

项目 5　蜂鸣器电路的制作 ··· 88

　　任务 1　蜂鸣器控制电路设计 ··· 88
　　任务 2　在 Proteus 仿真软件中实现蜂鸣器控制 ······················· 94
　　任务 3　蜂鸣器电路的制作 ·· 105

项目 6　流水灯电路的制作与应用 ··· 109

　　任务 1　制作 8 路流水灯电路显示模块 ···································· 109
　　任务 2　实现流水灯流水功能 ··· 115
　　任务 3　实现多种花样流水功能 ··· 124

项目 7　矩阵键盘的制作与应用 ·· 132

　　任务 1　制作矩阵键盘 ··· 132
　　任务 2　独立按键编程 ··· 137
　　任务 3　矩阵键盘编程 ··· 142

项目 8　一位数码管电路的制作与应用 ··· 155

任务 1　制作一位数码管电路显示模块 ··· 155
任务 2　外部中断的使用 ··· 160
任务 3　在 Proteus 软件中实现数码管的显示 ································ 166
任务 4　按键计数 ··· 173

项目 9　多位数码管电路的制作与应用 ··· 181

任务 1　制作多位数码管电路显示模块 ··· 181
任务 2　定时器的使用 ··· 189
任务 3　在 Proteus 软件中实现数字钟 ·· 196
任务 4　数字钟的制作 ··· 206

项目 10　温度传感器 DS18B20 的应用 ··· 217

任务 1　了解 DS18B20 温度传感器 ·· 217
任务 2　使用数码管显示温度 ··· 224
任务 3　使用 1602LCD 显示温度 ··· 234

项目 11　ADC/DAC 模数转换的应用 ·· 246

任务 1　PCF8591 的应用 ··· 246
任务 2　STC15 内部 AD 模块的应用 ··· 266

项目 12　电动机控制的应用 ·· 282

任务 1　直流电动机控制的应用 ··· 282
任务 2　步进电动机控制的应用 ··· 293

项目 13　单片机综合应用分析 ·· 305

附录

附录 1　烧写单片机程序 ··· 319
附录 2　Keil C51 的软件、硬件仿真 ··· 323
附录 3　ANSIC 标准关键字 ·· 327
附录 4　字符串常用的转义字符表 ··· 328
附录 5　C51 编译器的扩展关键字 ·· 329
附录 6　单片机 C 语言中常用的数据类型 ··· 330
附录 7　运算符优先级和结合性 ··· 331

项目 1　Keil C51 软件的安装与应用

项目描述

C 语言与汇编语言相比，在功能、结构性、可读性、可维护性上有明显的优势，易学易用。用过汇编语言后再使用 C 语言来开发单片机，体会会更加深刻。Keil C51 软件是一款优秀的使用 C 语言开发单片机应用系统的工具，它是由美国 Keil Software 公司出品，兼容 51 系列单片机的 C 语言软件开发系统。该软件投入市场已经多年，积累了丰富的经验，特别是在 C 语言的支持上，Keil C51 单片机开发工具已经远远超过其他同类软件，达到了非常理想的地步。本项目任务有：

任务 1　安装 Keil C51 软件
任务 2　Keil C51 软件的应用
任务 3　理解 C 语言程序基本结构

任务 1　安装 Keil C51 软件

软件安装

Keil C51 V9 即最新版本μVision 4，版本外观改变较大，引入灵活的窗口管理系统，能够将窗口拖放到视图内的任何地方，包括支持多显示器窗口。安装步骤如下。

（1）双击"Keil C51V901.exe"，弹出如图 1-1 所示对话框，单击"Next"按钮。

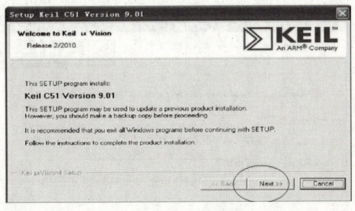

图 1-1　Keil C51 安装界面 1

（2）如图 1-2 所示，在"I agree to all the terms of the preceding License Agreement"前打"√"，单击"Next"按钮。

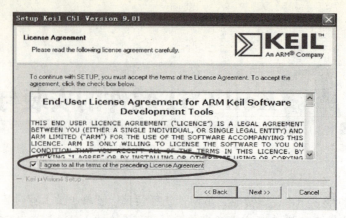

图1-2　Keil C51 安装界面 2

（3）如图1-3所示，可不改变安装路径，单击"Next"按钮。

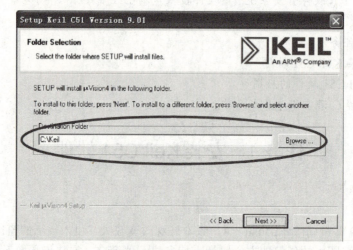

图1-3　Keil C51 安装界面 3

（4）如图1-4所示，输入相应的用户名及邮箱地址等，单击"Next"按钮。

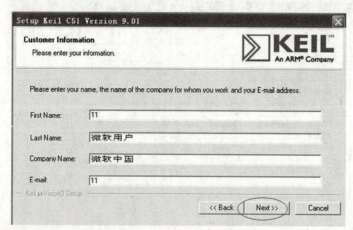

图1-4　Keil C51 安装界面 4

（5）安装结束后，单击"Next"按钮，如图1-5所示。

项目 1 Keil C51 软件的安装与应用

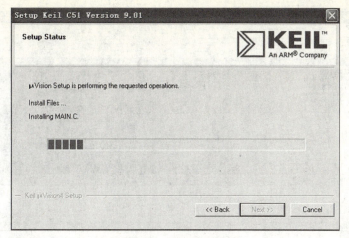

图 1-5　Keil C51 安装界面 5

（6）如图 1-6 所示，单击"Finish"按钮。

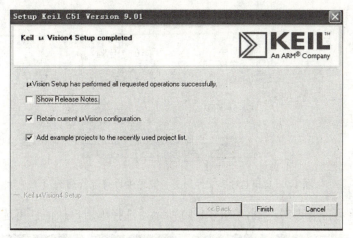

图 1-6　Keil C51 安装界面 6

（7）安装结束后，自动在【开始】→【程序】菜单中增加了应用程序"Keil μVision4"，并在桌面上自动增加了"Keil μVision4"图标，如图 1-7 所示。

图 1-7　Keil C51 桌面图标

（8）双击桌面上"Keil μVision4"图标，打开安装好的 Keil C51 软件，进入 Keil C51 操作主界面，如图 1-8 所示。若操作系统是 Windows XP 以上版本，建议右键单击"Keil μVision4"图标，以管理员身份打开 Keil C51 软件。

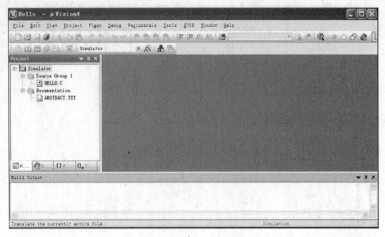

图 1-8　Keil C51 操作主界面

（9）单击菜单【File】→【License Management】，进行许可证的管理，如图 1-9 所示。

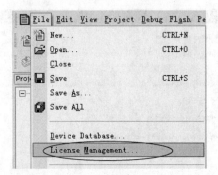

图 1-9　Keil C51 "文件"下拉菜单中许可证管理选项

（10）弹出许可证管理对话框，如图 1-10 所示，选择单用户认证许可选项。

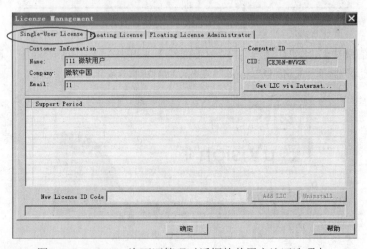

图 1-10　Keil C51 许可证管理对话框的单用户认证选项卡

（11）正版软件都有注册号，将正版软件的注册号输入"New License ID Code"框中，如图 1-11 所示。

项目 1　Keil C51 软件的安装与应用

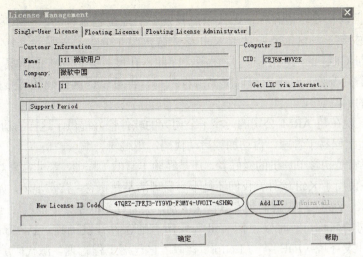

图 1-11　Keil C51 许可证管理验证注册码

（12）单击"Add LIC"按钮后，在"Support Period"中出现使用日期，在下方的文本框中出现"*** LIC Added Successfully ***"等字样，如图 1-12 所示。单击"确定"按钮后，完成 Keil C51 软件的安装。

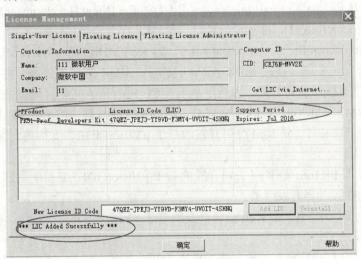

图 1-12　Keil C51 许可证管理注册显示使用期间

Keil 软件的分类

在开发单片机时，可以使用 C 语言或者汇编语言开发工具，但这两种语言编写的源程序都不能直接下载到单片机中，能不能执行暂且不说，就代码的字节总数而言，单片机的内部存储空间是远远不够的。所以，需要有一个软件，把 C 语言或者汇编语言编写的程序编译生成单片机可执行的二进制代码，而且它的代码长度也应该非常小，足够存放在单片机的内部存储器中。

随着 IC 工艺的不断成熟，MCU 的存储资源越来越便宜，工作频率也越来越高，所以在资源利用率及执行效率上不像以前要求得那么高了，而且实现的功能也越来越强大。这些因素都使得 C 语言以及 C++语言在嵌入式系统开发中的地位越来越高，连 MCS-51 的程序编写也以 C 语言为主导了，这都要归功于 Keil 这个强大且十分容易入手的工具。面向程序员的高级语言比面向 CPU 的汇编语言好用得多，因此，在硬件条件允许的情况下，程序员当然选择使用高级语言编程，这不但可以提高编程效率，也可以提高代码的可维护性，且十分有利于大型工程的编写。

Keil 公司（现在是 ARM 公司的一个子公司）的软件恰好提供了这样的功能，并且它还有很多优点，比如工程易于管理，自动加载启动代码，集编辑、编译、仿真于一体，调试功能强大等。因此，不管是初学单片机的爱好者，还是经验丰富的工程师，都非常喜欢使用这些软件。但是，即使熟练使用了 Keil 软件，我们还是不容易理清某些概念，常常混淆，如 Keil、μVision、RealView、MDK、Keil C51，它们到底有什么区别，又有什么联系？下面就做一个简单的分析。

Keil 是公司的名称，有时候也指 Keil 公司所有的软件开发工具。μVision 是 Keil 公司开发的一个集成开发环境（IDE），与 Eclipse 类似。它包括工程管理，源代码编辑，编译设置，下载调试、编译，模拟仿真等功能。μVision 有 μVision2、μVision3 和 μVision4 三个版本，目前最新的版本是 μVision4。它提供一个环境，让开发者易于操作，但并不提供下载功能。μVision 通用于 Keil 的开发工具中，例如 MDK，PK51，PK166，DK251 等。

RealView 是一系列开发工具集合的总称，简称 RV，包括 RVD（RealView Debugger），RVI（RealView ICE），RVT（RealView Trace），RVDS（RealView Development Suite），RV MDK（RealView Microcontroller Development Kit）等产品。

MDK（Microcontroller Development Kit），即 Keil MDK、RealView MDK 或者 Keil For ARM，ARM 公司现在统一使用 MDK-ARM 的称呼，MDK 的设备数据库中有很多厂商的芯片，是专为微控制器开发的工具，为满足基于 MCU 进行嵌入式软件开发的工程师的需求而设计，支持 ARM7、ARM9、Cortex-M3/M1、Cortex-R0/R4 等 ARM 微控制器内核。

Keil C51，即 PK51，是 Keil 公司开发的基于 μVision IDE，支持绝大部分 51 内核的微控制器开发工具。

Keil C166，即 PK166，是 Keil 公司开发的基于 μVision IDE，支持绝大部分 XC16x、C16x 和 ST10 系列的微控制器开发工具。

Keil C251，即 DK251，是 Keil 公司开发的基于 μVision IDE，支持绝大部分基于 251 核的微控制器的开发工具。

Keil 公司目前有四款独立的嵌入式系统软件开发工具，即 MDK、Keil C51、Keil C166、Keil C251，它们都是 Keil 公司品牌下的产品，都基于 μVision 集成开发环境，其中 MDK 是 RealView 系列中的一员。

任务 2　Keil C51 软件的应用

学习目标

- 掌握使用"STC-ISP 下载编程烧录软件"添加 STC 芯片型号至 Keil C51 软件中。
- 初步熟悉 Keil C51 软件菜单内容及操作界面的组成部分。
- 初步掌握使用 Keil C51 软件编辑、调试、编译的步骤。

项目 1　Keil C51 软件的安装与应用

任务呈现

单片机开发中除必要的硬件外，同样离不开软件，汇编语言源程序要变为 CPU 可以执行的机器码有两种方法：一种是手工汇编，另一种是机器汇编。目前已极少使用手工汇编的方法了。机器汇编就是通过汇编软件将源程序变为机器码，用于 MCS-51 单片机的汇编软件有早期的 A51。随着单片机开发技术的不断发展，从普遍使用汇编语言到逐渐使用高级语言开发，单片机的开发软件也在不断发展，Keil C51 软件是目前最流行的开发 51 系列单片机的软件，近年来各仿真机厂商纷纷宣布全面支持 Keil。

Keil C51 软件提供了包括 C 编译器、宏汇编、连接器、库管理和一个功能强大的仿真调试器等在内的完整开发方案，通过一个集成开发环境（μVision）将这些部分组合在一起。

本书主要是以 STC 公司的单片机为例进行讲解，而 Keil C51 软件中没有该公司的芯片型号数据。目前，使用 STC 公司的单片机芯片开发产品的厂家非常多，那么如何进行设置可以让 Keil C51 软件发挥开发工具的作用呢？

想一想

（1）Keil C51 开发工具软件包含所有单片机生产厂家的数据吗？
（2）如何应用 Keil C51 开发工具软件来开发应用程序？

本次任务

使用 STC 公司开发的"STC-ISP 下载编程烧录软件"安装 STC 公司芯片基础开发数据到 Keil C51 软件中。
使用 Keil C51 软件进行编辑、调试、编译并使用软件仿真观察运行结果。

软件设置

先安装好 Keil C51 编程软件，打开宏晶公司官方网站：WWW.STCMCU.COM，下载最新"STC-ISP 下载编程烧录软件"，按提示操作。

1. 添加宏晶公司的 MCU 芯片到 Keil C51 软件中

方法 1：【光盘】→【目录：工具软件】→【运行 stc-isp-15xx-v6.81.exe 文件】→【Keil 仿真设置】→【添加 MCU 型号到 Keil 中】→【选择安装目录：C:\Keil】→【STC MCU 型号添加成功！】

方法 2：【上网】→【输入网址：www.stcmcu.com】→【文字部分第一行第三栏首行】→【下载：STC-ISP 下载编程烧录软件】→【运行该软件】→【Keil 仿真设置】→【添加 MCU 型号到 Keil 中】→【选择安装目录：C:\Keil】→【STC MCU 型号添加成功！】

如图 1-13 所示，选择"Keil 仿真设置"选项卡，单击"添加 MCU 型号到 Keil 中"，在弹出的如图 1-14 所示的"浏览文件夹"对话框中，定位到 Keil 的安装目录（一般为"C:\Keil\"），单击"确定"按钮后出现如图 1-15 所示的提示信息，表示安装成功。添加头文件的同时也会安装 STC 的 Monitor51 仿真驱动 STCMON51.DLL，STC 驱动程序与头文件的安装目录如图 1-13 所示。

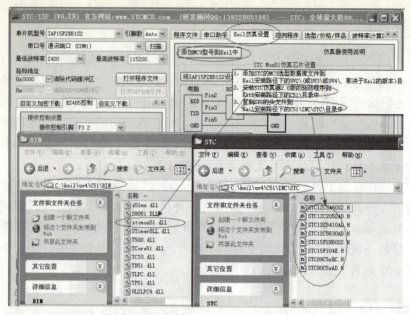

图 1-13 STC-ISP 下载编程烧录软件中 Keil 仿真设置操作

图 1-14 选择安装目录

图 1-15 安装成功显示

2. 在 Keil C51 中创建项目

若第一步的驱动安装成功,则在 Keil C51 中新建项目时,会出现要求选择芯片型号的对话框,选项中会出现"STC MCU Database"的选择项,如图 1-16 所示。

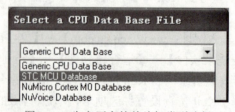

图 1-16 生产厂家的单片机类型选择

从列表中选择相应的 STC 单片机的 MCU 型号,这里选择"STC15F2K60S2"型号,单击"OK"按钮完成选择,如图 1-17 所示。

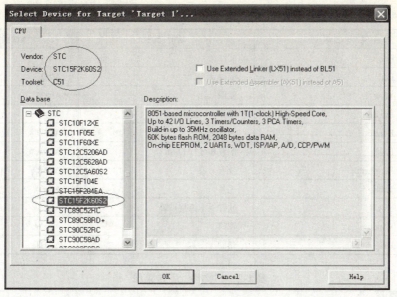

图 1-17 选择 STC 单片机型号

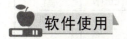

1. 主操作界面构成

Keil C51 开发工具在编辑状态下的操作界面主要由五部分构成：菜单栏、工具栏、工程管理器窗口、编辑窗口及输出信息窗口，如图 1-18 所示。

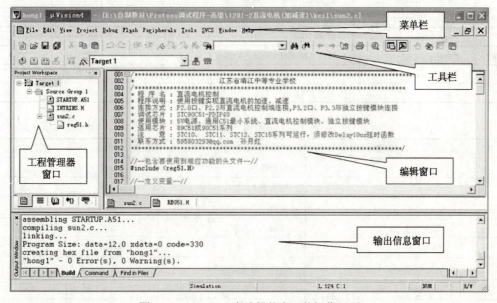

图 1-18 Keil C51 在编辑状态下的操作界面

2. 主菜单及下拉菜单

主菜单及各下拉菜单的项目内容、快捷键及对应工具条按钮如表 1-1～表 1-11 所示。

表 1-1 主菜单

序号	名称	功能描述	快捷键
1	File	文件	Alt+F
2	Edit	编辑	Alt+E
3	View	视图	Alt+V
4	Project	项目	Alt+P
5	Debug	调试	Alt+D
6	Flash	配置和运行 Flash	Alt+A
7	Peripherals	片内外设	Alt+R
8	Tools	工具	Alt+T
9	SVCS	软件版本控制系统	Alt+S
10	Window	窗口	Alt+W
11	Help	帮助	Alt+H

表 1-2 "文件"下拉菜单

序号	名称	功能描述	快捷键	工具条按钮
1	New	创建新的源文件或文本文件	Ctrl+N	
2	Open	打开已存在的文件	Ctrl+O	
3	Close	关闭当前文件		
4	Save	保存当前文件	Ctrl+S	
5	Save as	保存并重命名当前文件		
6	Save all	保存已打开的源文件及文本文件包括工程和当前文件		
7	Device Database	µVision4 设备库的维护		
8	License Management	维护及查看已安装软件的组成	—	
9	Print Setup	启动打印机		
10	Print	打印当前文件	Ctrl+P	
11	Print Preview	打印预览		
12	Exit	退出 µVision4		

表 1-3 "编辑"下拉菜单

序号	名称	功能描述	快捷键	工具条按钮
1	Undo	撤销键入	Ctrl+Z	
2	Redo	恢复键入	Ctrl+Y	
3	Cut	剪切	Ctrl+X	
4	Copy	复制	Ctrl+C	
5	Paste	粘贴	Ctrl+V	
6	Indent Selected Text	向右缩进选定文本		
7	Unindent Selected Text	向左缩进选定文本		
8	Toggle Bookmark	在当前行设置标签	Ctrl+F2	
9	Goto Next Bookmark	将光标移到下一个标签	F2	
10	Goto Previous Bookmark	将光标移到上一个标签	Shift+F2	
11	Clear All Bookmarks	消除所有标签	Ctrl+Shift+F2	

续表

序号	名称	功能描述	快捷键	工具条按钮
12	Find	查找	Ctrl+F	
13	Replace	替换	Ctrl+H	
14	Find in Files	在几个文件内查找	Ctrl+Shift+F	
15	Incremental Find	增量查找	Ctrl+I	
16	Outlining	有关源代码的命令		
17	Advanced	高级编辑器命令		
18	Configuration	改变着色、字体、快捷键		

表 1-4 "视图"下拉菜单

序号	名称	功能描述	工具条按钮	备注
1	Status Bar	显示或隐藏状态条		
2	File Toolbar	显示或隐藏文件工具条		
3	Build Toolbar	显示或隐藏编译工具条		
4	Debug Toolbar	显示或隐藏调试工具条		
5	Project Workspace	显示或隐藏工程空间		
6	Output Window	显示或隐藏输出窗口		
7	Source Browser	显示或隐藏浏览窗口		
8	Disassembly	显示或隐藏反汇编窗口		
9	Watch&Call Stack Window	显示或隐藏 Watch&Call Stack 窗口		
10	Memory Window	显示或隐藏存储器窗口		
11	Code Coverage Window	显示或隐藏代码覆盖窗口		仿真时出现此工具条
12	Performance Analyzer Window	显示或隐藏性能分析窗口		
13	Logic Analyzer Window	显示或隐藏逻辑分析仪窗口		
14	Symbol Window	显示或隐藏符号窗口		
15	Serial Window #1	显示或隐藏串行窗口 1		
16	Serial Window #2	显示或隐藏串行窗口 2		
17	Serial Window #3	显示或隐藏串行窗口 3		
18	Toolbox	显示或隐藏工具箱		
19	Periodic Window Update	运行时更新调试窗口		
20	Include Dependencies	显示或隐藏源文件中的头文件		

表 1-5 "项目"下拉菜单

序号	名称	功能描述	快捷键	工具条
1	New Project	创建一个新工程		
2	Import μVision Project	导入一个工程		
3	Open Project	打开一个工程		
4	Close Project	关闭当前工程		
5	Components, Environment, Book	维护工程组件、配置工具环境及管理书		
6	Select Device for Target	从设备库中选择 CPU		
7	Remove Item	从工程中移出组或文件		

续表

序号	名称	功能描述	快捷键	工具条
8	Options for Target	改变目标、组、文件的工具选项		
9	Build target	翻译已修改的文件及编译应用	F7	
10	Rebuild all target files	重新编译所有的源文件		
11	Translate	翻译当前文件	Ctrl+F7	
12	Stop Build	停止编译当前程序		

表1-6 "调试"下拉菜单

序号	名称	功能描述	快捷键	工具条图标	备注
1	Start/Stop Debug Session	启动或停止 μVision4 调试模式	Ctrl+F5		
2	Go	运行到下一个活动断点	F5		
3	Step	单步运行进入一个函数	F11		
4	Step Over	单步运行跳过一个函数	F10		启动调试模式时出现此工具条
5	Step Out of current Function	从当前函数跳出	Ctrl+F11		
6	Run to Cursor Line	运行到当前行			
7	Stop Running	停止运行	ESC		
8	Breakpoints	打开断点对话框			
9	Insert/Remove Breakpoint	在当前行设置断点			
10	Enable/Disable Breakpoint	能/不能设置当前行的断点	Alt+F7		
11	Disable All Breakpoints	使程序中的所有断点无效			
12	Kill All Breakpoints	去除程序中的所有断点	F7		
13	Show Next Statement	显示下一条要执行的指令			启动调试模式时出现此工具条
14	Enable/Disable Trace Recording	使能跟踪刻录	Ctrl+F7		
15	View Trace Records	浏览前面执行的命令			
16	Execution Profiling	记录执行时间			
17	Setup Logic Analyzer	打开逻辑分析仪对话框			
18	Memory Map	打开存储器映射对话框			
19	Performance Analyzer	打开性能分析仪对话框			
20	Inline Assembly	打开在线汇编对话框			
21	Function Editor（Open Ini File）	编辑调试函数及调试初始化文件			

表1-7 "Flash"下拉菜单

序号	名称	功能描述	备注
1	Download	按照配置下载到 Flash 中	
2	Erase	擦除 Flash ROM	
3	Configure Flash Tools	打开对话框，配置 Flash	

表 1-8 "片内外设"下拉菜单

序号	名称	功能描述	备注
1	Reset CPU	重启 CPU	
2	Interrupts	中断	
3	I/O Ports	I/O 接口	软件仿真调试时出现此工具条
4	Serial	串口	
5	Timer	定时器	
6	Clock Control	时钟控制	

表 1-9 "工具"下拉菜单

序号	名称	功能描述	备注
1	Setup PC-Lint	配置 PC-Lint	
2	Lint	根据当前编辑器文件运行 PC-Lint	
3	Lint all C Source Files	通过工程中 C 源文件运行 PC-Lint	
4	Customize Tools Menu	添加用户程序到 Tools 菜单中	

表 1-10 "窗口"下拉菜单

序号	名称	功能描述	备注
1	Cascade	以重叠方式排列窗口	
2	Tile Horizontally	无重叠方式水平排列窗口	
3	Tile Vertically	无重叠方式垂直排列窗口	
4	Arrange Icons	在窗口底部排列窗口图标	
5	Split	划分当前窗口为多个方格	
6	Close All	关闭所有窗口	

表 1-11 "调试"下拉菜单

序号	名称	功能描述	备注
1	μVision Help	打开帮助文件	
2	Open Books Window	打开工程工作空间中的 Books 标签	
3	Simulated Peripherals for	有关所选 CPU 的外设信息	
4	Internet Support Knowledgebase	Keil 网站技术支持	
5	Contact Support	通过论坛可以获得技术支持	
6	Check for Update	访问 Keil 网站获得更新	
7	Tip of the day	每天一条	
8	About μVision	显示版本号及许可信息	

3. Keil C51 文件的组织形式

在 Keil C51 中，文件的管理采用工程方式，而不是使用单一的文件方式。工程管理器的功能是对 Keil C51 源程序、汇编程序、头文件等文件进行统一管理，也可以对文件进行分组，如图 1-19 所示。

4. Keil C51 的编辑、编译等应用过程举例

图 1-19 工程管理器

假设已通过宏晶公司官方网站（WWW.STCMCU.COM）下载了"STC-ISP 下载编程烧录软件"，并使用该软件中的"Keil 仿真设置"进行了设置。假如还没有进行设置，请参考本任务中"软件设置"的内容进行操作。

以下 25 个步骤是在已安装好"Keil C51 编程软件"后，第一次调试程序的操作步骤，若不是第一次调试程序，可选择性地进行操作。具体操作步骤如下。

（1）单击【开始】→【程序】→【keil μVision4】，启动 Keil C51 软件，如图 1-20 所示。

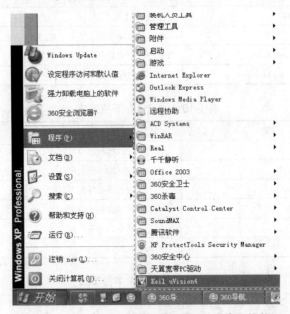

图 1-20 在"开始"栏中启动 Keil C51 编程软件

（2）启动过程出现如图 1-21 所示的 Keil C51 编程软件的启动画面。

（3）出现选择生产厂家单片机芯片对话框，如图 1-22 所示。

图 1-21 keil C51 编程软件的启动画面

图 1-22 选择生产厂家单片机芯片对话框

（4）本书使用的芯片为 STC 公司芯片，在对话框中选择"STC MCU Datebase"，如图 1-23 所示，单击"OK"按钮，弹出如图 1-24 所示的编辑主界面。

项目 1 Keil C51 软件的安装与应用

图 1-23 选择 STC 公司单片机开发数据

图 1-24 Keil C51 编程软件的编辑主界面

（5）单击【Project】→【New Project】，新建工程，如图 1-25 所示。

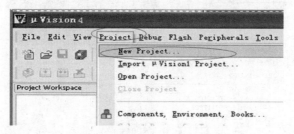

图 1-25 新建工程

（6）输入工程文件名，如图 1-26 所示。

图 1-26 创建新项目对话框

（7）若在指定目录下已存在输入的工程文件名称，则会弹出如图 1-27 所示对话框（若没有重名，则不会出现此对话框）。此时要小心，若不想保留原设计项目，可以单击"是"按钮，若想保留，则单击"否"按钮，重做第（6）步。

图 1-27 是否保留项目文件对话框

（8）新建工程文件名后，单击"是"按钮，出现如图 1-28 所示的选择目标芯片对话框。
（9）单击"STC"前面的"+"号，展开 STC 公司所有系列的单片机芯片型号，如图 1-29 所示。

15

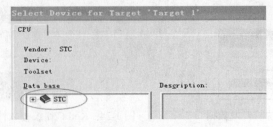

图 1-28　选择目标芯片对话框 1

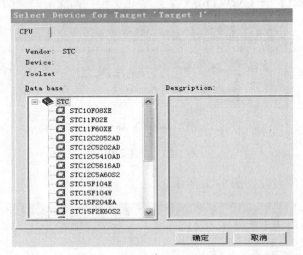

图 1-29　选择目标芯片对话框 2

（10）若使用 STC 公司的"IAP15F2K61S2"仿真芯片，则可以选择列表中任意一款芯片。若操作对象不是 STC 公司的仿真芯片，而是一片带有具体名称的 STC 某系列芯片，则必须选择对应的芯片型号，否则下载程序时"STC-ISP 下载编程烧录软件"会提示选择芯片不正确。下载软件中所选择的芯片型号与目标板上单片机芯片须一致，不能选择错误！

若使用的是"IAP15F2K61S2"仿真芯片，一般情况下使用"STC15F2K60S2"芯片。若下载程序进行实物调试，则必须选择相应的调试型号芯片。

本案例中，选择使用的是"STC15F2K60S2"芯片，如图 1-30 所示。

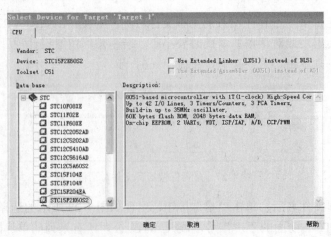

图 1-30　选择目标芯片对话框 3

项目 1 Keil C51 软件的安装与应用

（11）单击"确定"按钮，弹出对话框，询问是否将标准 8051 相关代码复制到刚创建的工程中，如图 1-31 所示。

图 1-31　是否将标准 8051 相关代码复制到刚创建的工程中

（12）单击"是"按钮，再次回到主操作界面，如图 1-32 所示。

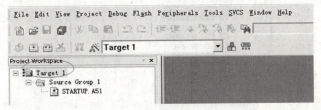

图 1-32　编辑操作主界面

（13）编程之前还需要做一些设置，如图 1-33 所示，在"Project Workspace"窗口，右键单击【Target 1】，在弹出快捷菜单中单击第一项"Options for Target'Target 1'"，弹出"Options for Target'Target 1'"对话框，如图 1-34 所示。

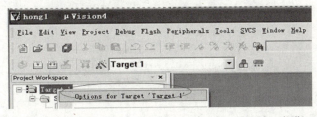

图 1-33　【Project】→ "Options for Target'Target 1'"

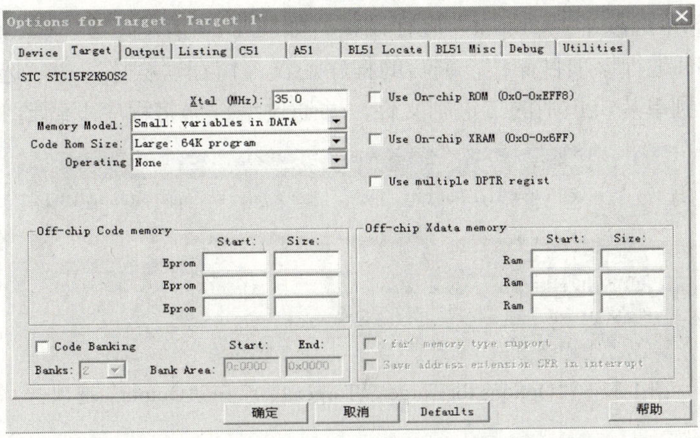

图 1-34　"Options for Target'Target 1'"对话框

（14）在"Options for Target'Target 1'"对话框中，对"Device"、"Target"、"Output"、"Debug"四个选项卡分别进行操作。

17

首先对第一个选项卡"Device"进行设置。这项操作与上述第(9)~(10)步骤的功能相同。操作过程如图 1-35 所示。

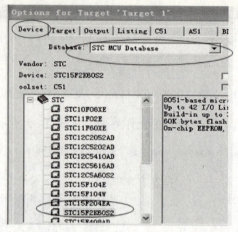

图 1-35　"Options for Target 'Target 1'"→"Device"选项卡

(15) 对第二个选项卡"Target"进行设置。主要是改变工作频率，一般选择"11.0592"（这个数值须自己输入）。若主芯片有其他用途，须在 Xtal (MHz) 后输入需要的工作频率，如图 1-36 所示。

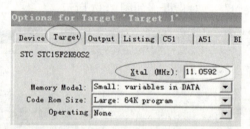

图 1-36　"Options for Target 'Target 1'"→"Target"选项卡

(16) 对第三个选项卡"Output"进行设置。如图 1-37 所示，在"Create HEX File"前打"√"。若没有进行该项目操作，编写的程序还仅停留在写程序阶段，选择该项，程序经过编译后才能得到单片机识别的二进制文件，并通过编程器将程序下载到工作芯片中。

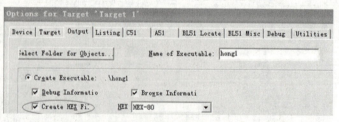

图 1-37　"Options for Target 'Target 1'"→"Output"选项卡

(17) 单击"确定"按钮，返回主操作界面，如图 1-38 所示，选择【File】→【New】，打开新创建的文本文件编辑框，如图 1-39 所示。

图 1-38 【File】→【New】下拉菜单

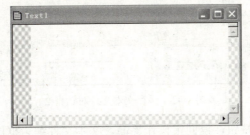

图 1-39 创建文本文件编辑框

（18）在文本文件编辑框中输入要完成的任务程序，如图 1-40 所示。

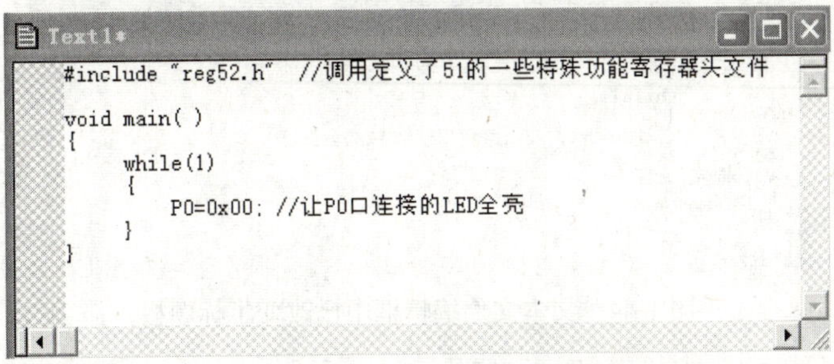

图 1-40 在文本文件编辑框中输入程序

（19）编写完成后，在主操作界面上单击【File】→【Save As】，如图 1-41 所示。在弹出的"Save As"对话框中输入要保存的程序文件名，并选择保存路径，保存文件，如图 1-42 所示。

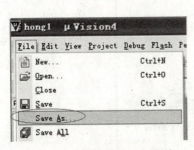

图 1-41 文件操作的下拉菜单

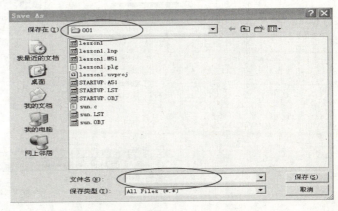

图 1-42 保存文本文件对话框 1

注意： 输入 C 语言源程序文件名，一定要带上扩展名 ".c"，如图 1-43 所示。

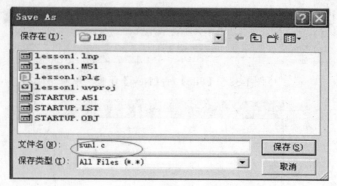

图 1-43　保存文本文件对话框 2

（20）单击"保存"按钮，返回主操作界面。文本文件编辑框的标题栏处出现刚才保存的文件名，如图 1-44 所示。

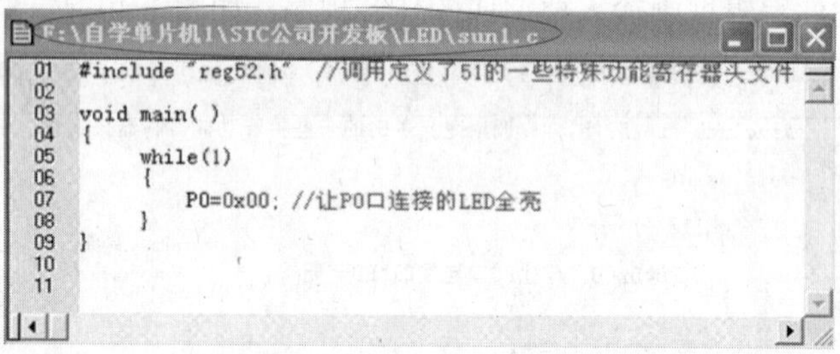

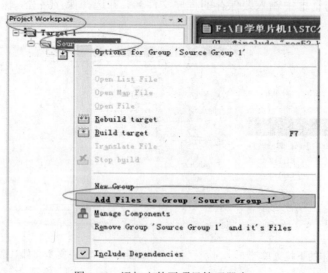

图 1-44　文本文件编辑框中已改变了标题栏

（21）文件已保存好，但还没有添加到工程中。在"Project Workspace"窗口中，右键单击"Source Group 1"，在弹出的快捷菜单中，选择 "Add Files to Group 'Source Group1'"，如图 1-45 所示。

图 1-45　添加文件至项目管理器中

（22）选择要添加入至工程的文件，如图 1-46 所示，如选择"sun1.c"，单击"Add"按钮。

项目 1　Keil C51 软件的安装与应用

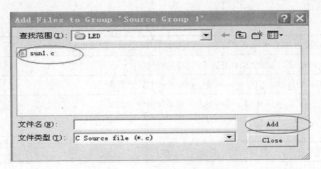

图 1-46　添加文件对话框

（23）如图 1-47 所示，在"Project Workspace"窗口出现刚添加的 C 语言源程序文件（此项必须认真做，否则所写工程不能进入正确的编译）。

若加入文件不正确，请重做第（21）～（22）步。若出现多余的文件，可以删除。

（24）程序输入结束，必须编译成 HEX 文件，单片机才能执行。在主操作界面的主菜单中，单击

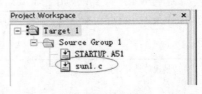

图 1-47　项目管理器展开的目录树

【Project】→【Build target】，计算机可对编辑的程序进行编译，如图 1-48 所示。

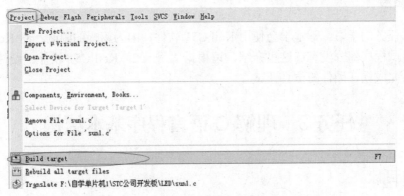

图 1-48　"Project"菜单中含编译下拉菜单

（25）若程序没有错误，则会在输出信息窗口中出现"0 Error（s），0 Warning（s）"的提示信息。若程序出错，则出现"n Error（s），n Warning（s）"的提示信息，返回编辑窗口，找出错误，改正后继续做第 24 步，直到没有错误为止，如图 1-49 所示。

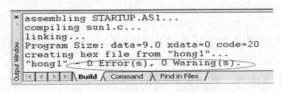

图 1-49　编译无误输出信息

任务评价

填写项目任务单，如表 1-12 所示。

表 1-12 项目任务单

1. 在 Keil C51 软件中添加 STC 公司开发数据 （□已做 □不必做 □未做）		
① 是否能到宏晶公司网站成功下载"STC-ISP 下载编程烧录软件"	□是	□否
② 是否能通过 STC-ISP 软件添加 STC 公司开发数据至 Keil C51 软件中	□是	□否
你在完成第一部分子任务的时候，遇到了哪些问题？你是如何解决的？		
2. Keil C51 软件使用部分 （□已做 □不必做 □未做）		
① 是否会新建一个工程并对其进行必要设置	□是	□否
② 是否会新建一个扩展名为 C 的文本文件并能将其添加到工程中	□是	□否
③ 是否会编辑程序、编译成功并生成 HEX 文件	□是	□否
你在完成第二部分子任务的时候，遇到了哪些问题？你是如何解决的？		
完成情况总结及评价：		
学习效果： □优 □良 □中 □差		

任务拓展

通过本任务的学习，基本学会使用 Keil C51 软件，因为篇幅的限制，对 Keil C51 软件、硬件仿真调试程序部分没有在这里介绍，请根据"附录 2 Keil C51 软件、硬件仿真"自学相关内容，完成软、硬件的仿真调试。

任务 3　理解 C 语言程序基本结构

学习目标

- 掌握 C 语言的常量、变量基本概念。
- 初步熟悉 C 语言程序框架。
- 初步掌握使用 Keil C51 软件观察程序运行结果。

任务呈现

几年前，单片机开发应用系统基本使用汇编语言，用汇编语言编写的程序不容易看懂，不适合单片机初学者。

C 语言是目前世界上流行、使用最广泛的高级程序设计语言。开发操作系统、系统应用程序，以及需要编程对硬件进行控制等，使用 C 语言编程明显优于其他高级语言，许多大型、实用型应用软件都是用 C 语言编写的。由于 C 语言可读性好，代码便于维护，便于开发，近年来在开发单片机应用系统中得到了大力发展。

下面以经典的 C 语言小程序介绍 C 语言的基本知识。

项目 1 Keil C51 软件的安装与应用

想一想

（1）使用汇编语言开发单片机应用系统，最大的优势是什么？
（2）使用 C 语言开发单片机应用系统，需要掌握哪些基本技能呢？

本次任务

（1）读懂几个经典的 C 语言小程序。
（2）从小程序中领会 C 语言的基本编程要点。

程序分析

【例 1-1】 让单片机 P0 口的最高位、最低位为高电平，其他位为低电平。

```
/***************************************************************
* 程 序 名：第一个学习程序
* 程序说明：P0 口的最高位、最低位为高电平，其他位为低电平
* 调试芯片：STC15F2K60S2-PDIP40 系列/ IAP15F2K61S2，1T 芯片
* 适用芯片：89、90、STC10、STC11、STC12、STC15 系列
***************************************************************/
//--包含要使用到相应功能的头文件--//
#include <reg51.h>
/***************************************************************
* 函 数 名：main
* 函数功能：主函数
***************************************************************/
void main()
{
    unsigned int a = 0x81;    //1000 0001
    while (1)
    {
        P0 = a;               //将 a 值直接赋值给 P0 口
    }
}
```

【分析】

1. 从例 1-1 程序中可以得到如下信息

（1）注释符有两种：单行注释符 // 与多行注释符 /* …………*/；
（2）包含一个头文件#include <reg51.h>；
（3）一个主函数 main( )；
（4）定义了一个无符号整型变量 a；
（5）主函数中使用了 while 循环语句；
（6）使用了在 reg51.h 文件中定义过的特殊功能寄存器符号 P0；
（7）使用了赋值语句，将 a 的值赋值给 P0。

2. C 语言规定

（1）一个 C 语言程序，有且仅有一个主函数 main( )；

（2）函数的定界符使用成对的大括号；

（3）字母大小写是有区别的，关键字使用小写字母，变量一般定义为小写字母，若变量定义为大写字母，则变量必须使用大写字母；

（4）关键字请参考附录 3、附录 5，类型请参考附录 6。

3．几个概念

（1）标识符：由字母、下划线及数字构成，且首字符不能是数字的一串合法字符串。

（2）关键字：系统使用的有特殊功能的标识符。

（3）变量：在标识符中除关键字外的字符串。

（4）常量：在程序中运行中不会改变的量。

例：对 x1, X1, x_1, 3, 5.6, 0x10, 3de, if, case, _3h, _h3, 123, 123d, use, end, y, x+y, x*y 等这些由数字、字母、字符组合的一串字符进行分类。

合法标识符：x1, X1, x_1, if, case, _3h, _h3, use, end, y

非法标识符：3de, 123d, 3, 5.6, 0x10, 123, x+y, x*y

关键字：　　　if, case

变量：　　　　x1, X1, x_1, _3h, _h3, use, end, y

常量：　　　　3, 5.6, 0x10, 123

4．软件编辑、编译、仿真观察例 1-1 结果的操作步骤

（1）启动 Keil 软件，建立工程；

（2）输入例 1-1 源程序，并向工程中添加 C 程序源文件；

（3）编译并排除错误，直至没有错误为止；

（4）单击【Project】→【Options for Target】→【Debug】→【Use Simulator】→【确定】；

（5）单击【Debug】→【Start/Stop Debug Session】或按 "Ctrl+F5" 键或单击工具条 "⌕" 按钮；

（6）单击【Peripherals】→【I/O Ports】→【Port 0】，出现观察 Port 0 变化的对话框；

（7）单击【Debug】→【Run】或按 "F5" 键或单击工具条 "⇛" 按钮，可以在观察 Port 0 变化的对话框中观察每个端口电平变化的情况；

（8）单击【Debug】→【Stop Running】，回到编辑状态。

【例 1-2】　让单片机 P0 口的最高位、最低位每隔 1s 交替为高电平。

```
/*****************************************************
 * 程 序 名：第二个学习程序
 * 程序说明：P0 口的最高位、最低位每隔 1s 交替为高电平
 * 调试芯片：STC15F2K60S2-PDIP40 系列/ IAP15F2K61S2，1T 芯片
 * 使用模块：5V 电源、STC15 单片机最小系统、8 路共阳极跑马灯模块
 * 适用芯片：89、90、STC10、STC11、STC12、STC15 系列
 * 注    意：89 或 90 系列可运行，须修改 Delay10ms 延时函数
 *****************************************************/
//--包含要使用到相应功能的头文件--//
#include <reg51.h>
//--函数声明--//
void Delay10ms(void);              //延时 10ms
void Delay_n_10ms(unsigned char n); //延时 n 个 10ms
/*****************************************************
```

```
* 函 数 名：main
* 函数功能：主函数
******************************************************************/
void main()
{
    while (1)
    {
        P0 = 0x01;                // 0000 0001，使用共阳极模块，高电平代表灯熄灭
        Delay_n_10ms(100);        //100 个 10ms 为 1s
        P0 = 0x80;                //1000 0000
        Delay_n_10ms(100);
    }
}
/******************************************************************
* 函 数 名：Delay10ms
* 函数功能：延时函数，延时 10ms
* 输    入：无参数
* 输    出：无返回值
* 来    源：使用 STC-ISP 软件的选项卡"延时计算器"功能实现，调试频率为 11.0592MHz
******************************************************************/
void Delay10ms()          //调试芯片 STC15F2K60S2-PDIP40 系列/ IAP15F2K61S2，1T 芯片
{
    unsigned char i, j;
    i = 108;              //1T 芯片 i = 108, 12T 芯片 i = 18
    j = 145;              //1T 芯片 j = 145, 12T 芯片 j = 235
    do
    {
        while (--j);
    } while (--i);
}
/******************************************************************
* 函 数 名：Delay_n_10ms
* 函数功能：延时 n 个 10ms
* 输    入：有参数
* 输    出：无返回值
* 注    意：形参定义类型为 unsigned char，则实参最小值为 0，最大值为 255
* 来    源：根据功能要求自写程序
******************************************************************/
void Delay_n_10ms(unsigned char n)        //@11.0592MHz
{
    unsigned char  i;
    for(i = 0 ; i<n ; i++)
        Delay10ms();
}
```

【分析】

1. 从例 1-2 程序中可以得到如下信息

（1）对 Delay10ms( )函数、Delay_n_10ms( )函数进行了声明；

（2）主函数 main( )调用了 Delay_n_10ms( )函数；

(3) Delay_n_10ms( )函数又调用了 Delay10ms( );

(4) 主函数 main( )与 Delay10ms( )都为无参函数,Delay_n_10ms( )函数是有参函数;

(5) Delay10ms( )函数中使用了 do…while 循环语句;

(6) Delay_n_10ms( )函数中使用了 for 循环语句;

(7) Delay10ms( )函数、Delay_n_10ms( )函数放在主函数 main( )之后。

2. C 语言规定

(1) 一个 C 语言程序,有且仅有一个主函数 main( ),主函数名须小写;

(2) 函数参数有两个称谓:实在参数与形式参数,调用时的参数为实在参数,简称"实参",定义函数时的参数为形式参数,简称"形参";

(3) 定义一个函数的一般格式如下:

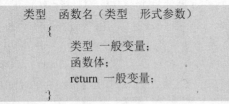

(4) C 语言中的函数是并行的,函数作为一个整体,位置可以任意放置,若函数放在主函数之前,函数声明可以省略,放置在主函数之后,函数必须声明。主函数可以调用函数,函数不能调用主函数,函数可以相互调用,函数还可以调用函数本身;

(5) 若函数有返回值,则函数中至少包含一个 return 语句,程序执行到 return 语句,函数返回到调用函数原句下一句继续执行,return 语句一般放置在函数尾。

3. 软件编辑、编译、仿真观察例 1-2 结果

请参考例 1-1 的操作步骤。

4. 程序结构

C 语言有三种基本结构,分别为:顺序结构、选择结构和循环结构,它们的 N-S 流程图分别如图 1-50、图 1-51、图 1-52 所示。

图 1-50 顺序结构

图 1-51 选择结构

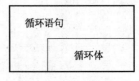

图 1-52 循环结构

任务评价

填写项目任务单,如表 1-13 所示。

表 1-13 项目任务单

1. 熟悉 Keil C51 软件菜单、下拉菜单及工具条(□已做　□不必做　□未做)		
① 是否通过操作熟悉 Keil 软件的菜单、下拉菜单及工具条的使用	□是	□否
你在完成第一部分子任务的时候,遇到了哪些问题?你是如何解决的?		

项目 1 Keil C51 软件的安装与应用

续表

2. Keil C51 软件使用部分　（□已做　□不必做　□未做）		
① 是否会编辑程序、编译成功并生成 HEX 文件	□是	□否
② 是否会使用软件仿真观察单片机各端口电平变化情况	□是	□否
你在完成第二部分子任务的时候，遇到了哪些问题？你是如何解决的？		
完成情况总结及评价：		
学习效果：　□优　□良　□中　□差		

任务拓展

使用软件仿真功能观察下面两个任务的结果：
（1）借鉴例 1-1 程序在 P1 口实现低 4 位低电平，高 4 位高电平。
（2）借鉴例 1-2 程序在 P2 口实现按从高位到低位的顺序每位每秒出现一次高电平。

项目总结

通过本项目的实施，掌握了 Keil C51 软件的安装与使用，"STC-ISP 下载编程烧录软件"的下载与应用，了解了在 Keil C51 软件中如何对 STC 公司单片机芯片的使用进行一些设置。通过简单程序的应用，基本掌握了 Keil C51 软件编辑、调试及编译程序的步骤，初步理解了 C 语言程序的基本结构、C 语言程序基本特征、基本概念、书写格式及基本逻辑关系。

要提高编写程序、调试程序的能力，需要多阅读他人编写的程序，从最简单的程序入手，一定要在编程环境中调试程序，只有经过多次的失败，才能在调试程序的过程中不断提高自己的操作能力。

课后练习

1-1　简述安装 Keil C51 软件的过程。
1-2　Keil C51 软件的主要功能是什么？
1-3　Keil 软件中有几种系列？各系列软件主要适应什么型号的芯片？
1-4　为什么要通过 STC-ISP 下载编程烧录软件进行芯片设置？
1-5　STC-ISP 下载编程烧录软件进行芯片设置要点与注意点是什么？
1-6　简述 Keil C51 软件开发一个工程的主要步骤。
1-7　C 语言有哪三种基本结构？
1-8　解释标识符、关键字、变量、常量的概念，并举例。
1-9　计算出 123、56 对应的二进制、十六进制的值。
1-10　查阅资料，比较汇编语言与 C 语言用于单片机系统开发的优缺点。
1-11　编写程序实现使 P0 口的低 2 位为高电平，其他口为低电平。
1-12　编写程序实现使 P0 口低 4 位与高 4 位低、高电平每秒交替出现。

项目 2　Proteus 仿真软件的安装与使用

项目描述

　　Proteus 是世界上著名的 EDA 工具（仿真软件），从原理图布图、代码调试到单片机与外围电路协同仿真，一键切换到 PCB 设计，真正实现了从概念到产品的完整设计，是目前世界上唯一将电路仿真软件、PCB 设计软件和虚拟模型仿真软件三合一的设计平台。其处理器模型支持 8051、HC11、PIC10/12/16/18/24/30/DsPIC33、AVR、ARM、8086 和 MSP430 等，2010 年又增加了 Cortex 和 DSP 系列处理器，并持续增加其他系列处理器模型。在编译方面，它也支持 IAR、Keil 和 MATLAB 等多种编译器。

　　Proteus 最大的亮点在于能够对单片机进行实物级的仿真。从程序的编写、编译到调试、目标板的仿真一应俱全，支持汇编语言和 C 语言编程，还可配合 Keil C51 实现程序的联合调试，将 Proteus 中绘制的原理图作为实际中的目标板，而用 Keil C51 集成环境实现对目标板的控制，与实际中通过硬件仿真器对目标板的调试几乎完全相同，并且支持多显示器的调试，即 Proteus 运行在一台计算机上，而 Keil C51 运行在另一台计算机上，通过网络连接实现远程调试。本项目任务有：

任务 1　安装 Proteus 仿真软件
任务 2　Proteus 仿真软件的应用

任务 1　安装 Proteus 仿真软件

软件安装

　　Proteus 软件最新版本为 V8.0，本书使用 V7.8 版本介绍软件的安装与使用。安装步骤如下：
（1）双击"P7.8sp2.exe"，出现如图 2-1 所示的安装界面，单击"Next"按钮。

图 2-1　Proteus 安装界面 1

项目 2 Proteus 仿真软件的安装与使用

（2）如图 2-2 所示，单击"Yes"按钮。

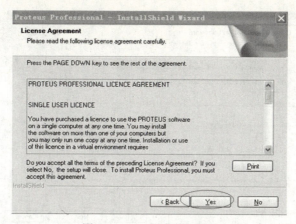

图 2-2 Proteus 安装界面 2

（3）如图 2-3 所示，选择"Use a licence key installed on a server"，单击"Next"按钮。

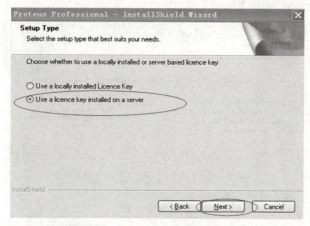

图 2-3 Proteus 安装界面 3

（4）如图 2-4 所示，"Server"文本框不需要填写，直接单击"Next"按钮。

图 2-4 Proteus 安装界面 4

29

(5) 如图 2-5 所示,单击 "Next" 按钮。

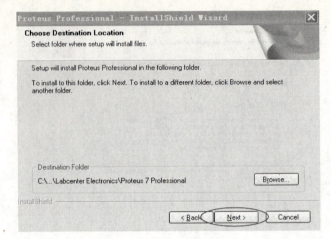

图 2-5　Proteus 安装界面 5

(6) 如图 2-6 所示,单击 "Next" 按钮。

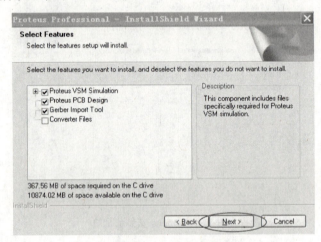

图 2-6　Proteus 安装界面 6

(7) 如图 2-7 所示,单击 "Next" 按钮,计算机自动安装,如图 2-8 所示。

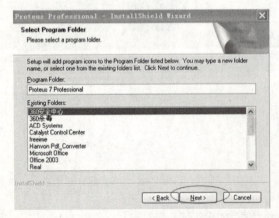 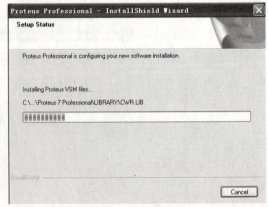

图 2-7　Proteus 安装界面 7　　　　　　　　图 2-8　Proteus 安装界面 8

（8）如图2-9所示，单击"Finish"按钮，英文版Proteus软件安装结束。

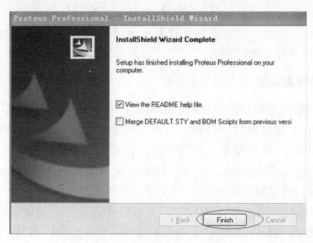

图2-9　Proteus安装界面9

（9）软件汉化：将目录"C:\Program Files\Labcenter Electronics\Proteus 7 Professional\BIN"中的"ARES.DLL"、"ISIS.DLL"两个文件备份到自己建好的一个目录中，再将Proteus Pro 7.8 SP2汉化包中的"ARES.DLL"、"ISIS.DLL"两文件复制到目录"C:\Program Files\Labcenter Electronics\Proteus 7 Professional\BIN"中并覆盖，汉化工作结束。

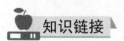知识链接

一、Proteus软件的功能特点

Proteus软件具有与其他EDA工具软件（如Multisim）相似的功能。

（1）原理图布图。

（2）PCB自动或人工布线。

（3）SPICE电路仿真。

（4）互动的电路仿真。

用户甚至可以实时采用诸如RAM、ROM、键盘、马达、LED、LCD、AD/DA、部分SPI器件和部分I^2C器件等。

（5）仿真处理器及其外围电路。

可以仿真51系列、AVR、PIC、ARM等常用主流单片机及嵌入式芯片。还可以直接在基于原理图的虚拟原型上编程，再配合显示及输出，能看到运行后输入/输出的结果。配合系统配置的虚拟逻辑分析仪、示波器等，Proteus软件建立了完备的电子设计模拟开发环境。

二、Proteus软件的功能模块

1. 智能原理图设计

（1）丰富的器件库：超过27000种元器件，可方便地创建新元器件。

（2）智能的器件搜索：通过模糊搜索可以快速定位所需要的器件。

(3) 智能化的连线功能：自动连线功能使连接导线简单快捷，大大缩短绘图时间。

(4) 支持总线结构：使用总线器件和总线布线使电路设计简明清晰。

(5) 可输出高质量图纸：通过个性化设置，可以生成印刷质量的 BMP 图纸，方便地供 Word、PowerPoint 等多种文档使用。

2．完善的电路仿真功能

(1) ProSPICE 混合仿真：基于工业标准 SPICE3F5，实现数字/模拟电路的混合仿真。

(2) 超过 27000 个仿真器件：可以通过内部原型或使用厂家的 SPICE 文件自行设计仿真器件，Labcenter 也在不断地发布新的仿真器件，还可导入第三方发布的仿真器件。

(3) 多样的激励源：包括直流、正弦、脉冲、分段线性脉冲、音频（使用 wav 文件）、指数信号、单频 FM、数字时钟和码流，还支持文件形式的信号输入。

(4) 丰富的虚拟仪器：13 种虚拟仪器，面板操作逼真，如示波器、逻辑分析仪、信号发生器、直流电压/电流表、交流电压/电流表、数字图案发生器、频率计/计数器、逻辑探头、虚拟终端、SPI 调试器、I^2C 调试器等。

(5) 生动的仿真显示：用色点显示引脚的数字电平，导线以不同颜色表示其对地电压的大小，结合动态器件（如电机、显示器件、按钮）的使用可以使仿真更加直观、生动。

(6) 高级图形仿真功能（ASF）：基于图标的分析可以精确分析电路的多项指标，包括工作点、瞬态特性、频率特性、传输特性、噪声、失真、傅里叶频谱分析等，还可以进行一致性分析。

3．单片机协同仿真功能

(1) 支持主流的 CPU 类型：如 ARM7、8051/52、AVR、PIC10/12、PIC16、PIC18、PIC24、dsPIC33、HC11、BasicStamp、8086、MSP430 等，CPU 类型随着版本升级还在继续增加，如即将支持 CORTEX、DSP 处理器。

(2) 支持通用外设模型：如字符 LCD 模块、图形 LCD 模块、LED 点阵、LED 七段显示模块、键盘/按键、直流/步进/伺服电机、RS232 虚拟终端、电子温度计等，其 COMPIM（COM 口物理接口模型）还可以使仿真电路通过 PC 串口和外部电路实现双向异步串行通信。

(3) 实时仿真：支持 UART/USART/EUSARTs 仿真、中断仿真、SPI/I^2C 仿真、MSSP 仿真、PSP 仿真、RTC 仿真、ADC 仿真、CCP/ECCP 仿真。

(4) 编译及调试：支持单片机汇编语言的编辑/编译/源码级仿真，内带 8051、AVR、PIC 的汇编编译器，也可以与第三方集成编译环境（如 IAR、Keil 和 Hitech）结合，进行高级语言的源码级仿真和调试。

4．实用的 PCB 设计平台

(1) 原理图到 PCB 的快速通道：原理图设计完成后，一键便可进入 ARES 的 PCB 设计环境，实现从概念到产品的完整设计。

(2) 先进的自动布局/布线功能：支持器件的自动/人工布局；支持无网格自动布线或人工布线；支持引脚交换/门交换功能使 PCB 设计更为合理。

(3) 完整的 PCB 设计功能：最多可设计 16 个铜箔层、2 个丝印层、4 个机械层（含板边），灵活的布线策略供用户设置，自动设计规则检查，3D 可视化预览。

（4）多种输出格式的支持：可以输出多种格式文件，包括 Gerber 文件的导入或导出，便于与其他 PCB 设计工具的互转（如 Protel）和 PCB 板的设计和加工。

任务 2　Proteus 仿真软件的应用

学习目标

- 初步熟悉 Proteus 软件菜单、工具栏及操作界面的使用。
- 初步了解 Proteus 软件中的仿真工具。
- 初步掌握使用 Proteus 软件对单片机系统进行仿真。

任务呈现

Proteus 软件和其他电路设计仿真软件最大的不同即它的功能不是单一的。它强大的元器件库可以和任何电路设计软件相媲美；电路仿真功能可以和 Multisim 相媲美，且它独特的单片机仿真功能是 Multisim 及其他任何仿真软件都不具备的；它的 PCB 电路制板功能可以和 Protel 相媲美。Proteus 的功能不但强大，而且每种功能都毫不逊色于 Protel。它对于广大电子设计爱好者是一个难得的工具软件。

本次任务

1. 打开 Proteus 软件记录该软件界面的构成、体会常用工具的主要功能。
2. 使用 Proteus 软件掌握鼠标的使用。
3. 使用 Proteus 软件对简单的单片机系统进行仿真。

软件使用

1. 主操作界面构成

Proteus 仿真软件的"系统设计原理图与仿真"基本平台界面主要由 10 个部分构成：主菜单栏、常用工具栏、PCB 电路工具栏、对象拾取工具栏、原理图或元器件图预览窗口、元器件浏览窗口、原理图编辑窗口、坐标原点、元器件方位调整工具栏、运行工具栏等，如图 2-10 所示。

2. 主菜单（表 2-1）

下拉菜单不一一列出，如图 2-11 所示，在不断练习中熟悉它们相应的功能。

单片机应用技术

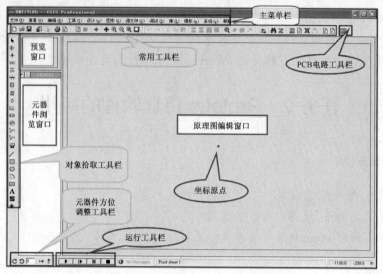

图 2-10 Proteus 软件的主操作界面

表 2-1 主菜单

序号	名称	功能描述	快捷键
1	File	文件	Alt+F
2	View	查看	Alt+V
3	Edit	编辑	Alt+E
4	Tools	工具	Alt+T
5	Design	设计	Alt+D
6	Graph	图形	Alt+G
7	Source	源文件	Alt+S
8	Debug	调试	Alt+B
9	Library	库	Alt+L
10	Template	模板	Alt+M
11	System	系统	Alt+Y
12	Help	帮助	Alt+H

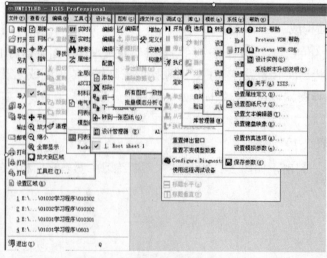

图 2-11 Proteus 软件的主菜单简介

3. 常用工具栏（表2-2）

表2-2 常用工具栏图标

序号	图标	功能描述	快捷键	主菜单中位置
1		新建原理图文件		
2		打开已存在的文件	Ctrl+O	
3		保存当前文件	Ctrl+S	文件
4		导入生成的区域文件		
5		输出区域图并生成 SEC 文件		
6		打印原理图文件		
7		设置打印区域		
8		刷新显示		
9		切换到网格状态		查看
10		显示当前编辑窗口中心点		
11		光标至当前编辑窗口中心		
12		放大原理图	F6	
13		缩小原理图	F7	查看
14		在编辑窗口显示整图	F8	
15		在编辑窗口显示选择区域图		
16		撤销	Ctrl+Z	
17		重做	Ctrl+Y	
18		剪切		编辑
19		复制		
20		粘贴		
21		块复制		
22		块移动		主菜单中无
23		块旋转		
24		块删除		
25		从库中选取器件		
26		创建器件		库
27		封装工具		
28		对已有器件进行分解		
29		切换自动连线器		
30		搜索选中器件		工具
31		属性分配工具		
32		设计浏览器		
33		建立新页面		设计
34		移除/删除页面		
35		退出到父页面		主菜单中无
36		查看 BOM 报告		
37		查看电气报告		工具
38		生成网表并传输到 ARES		

4. 对象拾取工具栏（表 2-3）

表 2-3 对象拾取工具栏图标

序号	图标	模式		备注
1		选择	主要模式	选择区域等，可取消左键的放置功能，但可编辑对象
2		元器件		在元器件表选中元器件，在编辑窗口中移动鼠标，单击左键放置元器件
3		节点		当两条连线交叉时，放个节点表示交叉连通
4		连线标号		电路连线可用网络标号代替，相同标号的线是相同的，用总线时会用到
5		文字脚本		对电路的说明，与电路仿真无关
6		总线		当多线并行简化连线时，用总线标示
7		子电路		可将部分电路以子电路形式画在另一图纸上
8		终端	配件	有普通、输入、输出、双向、电源、接地、总线等端子
9		器件引脚		有普通、反相、正时钟、反时钟、短引脚、总线等引脚
10		图表		有模拟、数字、混合、频率特性、传输特性、噪声分析等
11		录音机		可录/放声音文件
12		激励源		有直流电源、正弦信号源、脉冲信号源等
13		电压探针		显示网络线上的电压
14		电流探针		串联在指定的网络线上，显示电流值
15		虚拟仪器		有示波器、计数器、RS232 终端、SPI 调试器、I²C 调试器、信号发生器、图形发生器、直流电压表、直流电流表、交流电压表、交流电流表
16		直线	2D图形	自己制作器件模型和子电路模型的时候用到
17		方框		移动鼠标到框的一角，按下左键拖动，释放后完成
18		圆形		移动鼠标到圆心，按下左键拖动，释放后完成
19		弧线		鼠标移到起点，按下左键拖动，释放后调整弧长，单击鼠标完成
20		多边形		鼠标移到起点，单击产生折点，闭合后完成
21		文本		在编辑框放置说明文本标签
22		符号		可在库中选择各种图形
23		标记		可有原点、节点、标签引脚名、引脚号

5. 元器件方位调整工具栏（表 2-4）

表 2-4 元器件方位调整工具栏图标

序号	图标	功能描述	备注
1		顺时针旋转	每按一次元器件顺时针旋转 90°
2		逆时针旋转	每按一次元器件逆时针旋转 90°
3		X-镜像	元器件以 X 轴对称反转镜像
4		Y-镜像	元器件以 Y 轴对称反转镜像

6. 运行工具栏（表 2-5）

表 2-5 运行工具栏图标

序号	图标	功能描述	备注
1		开始	加载 HEX 文件后进行仿真
2		帧进	加载 HEX 文件后单步仿真
3		暂停	暂停
4		停止	停止

7. Proteus 软件中常用元器件列表（表 2-6）

表 2-6 常用元器件

序号	元器件名称	中文名	序号	元器件名称	中文名
1	555	555 定时器	45	Keypad-Phone	电话机键盘
2	6264	SRAM 存储器	46	Lamp	灯
3	24C04	串行 EEPROM	47	Laplace Primitives	拉普拉斯变换
4	74HC595	带锁存串入并出移位寄存器	48	Led-Red/G/B/Y	红/绿/蓝/黄色发光二极管
5	74LS138	3-8 译码器	49	LM016L	1602 液晶
6	74LS373	8D 锁存器	50	Logic Analyser	逻辑分析仪
7	74LS47	4-7 译码器	51	Max232	RS-232 收发器
8	7SEG	数码管	52	Memory Ics	存储器
9	8255A	扩展并行口芯片	53	Microprocessor Ics	微处理器
10	ADC	模/数转换芯片	54	MOTOR	电机
11	Alternator	交流发电机	55	NAND	与非门
12	Ammeter	电流表	56	NOT	非门
13	Analog Ics	模拟电路集成芯片	57	NPN	NPN 三极管
14	AND	与门	58	Opamp	运放
15	Antenna	天线	59	Optocoupler-NPN	光耦
16	Battery	电池	60	OR	或门
17	Bridge	整流桥	61	Oscilloscope	示波器
18	Buffer	缓冲器	62	Pattern Generator	模拟发生器
19	BUS	总线	63	PNP	PNP 三极管
20	Button	按钮	64	Relay	继电器
21	Buzzer	蜂鸣器	65	RES	电阻
22	CAP	电容	66	Respack	电阻排
23	Cap-Elec	有极性电容	67	Res-Var	可调电阻
24	Cap-Var	可调电容	68	SEG	各类数码管
25	Clock	时钟信号源	69	Signal Generator	信号发生器
26	Compim	串口模型	70	Sounders	数字音响
27	Connectors	排座，排插	71	Speakers	扬声器
28	Counter Timer	频率计	72	SPI Debugger	SPI 调试器
29	Crystal	晶振	73	Switch	开关
30	Data Converters	数字电路集成芯片	74	Switches & Relays	开关，继电器，键盘
31	Debugging Tools	调试工具	75	Switching Devices	晶闸管
32	Diode	二极管	76	Sw-Spdt	单刀双掷开关
33	Diode Schottky	稳压二极管	77	Transistors	晶体管
34	Diode Varactor	变容二极管	78	TTL 74ALS series	TTL 74ALS 系列芯片
35	DS1302	时钟芯片	79	TTL 74AS series	TTL 74AS 系列芯片
36	DS18B20	温度传感器	80	TTL 74F series	TTL 74F 系列芯片
37	ECL 10000 Series	各种常用集成电路	81	TTL 74HC series	TTL 74HC 系列芯片
38	Electromechanical	电机	82	TTL 74HCT series	TTL 74HCT 系列芯片
39	FLIP	触发器	83	TTL 74LS series	TTL 74LS 系列芯片
40	Fuse	保险丝，熔断器	84	TTL 74S series	TTL 74S 系列芯片
41	Ground	地	85	ULN2003A	运放
42	I^2C Debugger	I^2C 调试器	86	Virtual Terminal	虚拟终端
43	Inductors	变压器	87	Voltmeter	伏特计
44	Keypad-Calculator	计算机键盘			

8．Proteus 仿真软件中鼠标的基本操作

Proteus 仿真软件中鼠标的基本操作与一般办公软件的使用习惯不同，比如在 Proteus 软件的原理图编辑区中，中间的滚珠是用来进行放大或缩小原理图的，不是上移与下移，刚开始的时候会有些不习惯，但是使用一段时间后就会习惯的。

（1）选中目标：在原理图编辑区中，左键或右键单击目标。

（2）放大和缩小原理图：在原理图编辑区中移动鼠标，以光标为中心滚动鼠标中间的滚珠，向上是放大，向下是缩小。

（3）移动单个元器件：在原理图编辑区中，右键单击目标即选中目标，按住目标元器件移动鼠标就可以移动元器件。

（4）移动多个元器件：在原理图编辑区中，按住左键或右键选中元器件所在区域，单击左键，就可以移动元器件。

（5）移动多个元器件并且复制：在原理图编辑区中，按住左键或右键选中元器件所在区域，单击右键，选择"复制"。

（6）旋转元器件：在原理图编辑区中，右键选中目标元器件，选择"属性"下拉菜单中的旋转方向。

（7）删除元器件：在原理图编辑区中，右键双击目标元器件，或者选中目标元器件后，单击工具栏中的"删除"按钮图标删除目标元器件。

（8）打开元器件的属性：右键单击目标元器件打开"属性"下拉菜单，左键单击相应功能，或直接处理任务或须完成对话框中的任务。

（9）添加元器件到原理编辑区中：元器件列表中，选中目标元器件，在原理图编辑区中，在适当位置单击左键。

9．Proteus 仿真软件使用举例

（1）绘制原理图，如图 2-12 所示。

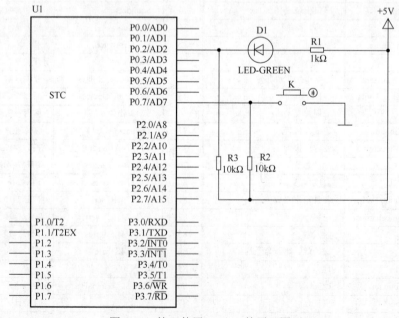

图 2-12　练习使用 Proteus 的原理图

（2）打开 Proteus 仿真软件的"系统设计原理图与仿真"基本平台，出现如图 2-10 所示操作界面。

（3）选用元器件。如图 2-13 所示，在元器件浏览窗口中单击"P"，从"拾取元器件"对话框中拾取所需的元器件。

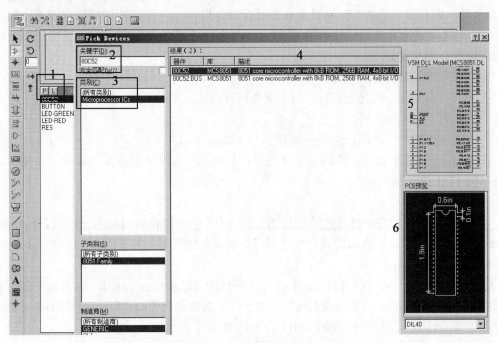

图 2-13 "拾取元器件"对话框

如图 2-13 所示，共有 6 个区域，已分别标注区域号。具体操作如下：

【区域 1 中，单击"P"】→【出现"拾取元器件"对话框】→【区域 2 中，在"关键字"下方的输入框内，输入"80C52"】→【区域 3 中，选择"Microprocessor ICs"】→【出现元器件名称，区域 5、区域 6 空】→【区域 4 中，单击"80C52"，区域 5 显示 80C52 芯片的仿真模型、区域 6 显示 80C52 芯片的封装图】→【双击"80C52"】→【如图 2-14 所示，元器件浏览窗口就增加了一个"80C52"元器件名称】→【单击右下角的"确定"按钮】。

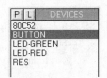

图 2-14 元器件浏览窗口显示的元器件名称

同理，在"拾取元器件"对话框中继续输入原理图中所需的元器件名称，直至原理图中全部元器件在元器件浏览窗口显示为止，单击"拾取元器件"对话框右下角的"确定"按钮返回主操作界面。

（4）在原理图编辑窗中，放置元器件。

在元器件浏览窗口中单击需要添加到原理图中的元器件，在浏览窗口可以看到所选择元器件的形状与方向，如果其方向不符合要求，可以通过单击元器件方位调整工具栏中的按钮来任意调整元器件的方位，调整完成之后在原理图编辑窗口中定好需要放置的位置单击即可。接着采用相同的操作即可完成所有元器件的布置。放置的多余元器件，可以双击右键删除。

（5）添加电源与信号地。

在 Proteus 软件中，单片机芯片默认已接好电源与信号地，可以省略，但外围电路的电源与信号地不能省略。

如图 2-12 所示，电源与电阻 R2、R3 构成上拉电路，没有其他因素影响时，确保 P0 口的低 3 位与最高位均为高电平。按钮 K 一端接地，另一端与 P0 口最高位相连。上拉电阻与按钮使用到电源与信号地。如图 2-12 所示，【单击对象拾取工具栏中的"终端"图标 】→【单击元器件浏览窗口中的"Power"】→【根据图 2-12 所示，在原理图编辑窗中相应位置双击左键】→【单击元器件浏览窗口中的"Ground"】→【根据图 2-12 所示，在原理图编辑窗中相应位置双击左键】。

（6）在原理图编辑窗口中进行布线。

布线时只需要单击选择起点，然后在需要转弯的地方单击一下，按照所需走线的方向移动鼠标到线的终点单击即可。

经过上述操作，原理图已画好，如图 2-12 所示。

在 Proteus 软件中单片机的仿真原理图中，复位电路与时钟电路可以省略，系统默认工作频率为 12MHz，为了方便，只需要取默认值就可以了。

（7）仿真运行。

① 在 Keil C51 软件中打开需要运行的工程文件，单击【Project】菜单→选择【Options for Target 'Target 1'】→在弹出的窗口中选择【Output】选项卡→将【Create HEX Fi】前面的选择框上打"√"。

② 在弹出的窗口中选择【Debug】选项卡→选中【Use Simulator】。或者在弹出的窗口中选择【Debug】选项卡→ 选中【Use】→在下位列表中选择【Keil Monitor-51 Driver】→单击"确定"按钮退出选项卡，返回 Keil C51 软件编辑主界面。

③ 在 Keil C51 软件中编辑、修改、编译需要仿真运行的程序。

调试程序如下：

```
//--包含要使用到相应功能的头文件--//
#include <reg51.h>
//--定义变量--//
sbit P02=P0^2;
sbit P07=P0^7;
void main()
{
    while (1)
    {
        if (P07= =0)      //按下按钮。双等号"=="表示比较，单个等号"="表示赋值功能
            P02=0;        // P02 口为低电平
        else
            P02=1;        // P02 口为高电平
    }
}
```

④ 在 Proteus 软件的原理图编辑窗口中，双击"8052 芯片的封装图"，弹出"编辑元件"对话框，如图 2-15 所示。

单击" "按钮，打开如图 2-16 所示对话框。

选择出在 Keil 软件中编译过又需要在 Proteus 软件中仿真的 HEX 文件，至此加载仿真软件结束。

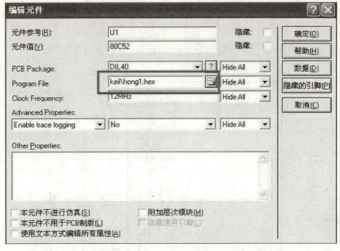

图 2-15 "编辑元件"对话框

图 2-16 "选择文件名"对话框

⑤ 在 Proteus 软件中,按"F12"键或单击主菜单【调试】→【执行】或单击运行工具栏中的"▶"图标,原理图处于软件仿真状态中,未按"按钮 K"时,可以观察到 P0 口的低 3 位与 P0 口的最高位电平均为高电平,按下"按钮 K"后,可以观察到 P0 口的低 3 位与 P0 口的最高位电平均为低电平,同时绿色发光二极管正常工作。单击运行工具栏中的"■"图标,仿真结束。

如图 2-17 所示,若选择元器件时,多选择了元器件,在原理图中又未使用到,可以在元器件浏览窗口中单击右键,出现"属性"菜单,选择"整理",多余的元器件会从元器件浏览窗口中删除。

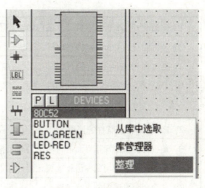

图 2-17 整理元器件

任务实施

画出如图 2-18 所示的原理图，并加载相应 HEX 文件进行仿真。

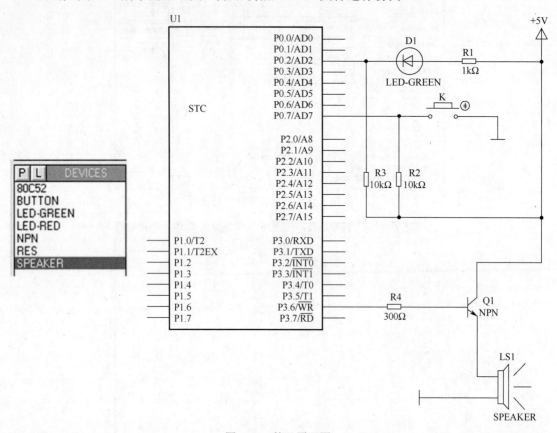

图 2-18 练习原理图

任务评价

填写项目任务单，如表 2-7 所示。

表 2-7 项目任务单

1. 安装 Proteus 仿真软件 （□已做 □不必做 □未做）		
① 是否能安装 Proteus 仿真软件	□是	□否
② 是否将 Proteus 软件进行汉化？汉化后能否又回到全英文版状态	□是	□否
你在完成第一部分子任务的时候，遇到了哪些问题？你是如何解决的？		
2. Proteus 仿真软件的使用 （□已做 □不必做 □未做）		
① 是否会讲出主操作界面的常用工具条及模式的功能	□是	□否
② 是否会熟悉使用鼠标进行放置元器件并连线	□是	□否
③ 是否会画原理图并进行仿真	□是	□否

续表

你在完成第二部分子任务的时候，遇到了哪些问题？你是如何解决的？
完成情况总结及评价：
学习效果：　□优　　□良　　□中　　□差

任务拓展

通过本次任务的学习，基本学会使用 Proteus 软件，课后使用激励源、电压探针、电流探针、虚拟仪器等资源画出指示灯电路、NPN 放大电路进行仿真，观察操作效果。

项目总结

通过本项目实施，掌握了 Proteus 软件的安装、用 Proteus 软件编辑原理图并进行仿真，进一步理解了编写 C 语言程序的基本格式要求。

通过使用 Proteus 仿真软件，制作了原理图，进行了仿真训练，了解了 Proteus 软件中鼠标操作与其他软件的不同之处，通过动手实践发现，掌握好 Proteus 软件常用工具栏、模式工具栏、元器件方位调整工具栏、运行工具栏等功能比使用菜单更快捷、方便，也深知对软件许多功能还未了解，需要通过不断练习，熟练掌握并使用好该软件。

课后练习

2-1　简述安装 Proteus 软件的过程。

2-2　Proteus 软件主要功能是什么？

2-3　简述 Proteus 软件中有哪些模块。

2-4　简述 Proteus 软件编辑一个原理图及仿真的全过程。

2-5　简述 Proteus 软件中实现仿真注意的几个要点。

2-6　简述 Proteus 软件中鼠标的基本操作功能。

2-7　编写程序，实现功能：按钮接 P0 口的最高位，发光二极管、蜂鸣器分别接 P0 口的最低 2 位，按下按钮，发光二极管亮，蜂鸣器响，按钮松开，发光二极管熄灭，蜂鸣器不响。

2-8　在 Proteus 软件中找出 1kΩ 电阻、红色发光二极管、NPN 三极管、单片机等元器件。

2-9　使用 Keil C51 软件、Proteus 软件，仿真出 P0 口最低位由亮变化到灭，并通过 Keil C51 软件观察结果。

2-10　使用 Keil C51 软件、Proteus 软件，仿真出 P0 口由全亮变化到全灭，并通过 Keil C51 软件观察结果。

项目 3 指示灯电路的制作与应用

项目描述

在单片机应用系统中,指示灯电路是最常见的电路之一,如电源指示电路、与单片机进行数据交换时的提示电路、报警电路、交通灯电路等。从导通角度去理解,指示灯电路功能主要通过发光元器件状态体现电路是否处于工作状态。

本教材推荐使用 C 语言作为开发程序的编程软件。C 语言能把高级语言的基本结构和语句与低级语言的实用性结合起来。C 语言可以像汇编语言一样对位、字节和地址进行操作,而这三者是计算机最基本的工作单元。C 语言能直接访问硬件的物理地址,能进行位(bit)操作。在指示灯电路制作与应用项目中,将介绍电子元器件的基本知识、二进制基本理论、简单电路计算、C 语言的一些基本理论与编程知识。本项目任务有:

任务 1　认识常用电子元器件
任务 2　确定指示灯电路参数
任务 3　制作指示灯电路

任务 1　认识常用电子元器件

学习目标

- 了解电子元器件的分类。
- 掌握常用元器件的主要参数与功能。
- 掌握 C 语言常量类型。

任务呈现

如图 3-1 所示,自动化生产流水线是由工件传送系统和控制系统将一组自动机床(或其他工艺设备)和辅助设备,按照工艺顺序连接起来,自动完成产品全部或部分制造过程的生产系统。随着劳动力成本的上升,自动化生产线在大、中、小企业中的作用和地位越来越重要。

工业控制系统核心控制芯片一般使用单片机、PLC 等部件,如图 3-2 所示是 STC 单片机学习板实物图,板上分布了密集的元器件,正是由这些元器件有序地结合在一起,构成了一个以单片机为核心的控制系统。

项目 3 指示灯电路的制作与应用

（a）印刷生产流水线

（b）SMT 贴片加工流水线

图 3-1　自动化生产流水线

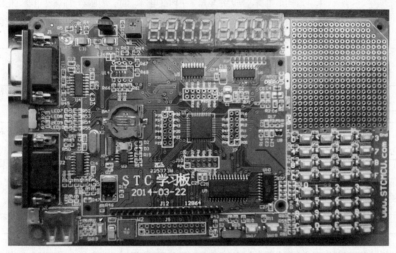

图 3-2　STC 单片机学习板

想一想

能否分析出图 3-2 中已认知过的元器件？

本次任务

认识常用电子元器件。

元器件常识

1. 在 Proteus 仿真软件中，仿真库中枚举超过 27000 种元器件，表 3-1 列举了常用元器件名称及种类。

表 3-1　常用元器件名称及其种类

序号	名称	种类
1	电阻 Resistor	固定电阻、可变电阻、排电阻、热敏电阻、熔断电阻、磁敏电阻、湿敏电阻、其他电阻
2	电容 Capacitor	陶瓷电容、钽电容、云母电容、铝电解电容、纸介电容、真空电容、漆电容、复合介质电容、玻璃釉电容、有机薄膜电容

45

续表

序号	名称	种类
3	电感 Inductance	电流互感器、电压互感器、电感线圈、可调电感、线绕电感、阻流电感、磁珠
4	二极管 Diode	普通二极管、开关二极管、稳压二极管、肖特基二极管、双向触发二极管、快恢复二极管、光电二极管、阻尼二极管、磁敏二极管、整流二极管、发光二极管、激光二极管、变容二极管、检波二极管
5	三极管 Transistors	带阻三极管、磁敏三极管、开关晶体管、闸流晶体管、中高频放大三极管、低噪声放大三极管、低频功率晶体管、高频功率晶体管、微波功率晶体管、开关三极管、光敏三极管、微波三极管、高反压三极管、达林顿三极管、光敏晶体管、低频放大三极管、功率开关晶体管
6	继电器 Relay	时间继电器、延时继电器、中间继电器、信号继电器、固态继电器、电磁类继电器、干簧式继电器、湿簧式继电器、热继电器、步进继电器、大功率继电器、磁保持继电器、极化继电器、温度继电器、真空继电器、混合电子继电器、汽车继电器
7	电位器 RES	合成碳膜电位器、直滑式电位器、贴片式电位器、金属膜电位器、实心电位器、单圈电位器、多圈电位器、单连电位器、双连电位器、带开关电位器、线绕电位器
8	传感器 Sensor	电磁传感器、敏感元件、光电传感器、光纤传感器、气体传感器、湿敏传感器、位移传感器、视觉传感器、图像传感器
9	显示器件 Optoelectronics	点阵数码管、LED 数码管、背光器件、液晶屏、偏光片、发光二极管芯片、发光二极管显示屏、液晶显示模块
10	集成电路 Microprocessor ICs	工业控制类 IC、电视机 IC、音响 IC、电源模块、影碟机 IC、录像机 IC、电脑 IC、通信 IC、遥控 IC、照相机 IC、报警器 IC、门铃 IC、闪灯 IC、电动玩具 IC、温控 IC、音乐 IC、电子琴 IC、手表 IC 等
11	电声器件	扬声器、传声器、拾音器、送话器、受话器、蜂鸣器
12	电声配件	盆架、电声喇叭、防尘盖、音膜、振膜、T 铁、磁钢、弹波、鼓纸、压边、电声网罩
13	频率元件	晶振、分频器、振荡器、滤波器、谐振器、调频器、鉴频器
14	开关元件	可控硅、光耦、干簧管
15	光电与显示器件	显示管、显像管、指示管、示波管、摄像管、投影管、光电管、发射器件
16	磁性元件	磁头、铝镍磁钢永磁元件、金属软磁元件（粉芯）、铁氧体软磁元件（磁芯）、铁氧体永磁元件、稀土永磁元件
17	保险元件	温度开关、温度保险丝、电流保险丝、保险丝座、自恢复熔断器
18	连接器	端子、线束、卡座、IC 插座、光纤连接器、接线柱、电缆连接器、印制板连接器、电脑连接器、手机连接器、端子台、接线座
19	电子五金件	触点、触片、探针、铁芯

2. 在本教材中，会使用到表 3-2 中的相关常用术语。

表 3-2　常用术语

序号	名称	含义
1	PCB	印制电路板
2	SMD	表面贴装元件
3	SIP	单列直插（一排引脚）
4	DIP	双列直插（两排引脚）
5	PTH	穿孔元件（引脚能穿过 PCB 板的元件）
6	PCP	成品电路板

项目 3 指示灯电路的制作与应用

续表

序号	名称	含义
7	轴向元件	元件两引脚从元件两端伸出
8	径向元件	元件引脚从元件同一端伸出
9	引脚	元件的一部分，用于把元件焊在电路板上
10	单面板	电路板上只有一面有线路
11	双面板	上下两面都有线路的电路板
12	元件面	电路板上插元件的一面
13	焊接面	电路板中元件面的反面，有许多焊盘提供焊接用
14	焊盘	PCB 板上用来焊接元件引脚或金属端的金属部分
15	空焊	零件脚或引线脚与锡垫间没有锡或其他因素造成没有接合
16	假焊或虚焊	假焊的现象与空焊类似，但其锡垫的锡量太少，低于接合面标准

3. 学校一般都购置了单片机开发板供学生学习与提高技能，表 3-3 列出大部分在开发板可能出现的元器件。

表 3-3 基本电子元器件特性一览表

序号	PCB 板上字母标志	元件名称	特性	极性或方向	计量单位	功能
1	R（RN/RP）	电阻	有色环，有 SIP/DIP/SMD 封装	SIP/DIP 有方向	欧姆 Ω/kΩ/MΩ	限制电流
2	C	电容	色彩明亮、标有 DC/VDC/pF/μF 等	部分有	法拉 pF/μF/F	存储电荷，阻直流，通交流
3	L	电感	单线圈	无	亨利 μH/mH	存储磁场能量，阻直流，通交流
4	T	变压器	两个或两个以上线圈	有	匝比数	调节交流电的电压与电流
5	D 或 CR	二极管	小玻璃体，一条色环标记为 1Nxxx/LED	有		允许电流单向流动
6	Q	三极管	三只引脚，通常标记为 2Nxxx/DIP/SOT	有	放大倍数	用作放大器或开关
7	U	集成电路 IC		有		多种电路的集合
8	X 或 Y	晶振 Crystal	金属体	有	赫兹（Hz）	产生振荡频率
9	F	保险丝 Fuse		无	安培（A）	电路过载保护
10	S 或 SW	开关 Switch	有触发式、按键式及旋转式，通常为 DIP	有	触点数	通断电路
11	J 或 P	连接器		有	引脚数	连接电路板
12	B 或 BJT	电池	正负极，电压	有	伏特（安培）	提供直流电流

任务实施

登录淘宝网 www.taobao.com，在宝贝栏中搜索"单片机开发板"，以及表 3-1 中的常用

47

元器件，关注单片机开发板的功能模块及各元器件的相应参数，如模块功能、名称、类别、尺寸大小、形状、使用电压、电流范围及使用注意点。在淘宝网上的"单片机开发板"商家，除了介绍并图示开发板上功能模块外，一般出售很多配件模块，这些配件模块的参数都比较详细，对认识元器件有很大帮助。制作一个认知元器件的PPT与大家分享。

认识元器件

一、电阻器

1. 电阻器的作用

电阻器，在日常生活中一般直接称为电阻。电阻的作用就是阻碍电流流过，用于限流、分流、降压、分压、负载与电容配合做滤波器及阻匹配等。

2. 电阻器的主要参数

（1）标称阻值：标称在电阻上的电阻值称为标称值，单位为 Ω，$k\Omega$，$M\Omega$。标称值是根据国家制定的标准系列标注的，不是生产者任意指定的。不是所有阻值的电阻都存在。

（2）额定功率：指在规定的环境温度下，假设周围空气不流通，在长期连续工作而不损坏或基本不改变电阻器性能的情况下，电阻器上允许的消耗功率。常见的有 1/16W、1/8W、1/4W、1/2W、1W、2W、5W、10W 等。

（3）电阻换算：电阻用字母 R 表示，基本单位是欧姆（Ω）。

$$1M\Omega（兆欧）= 1000k\Omega（千欧）= 1000000\Omega（欧姆）$$

3. 电阻器的分类

（1）按阻值特性分为：固定电阻、可调电阻、特种电阻（敏感电阻）。

其中，不能调节的电阻，称为固定电阻；而可以调节的电阻，称为可调电阻，例如常见用于收音机音量调节设备，主要应用于电压分配，也称为电位器。

（2）按制造材料分为：碳膜电阻、金属膜电阻、线绕电阻等。

（3）按安装方式分为：插件电阻、贴片电阻。

如图 3-3 所示，是单片机开发板上常见的电阻。（a）图为色环电阻、（b）图为贴片电阻、（c）图为水泥电阻、（d）图为光敏电阻、（e）图为热敏电阻、（f）图为电位器。

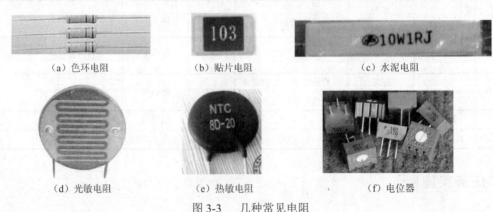

图 3-3　几种常见电阻

4. 阻值和误差的标注方法

（1）直标法——将电阻器的主要参数和技术性能用数字或字母直接标注在电阻体上。比如：10W1RJ。

（2）文字符号法——将文字、数字两者有规律组合起来表示电阻器的主要参数。比如：$0.1\Omega = \Omega1 = 0R1$，$3.3\Omega = 3\Omega3 = 3R3$，$3k3 = 3.3k\Omega$

（3）色标法——用不同颜色的色环来表示电阻器的阻值及误差等级。普通电阻一般用 4 环标示，精密电阻用 5 环标示。

（4）贴片电阻标注法——前两位表示有效值，第三位表示有效值后加零的个数。$0 \sim 10\Omega$ 带小数点的电阻值表示为 XRX，RXX，例：$471 = 470\Omega$，$106 = 1M\Omega$，$2R2 = 2.2\Omega$。

二、电容器

1. 电容器的作用

电容器，在日常生活中一般直接称为电容，是存储电荷的元件，用字母 C 表示，具有"通交流阻直流"的特性，在电路中的作用主要是耦合、隔直、滤波、谐振、保护、旁路、补偿、调谐、选频等。

基本单位是法拉（F），简称"法"。常用单位有微法（μF）和皮法（pF）。三个单位的转换关系为

$$1F = 10^6 \mu F = 10^{12} pF$$

2. 电容器的分类

根据介质的不同，分为陶瓷、云母、纸介、薄膜、电解电容几种。

（1）陶瓷电容：以高介电常数、低损耗的陶瓷材料为介质，体积小，自体电感小。

（2）云母电容：以云母为介质，用锡箔和云母片层叠后在胶木粉中压铸而成。性能优良，高稳定，高精密。但云母电容器的生产工艺复杂，成本高、容量有限，导致使用范围受到一定的限制。

（3）纸介电容：纸介电容的电极用铝箔或锡箔做成，绝缘介质是浸蜡的纸，相叠后卷成圆柱体，外包防潮物质，有时外壳采用密封的铁壳以提高防潮性。价格低，容量大。

（4）薄膜电容：用聚苯乙烯、聚四氟乙烯或涤纶等有机薄膜代替纸介质，做成的各种电容器。体积小，但损耗大，不稳定。

（5）电解电容：电解电容是以金属氧化膜为介质，以金属和电解质作为电容的两极，金属为阳极，电解质为阴极。使用时要注意极性，它不能用于交流电路中；在直流电路中极性不能接反。否则会影响介质的极化，使电容器漏液、容量下降，甚至发热、击穿、爆炸。

如图 3-4 所示，（a）图为陶瓷贴片电容，（b）图为常见的瓷介电容，（c）图为常见电解电容，（d）为电解贴片电容。

　　（a）陶瓷贴片电容　　　　（b）瓷介电容　　　　（c）电解电容　　　　（d）电解贴片电容

图 3-4　常见电容器

3. 电容器的主要参数

（1）标称容量：标在电容器上的容量称为标称容量，单位为法拉（F）。常用单位：毫法（mF）、微法（μF）、纳法（nF）、皮法（pF）。

$$1\ F = 10^3\ mF = 10^6\ \mu F = 10^9\ nF = 10^{12}\ pF$$

（2）允许误差：电容的实际容量相对于标称值的最大允许偏差范围称为允许误差。

（3）额定电压：指电容器在规定的工作温度范围内，长期可靠工作所能承受的最高电压。

（4）绝缘电阻：指电容器两极之间的电阻，又叫漏电电阻。理想的电容器的绝缘电阻为无穷大，实际不为无穷大。绝缘电阻越大，表明电容器质量越好。

三、机电元件

机电元件是利用机械力或电信号实现电路接通、断开或转接的元件。电子产品中常用的开关、继电器和接插件就属于机电元件。

它的主要功能：传输信号和输送电能；通过金属接触点的闭合或开启，使其所联系的电路接通或断开。

如图3-5所示的接口元件，在以后的项目中面包板的插建任务和多孔板的焊接调试任务中都会涉及。

图3-5　接口元件

键盘开关：多用于计算机、计算器、电子设备的遥控器中数字式电信号的快速通断。键盘有数码键、字母键、符号键及功能键，或是它们的组合。触点的接触形式有簧片式、导电橡胶式和电容式多种。

如图3-6所示，（a）图为矩阵按键开关、（b）图为键盘薄膜开关、（c）图为机械键盘开关、（d）图为轻触开关、（e）图为自锁按钮开关、（f）图为圆形电源开关。

（a）矩阵按键开关　　（b）键盘薄膜开关　　（c）机械键盘开关　　（d）轻触开关　　（e）自锁按钮开关　　（f）圆形电源开关

图3-6　各种开关

四、半导体分立器件

电子产品根据其导电性能分为"导体"和"绝缘体"，半导体介于"导体"和"绝缘体"

之间，半导体元器件按封装形式又分为"分立"和"集成"，如二极管、三极管等。

如图 3-7 所示的常见半导体分立器件，(a) 图为发光二极管、(b) 图为二极管、(c) 图为三极管。

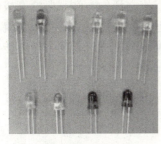（a）发光二极管　　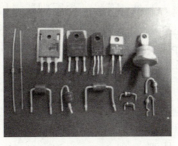（b）二极管　　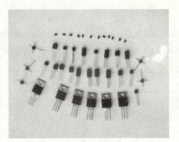（c）三极管

图 3-7　半导体分立器件

二极管是最常用的电子元件之一，是一种具有单向传导电流的电子器件，也就是电流只能从二极管的一个方向流过。整流电路、检波电路、稳压电路、各种调制电路，主要都是由二极管来构成的。

二极管为一个由 P 型半导体和 N 型半导体形成的 PN 结，给 PN 结外加正向电压时，在正向特性的起始部分，正向电压很小，不足以克服 PN 结内电场的阻挡作用，正向电流几乎为零，这一段称为死区。这个不能使二极管导通的正向电压称为死区电压。当正向电压大于死区电压以后，PN 结内电场被克服，二极管导通，电流随电压增大而迅速上升。在正常使用的电流范围内，导通时二极管的端电压几乎维持不变，这个电压称为二极管的正向电压。硅二极管（不发光类型）正向管压降为 0.7V，锗管正向管压降为 0.3V，发光二极管正向管压降会随发光颜色不同而不同。主要有三种颜色，具体压降参考值如下：红色发光二极管的压降为 2.0～2.2V，黄色发光二极管的压降为 1.8～2.0V，绿色发光二极管的压降为 3.0～3.2V，正常发光时的额定电流约为 20mA。

如图 3-8 所示是 NPN、PNP 型三极管示意图。三极管是一种控制元件，主要用来控制电流的大小，以共发射极接法为例（信号从基极输入，从集电极输出，发射极接地），当基极电压 U_B 有一个微小的变化时，基极电流 I_B 也会随之有一微小的变化，受基极电流 I_B 的控制，集电极电流 I_C 会有一个很大的变化，基极电流 I_B 变化越大，集电极电流 I_C 变化也越大，反之，基极电流变化越小，集电极电流变化也越小，即基极电流的变化控制集电极电流的变化。但是集电极电流的变化比基极电流的变化大得多，这就是三极管的电流放大作用。

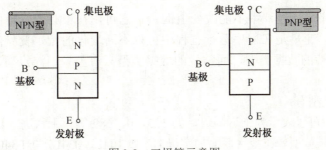

图 3-8　三极管示意图

当基极电流达到峰值后，集电极电流不再变化，发射极与集电极导通。基极不提供电压，三极管截止，基极提供峰值电流，三极管导通，这就是三极管的开关性能。在数字控制电路中，常使用三极管的开关功能，设计驱动电路。

如何去检测三极管的好坏呢？其实很简单，使用判断二极管好与坏的方法来判断三极管的好与坏。只要用万用表的电阻挡测量一下，正向电阻如果很小，反向电阻如果很大这就说明二极管是好的。三极管有 PNP 型与 NPN 型，需要分别两次使用测试二极管的方法才能判断三极管的好与坏。

任务评价

填写项目任务单，如表 3-4 所示。

表 3-4　项目任务单

1. 上网找元器件　（□已做　□不必做　□未做）		
① 是否会使用网络工具查找元器件	□是	□否
② 能否根据表 3-1 中名称在网络上查找元器件并认识元器件	□是	□否
你在完成第一部分子任务的时候，遇到了哪些问题？你是如何解决的？		
2. 检测　（□已做　□不必做　□未做）		
① 是否会使用万用表	□是	□否
② 是否会检测电阻、电容、二极管及三极管	□是	□否
你在完成第二部分子任务的时候，遇到了哪些问题？你是如何解决的？		
完成情况总结及评价：		
学习效果：　□优　□良　□中　□差		

学习 C 语言

常　　量

常量是在程序运行过程中不能改变值的量，它可用在不必改变值的场合，如固定的数据表，字库等。变量是在程序运行过程中可以不断变化的量，变量的定义可以使用所有 C51 编译器支持的数据类型，而常量的数据类型只有整型、浮点型、字符型、字符串型和位标量。

常量的数据类型有：

（1）整型常量可以表示为十进制数，如 123，0，-89 等。十六进制数则以 0x 开头，如 0x34，0x3B 等。长整型就在数字后面加字母 L，如 104L，034L，0xF340L 等。

（2）浮点型常量可分为十进制数和指数表示形式。十进制数由数字和小数点组成，如

0.888，3345.345，0.0 等，整数或小数部分为 0，可以省略但必须有小数点。指数表示形式为[±]数字[.数字]e[±]数字，[ ]中的内容为可选项，其内容根据具体情况可有可无，但其余部分必须有，如 125e3，7e9，-3.0e-3。

（3）字符型常量是单引号内的字符，如'a'，'d'等，不可以显示的控制字符，可以在该字符前面加一个反斜杠"\"组成专用转义字符。常用转义字符表如表 3-5 所示。

表 3-5 常用转义字符表

序号	转义字符	含义	ASCII 码（十六/十进制）
1	\0	空字符（NULL）	00H/0
2	\n	换行符（LF）	0AH/10
3	\r	回车符（CR）	0DH/13
4	\t	水平制表符（HT）	09H/9
5	\b	退格符（BS）	08H/8
6	\f	换页符（FF）	0CH/12
7	\'	单引号	27H/39
8	\"	双引号	22H/34
9	\\	反斜杠	5CH/92

（4）字符串型常量由双引号内的字符组成，如"test"，"OK"等。当引号内的没有字符时，为空字符串。在使用特殊字符时同样要使用转义字符，如双引号。在 C 语言中字符串常量是作为字符类型数组来处理的，在存储字符串时系统会在字符串尾部加上'\0'转义字符以作为该字符串的结束标志。字符串常量"A"和字符常量'A'是不同的，前者在存储时多占用一个字节的空间。

（5）位标量，它的值是一个二进制数。

任务 2　确定指示灯电路参数

学习目标

- 分析电路功能学会选择元器件。
- 了解常用运算符，学会使用 0 号串口观察程序输出结果。

任务呈现

如图 3-9 所示，指示灯可应用于不同场合，功能相同的指示灯命名也不一样。（a）图为报警灯，（b）图为 LED 指示灯，（c）图为信号灯，（d）图为贴片发光二极管，（e）图为普通发光二极管。

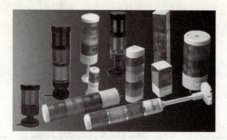

（a）报警灯　　　　　　　　　　　　　　（b）LED 指示灯

（c）信号灯　　　　　（d）贴片发光二极管　　　　（e）普通发光二极管

图 3-9　指示灯

想一想

通过任务 1 登录淘宝网查找图 3-9 中的指示灯，商家会提供哪些参数？

本次任务

根据要求选择合适的普通发光二极管构成指示灯电路。

电路分析

如图 3-10 所示是指示灯电路的典型原理图。像报警灯、LED 指示灯、信号灯等有很多指示灯购回后可直接接入电路，并没有使用电阻进行限流，是因为它们内部已接上保护指示灯的元器件，如整流电路、限流电阻、稳压二极管、防击穿二极管、电容等，本任务中以单片机的电源指示灯电路为例进行讲解。

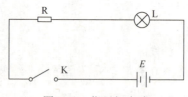

图 3-10　指示灯电路

任务实施

根据图 3-10 所示，需要的元器件有：电源、指示灯、开关、电阻和导线。

1. 选择电源。

一般单片机芯片使用 5V 直流电源，也有低功耗单片机芯片使用 3V 左右的直流电源，在单片机控制系统中电源的选择需要根据使用的单片机芯片进行选择。本教材中电源全部使用 5V 直流电源，单片机芯片及外围设备功率都很小，一般标准 5V/0.15W 手机充电器就可作为实验电源，若挂接超过 0.15W 设备需要配置相应大功率的开关电源。

如图 3-11 所示是使用 5V/0.15W 手机充电器自制的供单片机使用的 5V 电源连接线。连接线一端使用手机 USB 接线，另一端将原手机接头剪掉，焊接两根单母杜邦线，红线焊接到+5V 端，黑线焊接到接地端。

注意：自制 5V 电源输出端不能焊接两根双公杜邦线，否则易造成短路。在多孔板上使用时，板上需要焊接电源排针接线柱；在面包板上使用时，需要两根电源双公杜邦线。

2．选择指示灯。

指示灯使用发光二极管，登录淘宝网，在宝贝栏中搜索"发光二极管"，有几百种，价格从几分到上千元不等。在本任务中发光二极管选择价格为 3 分钱一只的 3mm 红色发光二极管，如图 3-12 所示，某淘宝卖家提供的参数如下：

图 3-11　自制单片机 5V 电源连接线　　　　图 3-12　发光二极管

（1）名称：3 毫米（3mm）LED 高亮红色发光二极管。
（2）引脚长度：>16mm。
（3）直径：3mm。
（4）电压范围：1.8～2.5V。
（5）电流范围：5～18mA（不同厂家相同型号产品的额定电流有一定的差别）。

3．选择开关。

开关的种类很多，在本任务中，选择使用一个 8.5mm×8.5mm 的双排自锁开关，如图 3-13 所示。

4．选择电阻。

电阻选择 1/4W 直插普通误差 5% 的碳膜电阻，如图 3-14 所示，淘宝卖家提供的价格是 1000 个 5 元。电阻阻值应该选择多大呢？

图 3-13　自锁开关　　　　　　　　图 3-14　电阻

假设发光二极管需要亮些，相应电流选择也应该大些。设计工作电流为 10mA，提供总电源为 5V，发光二极管压降在 1.8～2.5V 之间，电阻分得的电压值为 2.5～3.2V，设计时取电压最大值，即电阻压降为 3.2V，电阻的阻值为

$$R = U_R / I = 3.2V/10mA = 320Ω$$

电阻生产厂家生产的电阻阻值不是连续值，同时电阻的误差也比较大，经查"电阻标称

值"在 320Ω 附近的标称电阻有 270Ω、300Ω、330Ω、360Ω、390Ω 等，实验室中只要有上述一种的电阻，都可以选择使用，一般实验室常用电阻是 300Ω 或 330Ω。

任务评价

填写项目任务单，如表 3-6 所示。

表 3-6　项目任务单

1．上网购元器件　（□已做　□不必做　□未做）		
① 是否会使用网络工具查找元器件	□是	□否
② 能否正确选购双公、双母、单公母杜邦线，电阻，发光二极管，自锁开关，多孔板，面包板等元器件	□是	□否
你在完成第一部分子任务的时候，遇到了哪些问题？你是如何解决的？		
2．检测　（□已做　□不必做　□未做）		
① 是否会使用万用表	□是	□否
② 能否检测购回元器件是否完好	□是	□否
你在完成第二部分子任务的时候，遇到了哪些问题？你是如何解决的？		
3．制作电源线　（□已做　□不必做　□未做）		
① 是否会读电源铭牌	□是	□否
② 能否使用购回的双母杜邦线及带 UBS 手机电源线制作电源线	□是	□否
你在完成第三部分子任务的时候，遇到了哪些问题？你是如何解决的？		
完成情况总结及评价：		
学习效果：　□优　　□良　　□中　　□差		

学习 C 语言

1. 如表 3-7 所示，列出了一些常用运算符。

表 3-7　常用运算符

序号	运算符类型	运算符号及含义					
1	算术运算符	运算符号	+	−	*	/	%
		含义	加	减	乘	除或取整	取模（求余）
2	关系运算符	运算符号	>	>=	<	<=	==	!=
		含义	大于	大于等于	小于	小于等于	等于	不等于
3	逻辑运算符	运算符号	!	&&	||		
		含义	非	与	或		

*备注：表中运算符优先级顺序见附录 7。

如表 3-8 所示，列出了逻辑运算符真值表。

表 3-8　逻辑运算符真值表

序号	x	y	!x	!y	x&&y	x||y
1	0	0	1	1	0	0
2	0	1	1	0	0	1
3	1	0	0	1	0	1
4	1	1	0	0	1	1

*备注：0 表示为假，1 表示为真。

2．在 Keil C51 开发环境中观察标准输出函数的步骤。

（1）打开 Keil C51 软件，进入软件主界面。

（2）在主界面中，单击【Project】→【建立工程】。

（3）输入以下源程序，并向工程中添加 C 程序源文件。

```
/****************************************************************
* 程 序 名：在 Keil C51 环境中观察 printf 函数的输出结果
* 程序说明：生成 HEX 文件，在软件仿真环境中打开 Serial 0 的中断与定时控制功能
            Keil  μVision 3 在【View】→【Serial Window #1】窗口中观察结果
            Keil  μVision 4 在【View】→【Serial Window】→【UART #1】中观察结果。
* 调试芯片：任意
****************************************************************/
#include "reg52.h"   //调用定义了 51 单片机的特殊功能寄存器头文件
#include "stdio.h"   //调用标准输入输出头文件
void main ( )
{
        int x,y,z;
        x = 1;
        printf ("x = %d\n",x);
        y = 2;
        printf ("y = %d\n",y);
        z = x+y;
        printf ("x+y = %d\n",z);
}
```

输出结果：

```
x = 1
y = 2
x+y = 3
```

（4）单击【Peripherals】→【Rebuild all target files】或单击工具条"▦"按钮，通过反复编辑、修改、编译到生成 HEX 文件。

（5）单击【Project】→【Options for Target】→【Debug】→【Use Simulator】→【确定】。

（6）单击【Debug】→【Start/Stop Debug Session】 或按"Ctrl+F5"键或单击工具条"▦"按钮。

（7）单击【Peripherals】→【Serial】→【Serial 0】，出现"Serial Channel 0"对话框，如图 3-15 所示。

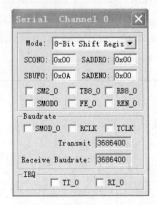

图 3-15 "Serial Channel 0"对话框

（8）如图 3-16 所示，将"Serial Channel 0 对话框"中的选择框打上"√"。

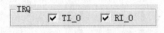

图 3-16 处理好的选择框

（9）在编辑窗口中的文件提示栏处，若出现" sun1.c Disassembly Serial #1 "提示信息，说明"Serial Window #1"已被打开，若该窗口未打开，可以通过单击【View】→【Serial Window #1】操作，打开标准函数输出窗口来观察运行结果。

（10）如图 3-17 所示，单击【Debug】→【Run】或按"F5"键或单击工具条" "，可以观察"Serial #1"窗口中的结果。

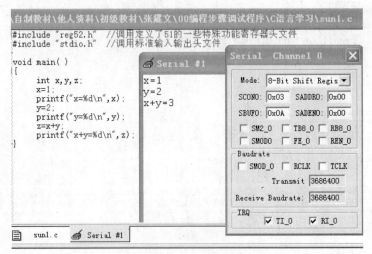

图 3-17 标准函数输出窗口观察运行结果

（11）单击【Debug】→【Stop Running】或单击工具条上的" "回到编辑状态。

项目 3 指示灯电路的制作与应用

任务 3 制作指示灯电路

学习目标

- 能在面包板上制作电源指示灯硬件电路。
- 能在多孔板上制作电源指示灯硬件电路。
- 掌握 C 语言中算术及关系运算符的运用。

任务呈现

面包板是专为电子电路的无焊接实验设计制造的,如图 3-18 所示。由于各种电子元器件可根据需要随意插入或拔出,免去了焊接,节省了电路的组装时间,而且元器件可以重复使用,所以非常适合电子电路的组装、调试和训练。

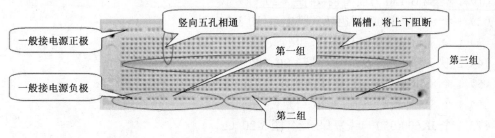

图 3-18 面包板

整板使用热固性酚醛树脂制造,板底有金属条,在板上对应位置打孔使得元器件插入孔中时能够与金属条接触,从而达到导电目的。一般将每 5 个孔板用一条金属条连接。板子中央一般有一条凹槽,这是针对集成电路、芯片试验而设计的。板子上下两边有两排横着的插孔,也是 5 个一组,这 5 个一组与其他一组不同型号板连通方式不一样,如图 3-18 所示,左边 4 组、中间 3 组、右边 4 组分别相互连通。这两组插孔用于给板子上的元器件提供电源。

万能板又称洞洞板、万用 PCB 板、多孔板,如图 3-19 所示,是一种按照标准 IC 间距(2.54mm)布满焊盘、可按自己的意愿插装元器件及连线的印制电路板。相比专业的 PCB 制板,洞洞板具有以下优势:使用门槛低,成本低廉,使用方便,扩展灵活。

(a)

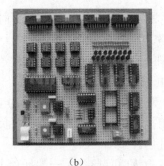

(b)

图 3-19 万能板

想一想

（1）面包板和多孔板各自的优缺点是什么？
（2）面包板和多孔板分别适用于哪些地方？

本次任务

（1）使用面包板插建电源指示灯电路。
（2）在多孔板上焊接电源指示灯电路。

任务实施1

在面包板上插建电源指示灯电路。

1．选择元器件。
（1）1块SYB-130万能面包板[图3-20（a）]。
（2）1个0.25W 300Ω四色环碳膜电阻[图3-20（b）]。
（3）1个3mm红色LED发光二极管[图3-20（c）]。
（4）2根双公，20cm杜邦线[图3-20（d）]。
（5）1个8.5mm×8.5mm双排自锁开关[图3-20（e）]。
（6）1个5V开关电源[图3-20（f）]。
（7）1个JK600-050自恢复保险丝[图3-20（g）]。

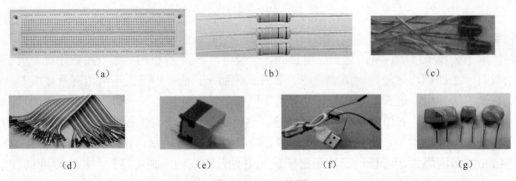

图3-20 元器件图

2．按照如图3-21所示参考实物图，在面包板上制作指示灯电路。

3．在面包板上按图3-21所示实物图插接元器件时的端口引线如下。

（1）双公杜邦线：第一根线是电源正极引入线，插在上方第一组插孔内；第二根线是电源负极引入线，插在下方第一组插孔内。

图3-21 插建指示灯的实物图

（2）自恢复保险丝：一端插入上方第一组五连插孔内，另一端插入常开常闭公共端。

（3）双排自锁开关：跨隔槽插入插孔内。

（4）发光二极管：长引脚端插入自锁开关常开端，短引脚端插入隔槽上方没有元器件的某一竖槽插孔内。长引脚端是二极管的正极端，短引脚端是二极管的负极端。

（5）电阻：一端插入隔槽上方发光二极管短引脚所在的同一竖向插孔内，另一端插入最下方第一组五连插孔内。

任务评价 1

将 5V 开关电源正确接入到面包板的正、负端，按下自锁开关，观察发光二极管能否正常发光。按下开关发光二极管亮，说明接插完好；若不亮，须使用万用表进行检测。可能是下列几种情况：

（1）元器件损坏；
（2）电源不供电；
（3）元器件没插好；
（4）发光二极管插反；
（5）自锁开关没插好或插反。

根据不同现象排除故障，直到故障全部排除，发光二极管点亮为止。

任务实施 2

在多孔板上焊接电源指示灯电路。

1. 选择元器件。

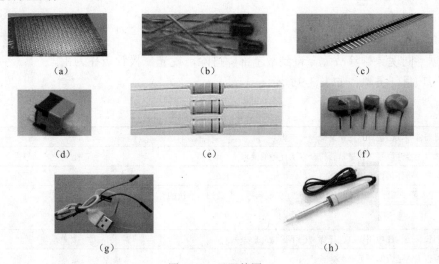

图 3-22 元器件图

（1）1 个 15cm×9cm 多孔板[图 3-22（a）]。

（2）1 个 3mm 红色 LED 发光二极管[图 3-22（b）]。

（3）1 根 2.54mm 间距/1×40P 排针[图 3-22（c）]。

（4）1 个 8.5mm×8.5mm 双排自锁开关[图 3-22（d）]。

(5) 1个 0.25W 四色环碳膜 300Ω电阻[图 3-22（e）]。
(6) 1个 JK600-050 自恢复保险丝[图 3-22（f）]。
(7) 1个 5V 开关电源[图 3-22（g）]。
(8) 焊接工具、焊丝等[图 3-22（h）]。
2. 在多孔板上按图 3-23 所示参考实物图焊接端口引线。

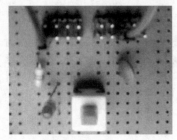

图 3-23　电源指示灯电路参考实物图

（1）排针：分两组，一组为电源正极引入端，另一组为电源负极引入端。

（2）电阻：一端焊接到电源负极端，另一端与发光二极管相连。

（3）发光二极管：长引脚与自锁开关中间端子焊接在一起，另一端与电阻焊接。

（4）自锁开关：左边端子与自恢复保险丝一端子焊接在一起，中间端子与发光二极管长引脚焊接在一起。

（5）自恢复保险丝：一端与自锁开关焊接在一起，另一端与电源正极端子焊接在一起。

任务评价 2

将电源正极引入到正极端子，电源负极引入到负极端子，若发光二极管变亮，说明焊接完好，若不亮，须使用万用表进行检测。可能是下列几种情况：

（1）元器件损坏；
（2）电源不供电；
（3）元器件虚焊；
（4）发光二极管插反。

根据不同现象排除故障，直到故全部障排除，发光二极管点亮为止。

填写项目任务单，如表 3-9 所示。

表 3-9　项目任务单

1. 元器件　（□已做　□不必做　□未做）		
① 检查元器件型号、数量是否符合本次任务的要求	□是	□否
② 检测元器件是否可用	□是	□否
你在完成第一部分子任务的时候，遇到了哪些问题？你是如何解决的？		
2. 面包板上构建电路　（□已做　□不必做　□未做）		
① 检查工具是否安全可靠	□是	□否
② 在此过程中是否遵守了安全规程和注意事项	□是	□否
③ 是否能构建完整的电路	□是	□否
你在完成第二部分子任务的时候，遇到了哪些问题？你是如何解决的？		

续表

3. 焊接电路 （□已做 □不必做 □未做）		
① 检查工具是否安全可靠	□是	□否
② 在此过程中是否遵守了安全规程和注意事项	□是	□否
③ 是否完成了指示灯模块的制作	□是	□否
你在完成第三部分子任务的时候，遇到了哪些问题？你是如何解决的？		
4．检测 （□已做 □不必做 □未做）		
① 检查电源是否正常	□是	□否
② 通电检测发光二极管是否正常发光	□是	□否
你在完成第四部分子任务的时候，遇到了哪些问题？你是如何解决的？		
完成情况总结及评价：		
学习效果： □优 □良 □中 □差		

学习C语言

1. 算术运算符应用

```
/*****************************************************************
* 程  序  名：在 Keil C51 环境中观察 printf 函数的输出结果（观察算术运算符的效果）
* 程序说明：生成 HEX 文件，在软件仿真环境中打开 Serial 0 的中断与定时控制功能
           在【View】→【Serial Window #1】窗口中观察结果
* 调试芯片：任意
*****************************************************************/
#include "reg52.h"      //调用定义了 51 单片机的一些特殊功能寄存器头文件
#include "stdio.h"      //调用标准输入输出头文件，使用 printf 函数时必须使用该头文件

void main ( )
{
    unsigned    int x = 1,y = 2;
    float a = 1.0,b = 2.0 ;
    printf("x+y = %d\n",x+y);        //%d 表示输出一个整数
    printf("x-y = %d\n",x-y);
    printf("x*y = %d\n",x*y);
    printf("x/y = %d\n",x/y);        //在整型表达式中的 "/"，代表取整
    printf("x%%y = %d\n\n",x%y);     //2 个%%在 printf 函数格式控制中代表一个%
                                     //在整型表达式中的 "%"，代表取余
    printf("a+b = %f\n",a+b);        //%f 表示输出一个实数
    printf("a-b = %f\n",a-b);
    printf("a*b = %4.1f\n",a*b);     //输出一个实数，总宽度为 4，小数位数为 1
    printf("a/b = %4.2f\n",a/b);     //在实型表达式中的 "/"，代表进行除法运算
    getchar( );                      //按任意键继续
}
```

输出结果:

```
x+y = 3
x-y = -1
x*y = 2
x/y = 0
x%y = 1

a+b = 3.000000
a-b = -1.000000
a*b = 2.0
a/b = 0.50
```

printf 函数的一般格式:

> printf(格式控制,输出表列)

(1)"格式控制"是用双撇号括起来的字符串,也称"转换控制字符串",它包括两种信息:

① 格式说明:由"%"和格式字符组成,它的作用是将输出的数据转换为指定的格式输出。%m.nf:输出占 m 列总长度,保留小数点 n 位。

② 普通字符,即需要原样输出的字符。

(2)"输出表列"是需要输出的一些数据,可以是表达式。

(3) printf 函数的一般形式可以表示为

> printf(参数 1,参数 2,……,参数 n)

功能是将参数 2~参数 n 按参数 1 给定的格式输出。

2. 关系运算符应用

```c
/****************************************************************
* 程 序 名:在 Keil C51 环境中观察 printf 函数的输出结果(观察关系运算符的效果)
* 程序说明:生成 HEX 文件,在软件仿真环境中打开 Serial 0 的中断与定时控制功能
            在【View】→【Serial Window #1】窗口中观察结果
* 调试芯片:任意
****************************************************************/
#include "reg52.h"    //调用定义了 51 单片机的一些特殊功能寄存器头文件
#include "stdio.h"    //调用标准输入输出头文件
void main( )
{
    unsigned int x = 1,y = 2;
    printf("x>y    value is %d\n",x>y);      //关系表达式为假,表达式值用 0 表示
    printf("x> = y value is %d\n",x> = y);
    printf("x<y    value is %d\n",x<y);      //关系表达式为真,表达式值用非 0 表示
    printf("x< = y value is %d\n",x< = y);
    printf("x = = y value is %d\n",x = = y);
    printf("x! = y value is %d\n",x! = y);
```

```
        getchar( );                    //按任意键继续
    }
```

输出结果：

```
    x>y     value is  0
    x>=y    value is  0
    x<y     value is  1
    x<=y    value is  1
    x==y    value is  0
    x!=y    value is  1
```

3. 关系运算符应用

```
/*******************************************************************
 * 程 序 名：使用关系运算符的观察 P0 结果
 * 程序说明：生成 HEX 文件，在软件仿真环境中打开 Port 0
             在【Peripherals】→【I/O Ports】→【Port 0】窗口中观察结果
 * 调试芯片：任意
*******************************************************************/
#include "reg52.h"          //调用定义了 51 单片机的一些特殊功能寄存器头文件
sbit P20 = P2^0;            //定义 P20 位变量
void main( )
{
    P20 = 0;                //将位变量赋值为 0
    if (P20 == 0)           //假如 P20 变量是 0
        P0 = 0x00;          //将 P0 口全赋值为 0
}
```

知识链接

二进制数、十进制数、十六进制数

单片机是由成千上万个电子元器件集成而来的，这些电子元器件基本构成电路就像本任务中的指示灯电路，它们的工作原理是：通电后未按开关，灯不亮，按下开关，灯亮。假设使用数字 1 与 0 来表示灯亮与不亮，这就是研究单片机最基本的数学模型。

可以设想，使用两个开关控制两路指示电路，如表 3-10 所示。

表 3-10 两路开关电路

序号	第一路开关	第二路开关	实际含义	代表数的含义	备注
1	0（关）	0（关）	2 路都关	0	
2	0（关）	1（开）	1 路开 1 路关	1	都是 1 开 1 关，但开与关含义不一样
3	1（开）	0（关）		2	
4	1（开）	1（开）	2 路都开	3	

使用三个开关控制三路指示电路，如表 3-11 所示。

表 3-11　三路开关电路

序号	第一路开关	第二路开关	第三路开关	实际含义	代表数的含义
1	0	0	0	3 路都关	0
2	0	0	1	1 路开 2 路关	1
3	0	1	0		2
4	0	1	1	1 路关 2 路开	3
5	1	0	0	1 路开 2 路关	4
6	1	0	1	2 路开 1 路关	5
7	1	1	0		6
8	1	1	1	3 路都开	7

不再枚举，4 路出现 16 种可能，5 路出现 32 种可能。一般单片机都是 8 路一组，共 4 组，组合控制事件的本领太大了。

关注表 3-11，开关的开与关代表的是 1 与 0，即计算机中的二进制数，在计算机运算中，常用进制分别是二进制、十进制与十六进制。表 3-12 是二进制数、十进制数与十六进制数对照表。

表 3-12　二进制数、十进制数与十六进制数对照表

序号	二进制数	十进制数	十六进制数
1	0000	0	0
2	0001	1	1
3	0010	2	2
4	0011	3	3
5	0100	4	4
6	0101	5	5
7	0110	6	6
8	0111	7	7
9	1000	8	8
10	1001	9	9
11	1010	10	A
12	1011	11	B
13	1100	12	C
14	1101	13	D
15	1110	14	E
16	1111	15	F

十进制数，它有十个数，分别是 0、1、2、3、4、5、6、7、8、9，当计数到十时，就进位成了"10"，也就是十进制，逢十进一的道理。

同理，二进制数，它有两个数，分别是 0、1，当计数到 2 时，就进位成了"10"。十六进制数，它有十六个数，分别是 0、1、2、3、4、5、6、7、8、9、A、B、C、D、E、F，当计数到十六时，就进位成了"10"。

单片机控制 8 路数据，如"1100 1101"，这个数对于单片机而言仅代表哪路开与关的问

题,对编程人员而言,它代表是什么数的问题。编写程序一般不使用二进制数,它非常麻烦,且不容易记忆,一般使用十进制数或十六进制数来进行编程。

那么,"1100 1101"代表什么数呢?

1. 在进行数制转换时,一般使用 D 代表十进制,B 代表二进制,H 代表十六进制。如:

表示二进制数　　　（1100 1101）$_B$、（11001）$_B$、（101100.1001）$_B$ 等

表示十进制数　　　（12）$_D$、（69.4）$_D$、（123.8）$_D$ 等

表示十六进制数　　（12F）$_H$、（11001）$_H$、（101A.1E2）$_H$ 等

（F）$_H$ =（15）$_D$ =（1111）$_B$,（FF）$_H$ =（255）$_D$ =（1111 1111）$_B$

2. 在编写程序时,二进制数仅表示为逻辑值,0 代表假,1 代表真,没有特别说明,一般出现的数值都认为是十进制数,若使用十六进制数,则数之前一定要加上"0x"或"0X"字样,如十六进制数"0x12","0XAF"等。

3. 数制间的转换。

（1）二进制数与十六进制数之间的转换。

根据表 3-12,十六进制数的 1 位与二进制数的 4 位对应,若 2 位或 3 位二进制数转换成十六进制数,需要补全 4 位再转换。如:

二进制数"10 1100 1101",从右至左每 4 位一组,不足补 0,补全后二进制数为:"0010 1100 1101",对照表 3-12,（0010 1100 1101）$_B$ =（2CD）$_H$。

反之,十六进制数转换成二进制数,一个十六进制数代表 4 位二进制数,将开头的 0 除掉就是所转换的二进制数,如:

十六进制数（123）$_H$,对照表 3-12,二进制数为:（0001 0010 0011）$_B$,去掉开头的 0,转换为对应的二进制数（1 0010 0011）$_B$。

（2）十进制数与二进制数之间的转换。

查看表 3-12 可得,十进制数 2 对应的二进制数为 10,十进制数 4 对应的二进制数为 100,十进制数 8 对应的二进制数为 1000 等。

将一个十进制数表示成最大 2 的次幂数相加,如:

123 = 64+59 = 64+32+27 = 64+32+16+11 = 64+32+16+8+3 = 64+32+16+8+2+1

64 表示为 $1×2^6$,32 表示为 $1×2^5$,16 表示为 $1×2^4$,8 表示为 $1×2^3$,等。

64 表示为 $1×2^6$ 的含义为 1 后面跟 6 个 0;

32 表示为 $1×2^5$ 的含义为 1 后面跟 5 个 0;

16 表示为 $1×2^4$ 的含义为 1 后面跟 4 个 0;

8 表示为 $1×2^3$ 的含义为 1 后面跟 3 个 0;

2 表示为 $1×2^1$ 的含义为 1 后面跟 1 个 0;

1 表示为 $1×2^0$ 的含义为 1 后面没有 0。

理解这些含义后,十进制数 123 对应的二进制数可表示为:111 1011。

反之,二进制数（111 1011）$_B$ 可理解为:$1×2^6+1×2^5+1×2^4+1×2^3+1×2^1+1×2^0$。

可直接计算出二进制数（111 1011）$_B$ 对应的十进制数为 123。

（3）十进制数与十六进制数之间的转换。

使用上述二进制数与十六进制数、二进制数与十进制数之间的转换方法,很容易实现十进制数与十六进制数间的转换。

"1100 1101"这个数,一般情况下代表一个 8 位二进制数,若转换成十进制数,它的值是"205",若转换成十六进制数,它的值是"CD"。

任务拓展

制作硬件电路实现:使用一个自恢复保险丝、一个双排自锁开关、排针、双母杜邦线等控制 8 路指示灯电路分别单独工作。

项目总结

本项目介绍了一些单片机外围设备使用到的电子元器件常识、最简单电源指示灯电路的元器件选择及参数计算、数制、C 语言基本知识等。

通过项目的实施,提高了对 C 语言的常量、变量、基本运算符等基础知识的进一步理解,掌握了在 Keil C51 中需要通过一些设计才能使用 C 语言的输出函数。

通过对最简单电源指示灯电路的制作,了解到单片机控制外围设备能正常运行,不能仅停留在软件层面上的程序开发,需要掌握硬件基本知识、硬件设计与制作的基本技能。

课后练习

3-1 列举 5~6 种常用元器件。

3-2 简述电阻的种类及相关参数。

3-3 简述电容的种类及相关参数。

3-4 简述一般电源指示灯电路使用到的元器件及相应参数选择依据。

3-5 简述 C 语言中的常量类型。

3-6 简述 C 语言中常用运算符。

3-7 编写程序实现 3 + 4 = 7,并通过相关窗口观察变量的值。

3-8 登录淘宝网,在宝贝栏中搜索"单片机开发板",列出 2 个商家单片机开发板上的功能模块。

3-9 简述使用 Keil C51 软件进行观察标准输出函数的步骤。

3-10 登录百度网 http://www.baidu.com,查找不同颜色发光二极管的压降与通过电流的大小。

3-11 在面包板及万能板上制作一个电源指示灯电路并能正常工作。

3-12 将十进制数 254 分别转换成二进制数与十六进制数。

3-13 使用 4 路指示灯电路简述表 3-12 中数字代表的含义。

3-14 比较 Keil C51 μVision 3 与 Keil C51 μVision 4 在不同环境下需要观察使用 printf 函数输出结果,操作上有什么不同。

项目 4 单片机最小系统的制作

📖 项目描述

单片微型计算机简称单片机，是典型的嵌入式微控制器（Microcontroller Unit），常用英文字母缩写 MCU 表示单片机，单片机又称单片微控制器，它不是完成某一个逻辑功能的芯片，而是把一个计算机系统集成到一个芯片上。单片机由 CPU（中央处理器）、RAM（数据存储器）、ROM（程序存储器）、定时/计数器和多种功能的 I/O（输入/输出）接口等一台计算机所需要的基本功能部件组成，从而可以完成复杂的运算、逻辑控制、通信等功能，相当于一个微型的计算机（最小系统）。和计算机相比，单片机缺少了外围设备等，简单地讲，一块单片机芯片就成了一台计算机。它的体积小、质量轻、价格便宜，为学习、应用和开发提供了便利条件。单片机一直应用于工业控制领域，学习使用单片机是了解计算机原理与结构的最佳选择。

学习单片机，无须研究它是如何生产出来的，也不用花太多的时间去了解单片机的内部结构，只要使用 C 语言编写程序实现单片机操控外围设备，即只要研究每个接口参数及相应的功能即可。在以后的各个项目中，将会以操作演示、动手实践为基本手段，在面包板或多孔板上手工构建单片机最小系统模块、外围功能模块，从编写简单程序入手，循序渐进，从零起点接触，最终成为单片机实战能手和行家。

STC 公司生产的 51 系列单片机 IAP15F2K61S2、IAP15W4K61S4 芯片具有硬件仿真功能，每片只需 5 元，教师可登录宏晶公司网站 www.stcmcu.com 申请免费芯片及 U8 程序下载器。带硬件仿真的 STC15 单片机最小系统外围设备少，便于实施，学生动手做一套该功能的最小系统成本不超过 20 元。若购买其他公司仿真器需要几百乃至几千元，使用 STC 公司的 IAP15F2K61S2 芯片可在不增加芯片费用的前提下，完成硬件仿真，减少程序烧录次数，避免了对芯片造成损坏，确实是不可不荐的好芯片。本项目任务有：

任务 1　制作传统 51 单片机最小系统
任务 2　制作 STC15 单片机最小系统
任务 3　制作带硬件仿真的 STC15 单片机最小系统

任务 1　制作传统 51 单片机最小系统

📝 学习目标

- 正确理解传统 51 单片机最小系统。
- 能说出传统 51 单片机最小系统的组成。
- 能在面包板上制作传统 51 单片机最小系统。

● 学会检测传统51单片机最小系统能否正常工作的方法。

任务呈现

在日常应用单片机开发的控制项目中,都包含一个核心内容,就是最小系统。根据需要选择外挂设备,最小系统操控外挂部件,外挂部件功能强弱一是由单片机本身的性能决定的,二是由开发者对硬件与软件的掌握能力决定的。

在淘宝网上搜一搜"单片机最小系统",不少于50家,但不管哪一家,传统51系列单片机最小系统一般包括:单片机、时钟电路、复位电路、电源引入端子、控制信号的引入与引出端子等。

如图4-1所示是使用锁紧座的传统51单片机最小系统,如图4-2所示是40P-IC插座的传统51单片机最小系统。

图 4-1 STC/AT 锁紧座传统 51 单片机最小系统

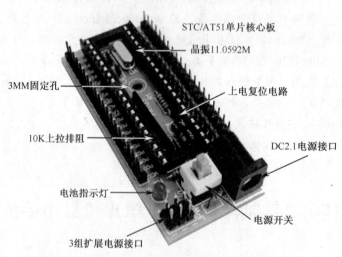

图 4-2 STC/AT 40P-IC 插座传统 51 单片机最小系统

想一想

(1)传统51单片机最小系统由哪几部分组成?
(2)传统51单片机最小系统实现的功能是什么?

项目 4 单片机最小系统的制作

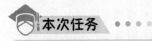

在面包板上制作传统 51 单片机最小系统。

电路分析

在简单了解了什么是单片机之后,下面的任务是构建传统 51 单片机最小系统。传统 51 单片机最小系统就是让单片机能正常工作并发挥其功能时所必需的组成部分,也可理解为用最少的元器件组成可工作的单片机系统。

如图 4-3 所示是传统 51 单片机最小系统框图。

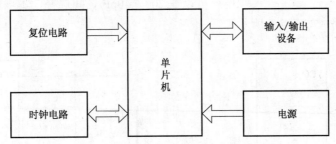

图 4-3 传统 51 单片机最小系统框图

如图 4-4 所示是传统 51 单片机最小系统原理图。

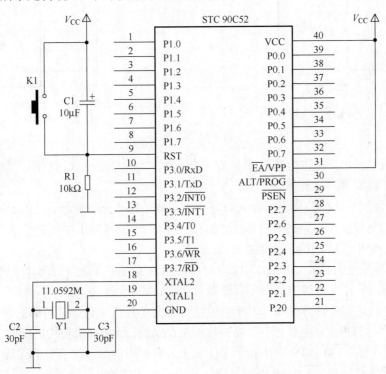

图 4-4 传统 51 单片机最小系统原理图

传统 51 单片机最小系统主要部分组成及使用时的注意事项如下。

(1)时钟电路(如图 4-5 所示)。

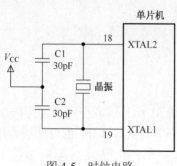

图 4-5 时钟电路

XTAL2（18 引脚）：芯片内部振荡电路输出端。

XTAL1（19 引脚）：芯片内部振荡电路输入端。

如图 4-5 所示采用的是内部时钟模式，在 XTAL1、XTAL2 的引脚上外接定时元件（一个石英晶振和两个电容），内部反相放大器振荡器自激振荡，产生时钟。一般来说晶振可以在 1.2～24MHz 之间任选，甚至更高，但是频率越高功耗也就越大。在本项目中采用 11.0592MHz 的石英晶振元件，与晶振并联的两个电容的大小对振荡频率有微小影响，可以起到频率微调作用。当采用石英晶振时，电容可以在 20～40pF 之间选择，本项目中使用 30pF。

（2）复位电路（如图 4-6 所示）。

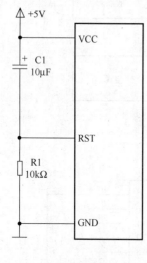
上电复位

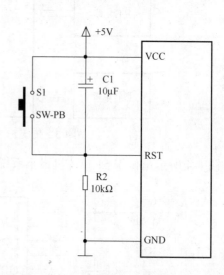
手动上电复位

图 4-6 复位电路

在单片机系统中，复位电路是非常关键的电路，当程序跑飞（运行不正常）或死机（停止运行）时，就需要进行复位。

传统 51 系列单片机的复位引脚 RST（第 9 引脚）出现 2 个机器周期以上的高电平时，单片机就执行复位操作。如果 RST 持续为高电平，单片机就处于循环复位状态。

（3）$\overline{EA}$/VPP（31 引脚）的功能和接法。

传统 51 单片机的 $\overline{EA}$/VPP（31 引脚）是内部和外部程序存储器的选择引脚。当 $\overline{EA}$/VPP 保持高电平时，单片机访问内部程序存储器；当 $\overline{EA}$/VPP 保持低电平时，则不管是否有内部程序存储器，只访问外部存储器。对于目前绝大部分单片机来说，其内部的程序存储器（一般为 Flash）容量都很大，基本上不需要外接程序存储器，而是直接使用内部的 Flash 存储器。

如图 4-4 所示，$\overline{EA}$/VPP 引脚接到了 V_{CC} 上，只使用内部程序存储器。这一点一定要注意，很多初学者常常将 $\overline{EA}$/VPP 引脚悬空，从而导致程序执行不正常。

（4）P0 口外接上拉电阻。

传统 51 单片机有 4 组 8 位 I/O 接口：P0、P1、P2 和 P3 口，P1、P2 和 P3 口为准双向

口，P0 口则为双向三态输入/输出口，初始状态 P0 口为开漏输出，内部无上拉电阻，所以在当作普通 I/O 接口输出数据时，P0 口必须外接上拉电阻，另外，避免输入时读取数据出错，也需要根据外接负载大小接不同的上拉电阻。在这里不研究也没有必要研究内部电路，一般情况下，P0 口外接 10kΩ 的上拉电阻。

知识链接

目前市场上传统单片机芯片有如下几种。

STC 单片机：STC 公司的单片机主要基于 8051 内核，是新一代增强型单片机，指令代码完全兼容传统 8051 单片机，速度快 8～12 倍，带 ADC、PWM、双串口，有全球唯一 ID 号，加密性好，抗干扰强。

PIC 单片机：是 Microchip 公司的产品，其特点是体积小，功耗低，精简指令集，抗干扰性好，可靠性高，有较强的模拟接口，代码保密性好，大部分芯片有兼容的 Flash 程序存储器的芯片。

EMC 单片机：是台湾义隆公司的产品，有很大一部分与 PIC 8 位单片机兼容，且相兼容产品的资源相对比 PIC 多，价格便宜，有很多系列可选，但抗干扰较差。

Atmel 单片机（51 单片机）：Atmel 公司的 8 位单片机有 AT89、AT90 两个系列，AT89 系列是 8 位 Flash 单片机，与 8051 系列单片机相兼容，有静态时钟模式；AT90 系列单片机是增强 RISC 结构、全静态工作方式、内载在线可编程 Flash 的单片机，也称为 AVR 单片机。

Philips 51LPC 系列单片机（51 单片机）：Philips 公司的单片机是基于 80C51 内核的单片机，嵌入了掉电检测、模拟及片内 RC 振荡器等功能，这使 51LPC 在高集成度、低成本、低功耗的应用设计中可以满足多方面的性能要求。

Holtek 单片机：台湾盛扬半导体的单片机，价格便宜，种类较多，但抗干扰较差，适用于消费类产品。

TI 公司单片机（51 单片机）：德州仪器提供了 TMS370 和 MSP430 两大系列传统单片机。TMS370 系列单片机是 8 位 CMOS 单片机，具有多种存储模式、多种外围接口模式，适用于复杂的实时控制场合；MSP430 系列单片机是一种超低功耗、功能集成度较高的 16 位单片机，特别适用于要求功耗低的场合。

松翰单片机（SONIX）：是台湾松翰公司的单片机，大多为 8 位机，有一部分与 PIC 8 位单片机兼容，价格便宜，系统时钟分频可选项较多，有 PMW、ADC、内振及内部杂讯滤波等功能，抗干扰较好，缺点是 RAM 空间过小。

飞思卡尔单片机：飞思卡尔 8 位单片机系列主要包括 RS08 类、HCS08 类、HC08 类、HC08 汽车类、HCS08 汽车类。

英飞凌单片机：英飞凌单片机的 XC82x 和 XC83x 单片机系列经过专门设计，可进一步在各种工业领域内降低系统成本，提高能效。

深联华单片机（51 单片机）：深联华公司的单片机主要基于 8051 内核，是新一代安全防逆向型单片机，指令代码完全兼容传统 8051 单片机，速度快 8～12 倍，带有 62 KB Flash ROM，内置 256 字节 RAM 和集成外置 1024 字节 RAM，没有规律可循的白噪声密码，每个芯片都有自己的密码，同样的密码不可复用。

三星单片机：三星单片机有 KS51 和 KS57 系列 4 位单片机，KS86 和 KS88 系列 8 位单片机，KS17 系列 16 位单片机和 KS32 系列 32 位单片机，三星还为 ARM 公司生产 ARM 单片机，如常见的 S344b0 等。三星单片机为 OTP 型单片机，具备 ISP 在线编程功能。

SST 单片机：美国 SST 公司推出的 SST89 系列单片机为标准的 51 系列单片机，包括 SST89E/V52RD2，SST89E/V54RD2，SST89E/V58RD2，SST89E/V554RC，SST89E/V564RD 等。它与 8052 系列单片机兼容。提供系统在线编程（ISP）功能。

还有很多优秀的单片机生产企业这里没有介绍，每个企业都有自己的特点，开发者可根据需要选择单片机，在完全实现功能的前提下追求低价位，当然也并不是这样最好，在实际中选择单片机与开发者的应用习惯和开发经验是密不可分的。

任务实施

根据图 4-4 所示原理图，在面包板上制作传统 51 单片机最小系统。

1．选择元器件。

（1）1 块 SYB-130 万能面包板[图 4-7（a）]。
（2）10 个 0.25W 10kΩ 四色环碳膜电阻[图 4-7（b）]。
（3）1 个 12 mm×12 mm×4.3mm 铜弹片轻触按钮[图 4-7（c）]。
（4）1 个 8.5 mm×8.5mm 双排自锁开关[图 4-7（d）]。
（5）1 个 11.0592MHz 的石英晶振[图 4-7（e）]。
（6）2 个 30pF 直插瓷片电容[图 4-7（f）]。
（7）1 个自恢复保险丝 JK250[图 4-7（g）]。
（8）1 个 10μF/25V 电解电容[图 4-7（h）]。

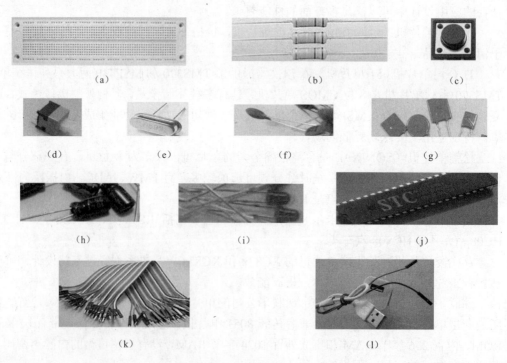

图 4-7 元器件图

（9）1 个 3mm 红色 LED 发光二极管[图 4-7（i）]。

（10）1 个传统 51 单片机芯片（STC89C51 系列、STC90C51 系列、STC10 系列、STC11 系列或 STC12 系列）[图 4-7（j）]。

（11）20 根 20cm 双公杜邦线[图 4-7（k）]。

（12）1 个 5V 开关电源及引出线（注：一般手机充电器就是标准 5V 电源，可使用 USB 插头自己做 1 个 5V 开关电源，焊接成如图 4-7（l）所示的单母杜邦线，为防止短路，红线焊接+5V，黑线焊接到接地端。在面包板上使用时，需要再接两根双公杜邦线。）[图 4-7（l）]。

2．参照图 4-4、图 4-8 所示，在面包上插接传统 51 单片机最小系统，各功能模块端口引线如下。

图 4-8　传统 51 单片机最小系统实物图

（1）传统 51 单片机芯片：芯片带缺口端向左，上排引脚插在隔槽上方的插孔内，下排引脚插在隔槽下方的插孔内，隔槽起阻断作用。

（2）指示灯电路：双排自锁开关左上引脚依次串接保险丝→电阻→发光二极管至地线插孔。

（3）上拉电阻：8 个上拉电阻插法相同，一端插入电源正极插孔，另一端分别插到 P0.0～P0.7 引脚对应的插孔中。

（4）时钟电路：晶振插入单片机的 28、29 引脚中间，2 个 30pF 的电容分别插接 28 引脚至地、29 引脚至地。

（5）复位电路：电源正极→电解电容正极→电解电容负极→电阻→接地；杜邦线一端接电解电容负极→杜邦线另一端接 9 引脚 RST；轻触按钮一端接电解电容正极→轻触按钮另一端接电解电容负极。

（6）芯片电源：40 引脚与电源正极插孔相接，20 引脚与电源负极插孔相接。

（7）$\overline{EA}$/VPP 引脚（31 引脚）与电源正极插孔相接，GND（20 引脚）与电源负极插孔相接。

任务评价

判断电路接插是否完好，须使用万用表、示波器等工具进行检测，关键点如下。

（1）电源工作正常：检测到+5V。

（2）指示电路工作正常：按下自锁按钮，指示灯亮。

（3）时钟电路工作正常：28 引脚可测到 2V 左右的电压、29 引脚可测到 1V 左右的电压。

（4）复位电路工作正常：电解电容两引脚间电压为+5V，电阻间无电压；轻触按钮未按时两引脚电压为+5V，按下时两引脚间没电压，但 9 引脚 RST 对地电压为+5V。

（5）芯片供电正常：40 引脚与 20 引脚间电压差为 5V，31 引脚与 20 引脚间电压差为 5V。根据不同压降进行排障，直到故障全部排除。

填写项目任务单，如表 4-1 所示。

表 4-1　项目任务单

1. 元器件部分　（□已做　□不必做　□未做）		
① 检查元器件型号、数量是否符合本次任务的要求	□是	□否
② 检测元器件是否可用	□是	□否
你在完成第一部分子任务的时候，遇到了哪些问题？你是如何解决的？		
2. 面包板上构建电路部分　（□已做　□不必做　□未做）		
① 检查工具是否安全可靠	□是	□否
② 在此过程中是否遵守了安全规程和注意事项	□是	□否
③ 是否完成了传统 51 单片机最小系统的构建	□是	□否
你在完成第二部分子任务的时候，遇到了哪些问题？你是如何解决的？		
3. 检测　（□已做　□不必做　□未做）		
① 检查电源是否正常	□是	□否
② 通电检测发光二极管是否正常发光	□是	□否
③ 通电检测复位电路是否工作正常	□是	□否
④ 通电检测时钟电路是否工作正常	□是	□否
你在完成第三部分子任务的时候，遇到了哪些问题？你是如何解决的？		
完成情况总结及评价：		
学习效果：　□优　□良　□中　□差		

任务拓展

到百度网、淘宝网上搜索"单片机最小系统"相关资料。如单片机的生产厂家，同一厂家的不同型号、价格、功能等，调研网上哪家单片机销售量最大，STC 系列单片机销售情况等。

任务 2　制作 STC15 单片机最小系统

学习目标

- 理解 STC15 单片机与传统 51 单片机的区别。
- 能说出 STC15 单片机最小系统的组成部分。
- 能在多孔板上制作 STC15 单片机最小系统。
- 学会检测 STC15 单片机最小系统能否正常工作的方法。

项目 4 单片机最小系统的制作

任务呈现

目前工业控制设备、日常生活家电的控制系统都向着高集成、微型化、实用性方向发展，宏晶公司的 51 系列单片机顺应时代潮流不断发展，2013 年研制生产出功能更强大的 51 系列单片机，命名为 STC15 系列单片机。与传统 51 单片机的最大区别如下。

（1）如图 4-9 所示，引脚重新赋予新功能，与传统 51 单片机的引脚不能通用。

（2）可以使用内部时钟电路，不需要使用外部时钟电路。

（3）内部集成高可靠复位电路，不需外部复位的单片机。

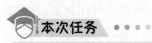

引脚	名称		引脚	名称
1	P0.0/AD0/RxD3		40	PWM3_2/ALE/P4.5
2	P0.1/AD1/TxD3		39	PWM2_2/A15/P2.7
3	P0.2/AD2/RxD4		38	CCP1_3/A14/P2.6
4	P0.3/AD3/TxD4		37	CCP0_3/A13/P2.5
5	P0.4/AD4/T3CLKO		36	PWMFLT/SS_2/ECI_3/A12/P2.4
6	P0.5/AD5/T3/PWMFLT_2		35	PWM5/MOSI_2/A11/P2.3
7	P0.6/AD6/T4CLKO/PWM7_2		34	PWM4/MISO_2/A10/P2.2
8	P0.7/XTAL2(PB7/TOSC2)		33	PWM3/SCLK_2/A9/P2.1
9	P1.0/ADC0/CCP1/RxD2		32	RSTOUT_LOW/A8/P2.0
10	P1.1/ADC1/CCP0/TxD2		31	PWM4_2/RD/P4.4
11	P1.2/ADC2/SS/ECI/CMPO		30	PWM5_2/WR/P4.2
12	P1.3/ADC3/MOSI		29	MISO_3/P4.1
13	P1.4/ADC4/MISO		28	PWM2/TxD_2/INT3/P3.7
14	P1.5/ADC5/SCLK		27	CCP1_2/RxD_2/INT2/P3.6
15	P1.6/ADC6/RxD_3/XTAL2/MCLKO_2/PWM6		26	CCP0_2/T0CLKO/T1/P3.5
16	P1.7/ADC7/TxD_3XTAL1/PWM7		25	ECI_2/T1CLKO/T0/P3.4
17	P5.4/RST/MCLKO/SS_3/CMP-		24	INT1/P3.3
18	VCC		23	INT0/P3.2
19	P5.5/CMP+		22	T2/TxD/P3.1
20	GND		21	T2CLKO/INT4/RxD/P3.0

图 4-9 STC15 系列- PDIP40 引脚图

想一想

（1）STC15 系列单片机最小系统由哪几部分组成？

（2）为了让 STC15 系列单片机最小系统稳定工作，应如何对电源部分进行处理？

本次任务

在多孔板上制作 STC15 系列单片机最小系统。

电路分析

STC15 系列单片机已在内部集成了高可靠复位电路、高精度 R/C 时钟，同时 I/O 接口还具有最大值达 20mA 的强推挽输出电流，节省了传统 51 单片机的外围电路，即一片 STC15

系列单片机就是一个单片机最小系统。

如图 4-10 所示,只要在 STC15 系列单片机的 18 引脚(VCC)与 20 引脚(GND)间并联 0.1μF 瓷片滤波电容 C2 及 47μF 滤波电解电容 C1 即可。

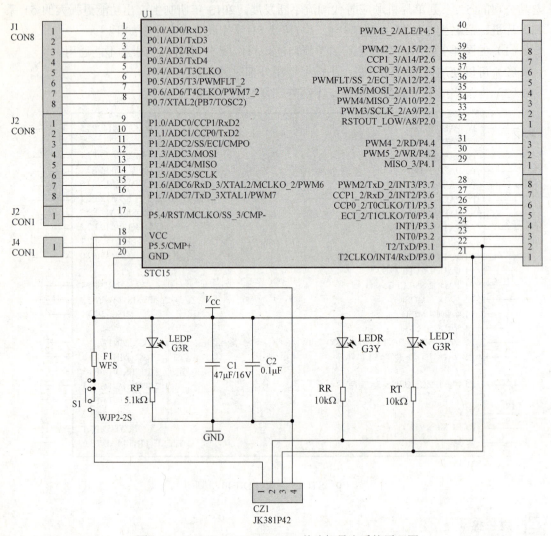

图 4-10　STC15-IAP15F2K61S2 单片机最小系统原理图

图 4-10 中,LEDP 发光二极管是电源指示灯,LEDR、LEDT 发光二极管分别是单片机读、写数据指示灯,RP、RR、RT 分别是三路的限流电阻。单片机读、写数据两路电路在一般设计中可采用指示灯电路,也可省略,但省略后在单片机进行读写数据时没任何提示信息。

知识链接

1. 宏晶 STC15F2K60S2 单片机主要性能

(1) 大容量 2048 字节片内 RAM 数据存储器。

(2) 高速:1 个时钟/机器周期,增强型 8051 内核,速度比传统 8051 快 7~12 倍,速度也比 STC 早期的 1T 系列单片机（如 STC12/11/10 系列）快 20%。

（3）宽电压：3.8～5.5V，2.4～3.6V（STC15L2K60S2 系列）。

（4）低功耗设计：低速模式、空闲模式、掉电模式（可由外部中断或内部掉电唤醒，或定时器唤醒）。

（5）不需外部复位，ISP 编程时 8 级复位门槛电压可选，内置高可靠复位电路。

（6）不需外部晶振，内部时钟从 5～35MHz 可选（相当于普通 8051：60～420MHz），内部高精度 R/C 时钟（±0.3%），±1%温漂（-40℃～+85℃），常温下温漂±0.6%（-20℃～+65℃）；

（7）支持掉电唤醒的资源有：INT0/INT1（上升沿/下降沿中断均可）, INT2/INT3/INT4（下降沿中断）；CCP0/CCP1/CCP2/RxD/T0/T1/T2 引脚；内置掉电唤醒专用定时器。

（8）8/16/24/32/40/48/56/60/62KB 片内 Flash 程序存储器，擦写次数 10 万次以上。

（9）大容量片内 EEPROM 功能，擦写次数 10 万次以上。

（10）ISP/IAP（在系统可编程/在应用可编程），无需编程器/仿真器。

（11）高速 ADC，8 通道 10 位，速度可达 30 万次/秒。3 路 PWM 还可当 3 路 D/A 使用。

（12）3 通道捕获/比较单元（CCP/PCA/PWM）——也可用来再实现 3 路 D/A 或 3 个定时器或 3 个外部中断（支持上升沿/下降沿中断）。

（13）6 个定时器，2 个 16 位可重装载定时器 T0 和 T1 兼容普通 8051 的定时器，新增了一个 16 位的定时器 T2，并可实现时钟输出，3 路 CCP/PCA 可再实现 3 个定时器。

（14）可编程时钟输出功能（对内部系统时钟或外部引脚的时钟输入进行时钟分频输出）：①T0 在 P3.5 口输出时钟；②T1 在 P3.4 口输出时钟；③T2 在 P3.0 口输出时钟，以上 3 个定时/计数器输出时钟均可 1～65536 级分频输出；④内部主时钟在 P5.4/MCLKO 口对外输出时钟（STC15 系列 8-pin 单片机的主时钟在 P3.4/MCLKO 口对外输出时钟）。

（15）硬件看门狗（WDT）。

（16）SPI 高速同步串行通信接口。

（17）超高速双串口/UART，两个完全独立的高速异步串行通信端口，分时切换可当 5 组串口使用。

（18）先进的指令集结构，兼容普通 8051 单片机指令集，有硬件乘法/除法指令。

2. 选择宏晶 STC15F2K60S2 单片机的理由

（1）不需外部晶振，内部集成高精度 R/C 时钟（±0.3%），±1%温漂（-40℃～+85℃），常温下温漂±0.6%（-20℃～+65℃）。

（2）不需外部复位，内部集成高可靠复位电路，ISP 编程时 8 级复位门槛电压可选，当然也可以继续用外部复位电路。

（3）片内大容量 2048 字节 SRAM。

（4）无法解密，采用宏晶第八代加密技术（现悬赏 10 万元人民币请专家帮忙查找加密有无漏洞）。

（5）超强抗干扰。

① 高抗静电（ESD 保护），整机轻松过 2 万伏静电测试。

② 轻松过 4kV 快速脉冲干扰（EFT 测试）。

③ 宽电压，不怕电源抖动。

④ 宽温度范围：-40℃～+85℃。

（6）大幅降低 EMI，内部可配置时钟，1 个时钟/机器周期，可用低频时钟——出口欧美的有力保证。

（7）超低功耗。

① 掉电模式：外部中断唤醒功耗＜0.1μA。

② 空闲模式：典型功耗＜1mA。

③ 正常工作模式：4～6mA。

④ 掉电模式可由外部中断或内部掉电唤醒，或专用定时器唤醒，适用于电池供电系统，如水表、气表、便携设备等。

（8）在系统可仿真，在系统可编程，无需专用编程器，无需专用仿真器，可远程升级。

（9）可送 STC-ISP 下载编程器，1 万片/人/天。

任务实施

以后各项目都需要 STC15 单片机最小系统模块，因此元器件连接不能松动，建议在多孔板焊接制作 STC15 单片机最小系统。

1. 选择元器件。

（1）1 块 9cm×15cm 多孔板[图 4-11（a）]。

（2）1 个 0.25W 5.1kΩ 四色环碳膜电阻，2 个 0.25W 10kΩ 四色环碳膜电阻[图 4-11（b）]。

（3）1 个 8.5 mm×8.5 mm 双排自锁开关[图 4-11（c）]。

（4）1 个 0.1μF 直插瓷片电容[图 4-11（d）]。

（5）1 个 47μF/16V 电解电容[图 4-11（e）]。

（6）1 个自恢复保险丝 JK250[图 4-11（f）]。

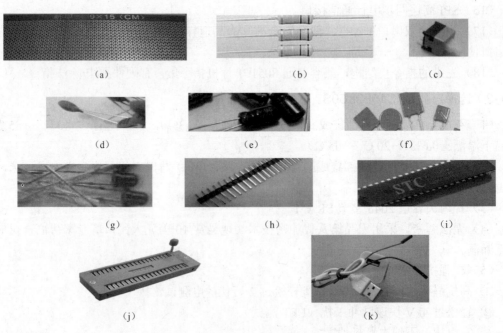

图 4-11　元器件图

（7）3 个 3mm 红色 LED 发光二极管[图 4-11（g）]。

（8）2 根 2.54mm 间距/40P 单排针[图 4-11（h）]。

（9）1 个 IAP15F2K61S2 单片机芯片（40 个引脚的 STC15 单片机芯片型号有很多系列）[图 4-11（i）]。

（10）1 个标准 40P 锁紧座[图 4-11（j）]。

（11）1 个 5V 开关电源及引出线[图 4-11（k）]。

2．参照图 4-12 所示，在多孔板上进行元器件布局，参考图 4-10 所示原理图进行焊接。

图 4-12　STC15 单片机最小系统实物图

（1）STC15 单片机芯片：缺口与锁紧座手柄同方向放置。

（2）电源指示灯电路：从双排自锁开关左上引脚依次串接保险丝→电阻→发光二极管接地。

（3）滤波电容：电解电容注意极性，尽可能与 18 引脚（VCC）、20 引脚（GND）最近放置。

（4）外接模块电源引出端子：模块正电源与 18 引脚相连，模块负电源与 20 引脚相连。

（5）输入电源引入端子：电源正极与双排自锁开关中间引脚相连，地端公共。

（6）各引脚引出端子：40 个单排针与 40 个引脚一一对应相连。

（7）数据烧写端子：如图 4-12 所示右下角，单片机 21 引脚与 TxD 脚相连，22 引脚与 RxD 脚相连，外接时不需要再调换读写数据线。电源正、负极从最下面的外接模块电源引出端子引入。

一般情况下，只要焊接时间不长，元器件不会损坏，关键不能出现虚焊。

任务评价

判断电路焊接是否完好，须使用万用表、示波器等工具进行检测，关键点如下。

（1）电源工作正常：检测到+5V。

（2）指示电路工作正常：按自锁按钮，指示灯亮。

（3）单片机放置正常：缺口与锁紧座手柄同方向。

（4）各引脚与引出端子正常：使用万用表电阻挡进行检测。

根据不同压降或相应信息提示进行排障，直到故障全部排除。

填写项目任务单，如表 4-2 所示。

表 4-2　项目任务单

1. 元器件部分　（□已做　□不必做　□未做）		
① 检查元器件型号、数量是否符合本次任务的要求	□是	□否
② 检测元器件是否可用	□是	□否
你在完成第一部分子任务的时候，遇到了哪些问题？你是如何解决的？		
2. 多孔板上构建电路部分　（□已做　□不必做　□未做）		
① 检查工具是否安全可靠	□是	□否
② 在此过程中是否遵守了安全规程和注意事项	□是	□否
③ 是否完成了 STC15 单片机最小系统模块的构建	□是	□否
你在完成第二部分子任务的时候，遇到了哪些问题？你是如何解决的？		
3. 检测　（□已做　□不必做　□未做）		
① 检查电源是否正常	□是	□否
② 通电检测发光二极管是否正常发光	□是	□否
你在完成第三部分子任务的时候，遇到了哪些问题？你是如何解决的？		
完成情况总结及评价：		
学习效果：　□优　□良　□中　□差		

任务拓展

在后面各项目中，都需要使用 STC15 单片机最小系统，到淘宝网上搜索"STC15 单片机最小系统"，购置相关散件，根据图 4-10 完成 STC15 单片机最小系统的制作。在多孔板上反复进行 STC15 单片机最小系统制作练习与测试，对 STC15 单片机引脚功能熟记于心。

任务 3　制作带硬件仿真的 STC15 单片机最小系统

学习目标

- 理解 STC15 单片机带有硬件仿真的功能。
- 能在多孔板上制作带有硬件仿真的 STC15 单片机最小系统。
- 学会检测程序烧写电路能否正常工作的方法。

任务呈现

在任务 2 中，已制作完成 STC15 单片机最小系统，但没有烧写设备，编写并编译好的程序没办法写入到单片机中，单片机就不能完成指定任务。

针对 STC 系列芯片，烧写设备有三种方案。第一种方案是购置如 USB 转 TTL 级小板 CH340G 模块，第二种方案是购置 STC 公司的 U8 编程器，第三种方案是自购元器件制作。第三种方案所选元器件都是通用元器件，只需要 2 元成本，实施方便。本任务即采用第三种方案，使用 232 系列芯片制作程序烧写模块。

自己制作的烧写模块与具有仿真芯片 IAP15F2K61S2、IAP15W4K61S4 的 STC15 单片机最小系统相连，该最小系统具有硬件仿真功能，给调试程序带来极大的方便。

本次任务

在 STC15 单片机最小系统上的基础上，连接程序烧写电路模块。

电路分析

每台 PC 机都有一个标准 RS-232 串行接口，RS-232 接口电平很高，达±15V，常用的 TTL 电平最高为 5V。一般笔记本电脑上没有配置 RS-232 串行接口。

232 芯片是专门为 PC 的 RS-232 标准串口设计的单电源电平转换芯片，使用+5V 单电源供电。232 芯片的作用是将单片机输出的 TTL 电平转换成 PC 能接收的 232 电平或将 PC 输出的 232 电平转换成单片机能接收的 TTL 电平。

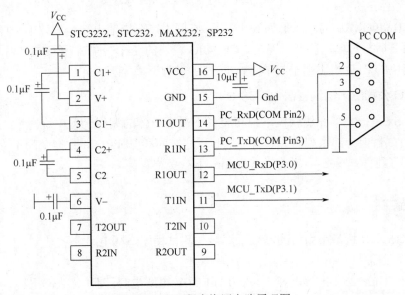

图 4-13　232 程序烧写电路原理图

知识链接

1. STC 单片机与笔记本电脑相连使用的 CH340G 程序烧写模块

由于 CH340G 芯片与 STC 各种系列单片机电性能指标匹配较好，该芯片是被 STC 公司指定用于 STC 单片机与笔记本电脑相连的烧写芯片。电路也比较简单，如图 4-14 所示，自己购买元器件根据图 4-14 进行焊装，并与 STC15 单片机的 P3.0、P3.1 引脚连接好。

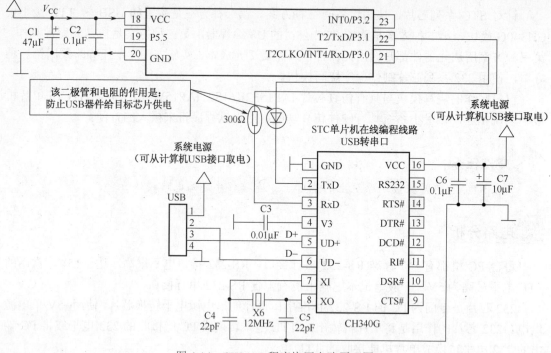

图 4-14 CH340G 程序烧写电路原理图

网上 CH340G 模块的成品价为 6～8 元，不同生产厂家输出端子设计不一样，购回后仔细研读说明书后再与单片机进行连接。CH340G 模块的 TxD 引出端子要与单片机的 P3.0 引脚连接，模块的 RxD 引出端子与单片机的 P3.1 引脚连接。

2. STC 公司生产的编程器 U8/U8-Sx

U8/U8-Sx 是一款集在线联机下载和脱机下载于一体的编程（程序烧写）工具。应用范围可支持 STC 目前全部系列的 MCU，Flash 程序空间和 EEPROM 数据空间不受限制。具体使用方法，可到官方网站：www.stcmcu.com 下载资料参阅。

任务实施

在 STC15 单片机最小系统的基础上焊接与测试程序烧写电路。

1. 选择元器件。

（1）1 个 10μF/25V 电解电容，4 个 0.1μF/50V 电解电容[图 4-15（a）]。

（2）1 片 MAX232 芯片[图 4-15（b）]。

（3）1 个 DB9 孔式（母头）串口插头 RS-232[图 4-15（c）]。

（4）1 根 2.54mm 间距/7P 单排针[图 4-15（d）]。

图 4-15 元器件图

项目 4　单片机最小系统的制作

2. 在多孔板上按照图 4-16 所示的实物图进行元器件布局，参考图 4-13、图 4-14 所示原理图进行焊接。

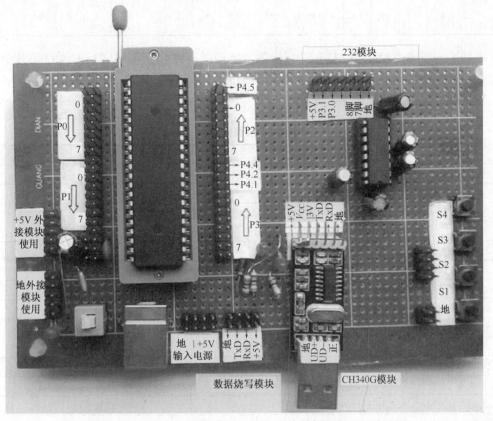

图 4-16　STC15 单片机最小系统、232 模块、CH340G 模块实物图

（1）232 电源：16 引脚与排针"+5V"相连，15 引脚与排针"地"相连。15 引脚与 16 引脚之间接一个 10μF/25V 电解电容。

（2）电平输入：7 引脚与排针"7 脚"相连，8 引脚与排针"8 脚"相连。

（3）电平输出：12 引脚与排针"P3.0"相连，11 引脚与排针"P3.1"相连。

（4）自制 RS-232 串口线：DB9 孔式（母头）串口插头 RS-232 如图 4-13 标识，将 2、3、5 引脚各引出一根线，再使用杜邦母线与引出线相连，2 引脚引出线标注"7 脚"，3 引脚引出线标注"8 脚"，5 引脚引出线标注"地"，它们可以分别与排针上的相同标注针连接。

（5）0.1μF 电解电容：根据图 4-13 进行焊接。

一般情况下，只要焊接时间不长，元器件不会损坏，关键不能出现虚焊。

任务评价

判断电路焊接是否完好，须使用万用表、示波器等工具进行检测，电压参考值见表 4-3。

测试方法：将万用表的黑表笔接 15 引脚，红表笔测量其他各引脚，读数即可。

表 4-3 MAX232 芯片正常工作时各引脚电压值

MAX232 芯片引脚	1	2	3	4	5	6	7	8	9	10	11	12	13	14	15	16
实测电压（V）	7.7	9.8	2.8	4.5	−5	−9.5	−9.5	0	5	5	5	5	0	−9.5	0	5

根据不同压降或相应信息提示进行排障，依据图 4-13 所示，测试 MAX232 芯片引脚与排针是否完好连接，反复测试，直至故障全部排除。

填写项目任务单，如表 4-4 所示。

表 4-4 项目任务单

1．元器件部分　（□已做　□不必做　□未做）		
① 检查元器件型号、数量是否符合本次任务的要求	□是	□否
② 检测元器件是否可用	□是	□否
你在完成第一部分子任务的时候，遇到了哪些问题？你是如何解决的？		
2．多孔板上构建部分　（□已做　□不必做　□未做）		
① 检查工具是否安全可靠	□是	□否
② 在此过程中是否遵守了安全规程和注意事项	□是	□否
③ 是否完成了带硬件仿真 STC15 单片机最小系统模块的构建	□是	□否
你在完成第二部分子任务的时候，遇到了哪些问题？你是如何解决的？		
3．检测　（□已做　□不必做　□未做）		
① 检查电源是否正常	□是	□否
② 通电检测 MAX232 芯片各引脚电压是否正常	□是	□否
你在完成第三部分子任务的时候，遇到了哪些问题？你是如何解决的？		
完成情况总结及评价：		
学习效果：　□优　□良　□中　□差		

任务拓展

1. 使用 STC15 单片机最小系统、232 模块烧写程序

最小系统制作完后，最终需要通过正确烧写程序至单片机中，才能判断任务是否完成。如图 4-16 所示，232 模块的电源与最小系统中"外接输出模块"连接，自制 232 串口线，根据标识与排针连接，排针 P3.0 接最小系统模块数据烧写端子的 TxD 端，排针 P3.1 接最小系统模块数据烧写端子的 RxD 端。参考附录 1 中的程序烧写步骤，使用 STC-ISP 单片机下载编程烧写软件进行下载程序。

2. 用 STC15 单片机最小系统、CH340G 模块下载（烧写）程序

CH340G 模块建议购买成品，但不同厂家输出端子设计不一样，参考图 4-16 所示进行接线，CH340G 模块的 TxD 端子一般接最小系统模块数据烧写端子的 TxD 端，RxD 端子接

最小系统模块数据烧写端子的 RxD 端，CH340G 模块的电源直接从计算机上获取，电源端子一般不要再与其他电源连接，但信号地必须与最小系统模块"外接输出模块"的地端相连。参考附录 1 中的程序烧写步骤，使用 STC-ISP 单片机下载编程烧写软件进行下载程序。

注意 STC 公司最新开发的 STC15W4 系列单片机可以不使用烧写设备模块直接烧写程序，但 IAP15W4K61S2 还需要烧写设备模块才能烧写程序。

若出现计算机与单片机不能连接，首先查找串口号选择有没有问题，其次在排除软件使用故障或设置错误的前提下，排除硬件可能出现的故障。找故障排故障是知识、能力的全方位应用，需进行反复调试与检测，确保正确进行程序烧写工作。

项目总结

在本项目中，介绍了传统 51 系列、STC15 系列单片机最小系统原理，以及相配套的外围电路。

通过两种单片机最小系统的制作与应用，了解到不同系列单片机外围引脚的定义不一样，知晓了 STC15 系列单片机的先进性。使用与编程时，应考虑到硬件上的差异。

制作好 51 单片机最小系统模块，是继续完成单片机控制实现各项任务前提的保证。

课后练习

4-1 何谓传统 51 单片机最小系统，一般由哪几个部分组成？
4-2 画出传统 51 单片机的引脚图。
4-3 简述传统 51 单片机最小系统中各引脚的接线。
4-4 画出传统 51 单片机最小系统原理图。
4-5 简述 STC15 单片机最小系统的组成。
4-6 画出 STC15 单片机的引脚图。
4-7 简述 STC15 单片机与传统 51 单片机硬件的区别。
4-8 画出 STC15 单片机最小系统原理图。
4-9 简述 232 模块电路所需的元器件。
4-10 画出 232 模块的电路原理图。
4-11 画出 CH340G 模块的电路原理图。
4-12 测试 232 模块、CH340G 模块烧写程序是否正常。

项目 5 蜂鸣器电路的制作

项目描述

蜂鸣器是一种常见的电子器件,被广泛应用于家用电器、仪器仪表和工业控制等需要声音提示、报警的场合。

蜂鸣器根据驱动方式不同分为有源蜂鸣器和无源蜂鸣器两种类型,有源蜂鸣器和无源蜂鸣器的区别在于对输入信号的要求不一样。有源蜂鸣器内部有一个简单的振荡电路,直接接上额定电源即可连续发声;而无源蜂鸣器(有些公司和工厂称为讯响器,国际标准中称为声响器)没有内部振荡电路,必须用 2~5kHz 的方波去驱动它。无源蜂鸣器的优点是声音频率可控、价格便宜,可以发出不同的音调效果。

本项目的主要任务是了解蜂鸣器驱动电路的工作原理,学会使用单片机控制无源蜂鸣器进行发声,并动手制作蜂鸣器电路实物,任务如下。

任务 1 蜂鸣器控制电路设计
任务 2 在 Proteus 仿真软件中实现蜂鸣器控制
任务 3 蜂鸣器电路的制作

任务 1 蜂鸣器控制电路设计

学习目标

- 正确理解蜂鸣器的发声原理。
- 正确理解单片机驱动蜂鸣器电路的工作原理。
- 能绘制出单片机控制蜂鸣器的电路原理图。

任务呈现

在日常生活中,随处可见蜂鸣器的使用场合,如,当冰箱门忘记关上时,冰箱会发出"嘀"的报警声提示关门;遥控空调时,每次按键空调会发出"嘀"的一声,表示收到控制信息;洗衣机完成洗涤后,会发出"嘀嘀"声提醒取出衣物。这些都是蜂鸣器在发出声响,完成提醒和报警的功能。蜂鸣器的外观如图 5-1 所示。

图 5-1 蜂鸣器实物图

项目 5 蜂鸣器电路的制作

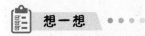

（1）蜂鸣器是如何发出声音的？
（2）单片机如何控制并驱动蜂鸣器发声？

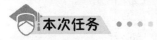

理解并设计蜂鸣器的单片机控制电路。

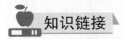

一、蜂鸣器的分类及特点

在蜂鸣器中，声音是由蜂鸣器的振动产生的。根据材料和结构的不同，蜂鸣器可分为压电式、电磁式等，见表 5-1。

表 5-1　根据材料和结构分类

分 类	特 点
压电式蜂鸣器	由多谐振荡器、压电蜂鸣器、阻抗匹配器及共鸣箱、外壳等组成。具有工作电压高、可以大型化（大的直径）、声音分贝高等特点
电磁式蜂鸣器	由振荡器、电磁线圈、磁铁、振动膜片及外壳等组成。具有工作电压低、工艺简单等特点，不能做到很大的直径和较大的分贝

根据驱动方式分类，可以分为有源蜂鸣器和无源蜂鸣器两种，见表 5-2。需要注意的是，这里的"源"不是指电源，而是指振荡源。

有源蜂鸣器内部带振荡源，只要一通电就会鸣叫。无源蜂鸣器内部不带振荡源，如果用直流信号无法令其鸣叫，必须用 2~5kHz 的方波去驱动它，有源蜂鸣器往往比无源的贵，是因为里面多设计了振荡电路。

表 5-2　根据驱动方式分类

分 类	特 点
有源蜂鸣器	有源蜂鸣器又称直流蜂鸣器，其内部包含一个多谐振荡器，只要在两端施加额定直流电压即可发声。具有驱动、控制简单的特点，但价格略高
无源蜂鸣器	无源蜂鸣器又称为交流蜂鸣器，内部没有振荡器，需要在其两端施加特定频率的方波电压（注意并不是交流，即无需负极性电压）才能发声。具有可靠性高、成本低、发声频率可调整等特点

二、驱动电路分析

由于无源蜂鸣器具有可靠性高、成本低、发声频率可调整等特点，所以被广泛应用于各类单片机控制系统中。本项目将介绍如何使用单片机对无源蜂鸣器进行发声控制。由于无源蜂鸣器的发声原理是电流通过蜂鸣器，驱动振动膜发声，因此需要一定的电流才能驱动它，单片机接口输出低电平的驱动能力比高电平要强得多，但一般都在几毫安到十几毫安，而蜂鸣器需要的驱动电流较大（50~100mA），所以驱动电路采用低电平有效，且外接三极管起到开关控制作用,如图 5-2 所示。

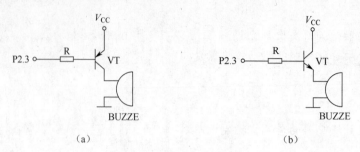

图 5-2 蜂鸣器驱动电路

单片机接口输出低电平的驱动能力比高电平要强得多,所以实际电路中一般采用图 5-2(a)所示电路。当需要 I/O 接口驱动蜂鸣器鸣叫时,只需要对 I/O 接口电平按一定的频率翻转即可发出对应频率的声调,直到蜂鸣器不需要鸣叫时,将 I/O 接口电平设置为高电平即可。

三、驱动程序设计

1. 直流蜂鸣器发声原理

直流蜂鸣器的驱动是非常简单的,只要在其两端施加额定工作电压,蜂鸣器就发声。以 NPN 三极管驱动电路为例,只要在三极管的基极接入高电平,蜂鸣器就能发声。例如,蜂鸣器每秒内发声 100ms 时,三极管基极的驱动波形如图 5-3 所示。

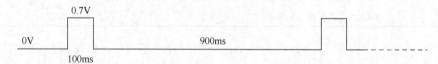

图 5-3 三极管驱动直流蜂鸣器的驱动波形

2. 交流蜂鸣器发声原理

交流蜂鸣器的驱动相对复杂一点,要在蜂鸣器两端施加额定电压的方波。蜂鸣器的工作频率范围通常是很窄的,这意味着一个蜂鸣器通常只能工作在其额定频率才会有良好的发声效果(包括声压和音色等)。有些蜂鸣器的工作频率范围是比较宽的,这样就可以通过调整驱动方波的频率而使蜂鸣器发出音乐,演奏歌曲。例如,蜂鸣器每秒内发声 100ms 时,三极管基极的驱动波形如图 5-4 所示。

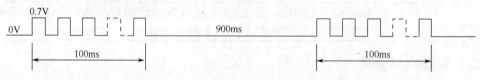

图 5-4 三极管驱动交流蜂鸣器的驱动波形

任务实施

理解并设计蜂鸣器的单片机控制电路。

1. 绘制单片机最小系统电路。

项目 5 蜂鸣器电路的制作

2. 设计并绘制蜂鸣器驱动电路,并与单片机最小系统连接。
3. 按表 5-3 所示列出制作蜂鸣器的单片机控制电路所需的元器件清单。

表 5-3 蜂鸣器电路元器件清单

序号	元器件名称	型号	数量
1	电阻	0.25W 四色环碳膜 1kΩ 电阻	1
2	三极管	8550PNP 型硅三极管	1
3	蜂鸣器	5V 无源电磁式蜂鸣器	1
4	单片机最小系统	芯片为 STC15F2K60S2-PDIP40 的自制单片机最小系统	1

4. 描述控制电路原理。

任务评价

通过以上学习,根据任务实施过程,填写项目任务单,如表 5-4 所示。

表 5-4 项目任务单

1. 绘制单片机最小系统部分　(□已做　□不必做　□未做)		
① 电路是否正确	□是	□否
② 元器件参数是否正确	□是	□否
你在完成第一部分子任务的时候,遇到了哪些问题?你是如何解决的?		
2. 设计并绘制蜂鸣器驱动电路部分　(□已做　□不必做　□未做)		
① 电路是否正确	□是	□否
② 元器件参数是否正确	□是	□否
③ 对电路工作原理的描述是否正确	□是	□否
你在完成第二部分子任务的时候,遇到了哪些问题?你是如何解决的?		
3. 元器件清单　(□已做　□不必做　□未做)		
① 元器件清单是否完整	□是	□否
② 元器件数量是否正确	□是	□否
你在完成第三部分子任务的时候,遇到了哪些问题?你是如何解决的?		
完成情况总结及评价:		
学习效果:　□优　□良　□中　□差		

任务拓展

在后面的各项目中,需要使用蜂鸣器实现相关的提示音或报警声功能,根据本任务中所列的元器件清单购置相关元器件。

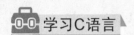
学习C语言

C 语言函数

1. 定义

C 语言函数是完成一定功能的可执行的程序代码段。

C 语言函数就是一些 C 语言语句的有序集合，能完成某个特定功能,可被函数重复调用。需要该功能函数时，可直接调用该函数，不需要在程序段中每次都重复相同的代码。需要修改程序功能时，也只要修改和维护与之相关的函数即可。总之，将语句集合成函数，好处就是方便代码重复调用。一个好的函数名，可以让人一看就知道这个函数实现的是什么功能，方便维护。

2. 分类

函数分为标准函数与自定义函数。

标准函数是软件开发商随软件发布、已定制在发布的软件中，用户可直接调用的函数。自定义函数是用户根据需要自己开发的、具有一定功能的函数。

3. 命名

（1）主函数 main( )。C 语言规定，在一个完成特定功能的程序中有且仅有一个主函数 main( )，注意必须使用小写的 main，这是该段程序执行的入口地址，程序中若没有这个函数，该程序不能被执行。

（2）标准函数。标准函数可直接调用，不能改变函数名称。

（3）自定义函数。自定义函数的命名与标识符的命名规则相同。一般函数名称应能反映该函数的功能。

4. 调用规则

主函数 main( )可调用其他任何函数，但不能被其他函数调用。标准函数一般是被用来调用的。自定义函数可以调用标准函数，也可以调用除主函数 main( )以外的其他自定义函数，还可以调用函数本身。

5. 函数在程序中的位置

在一个完成特定功能的程序中，一般由若干个功能函数构成，函数间的关系是并列关系，即函数作为一个整体，函数的位置可任意放置。

若自定义函数放置在主函数之前，则在程序最开始处不需要对这些函数进行说明。若自定义函数放置在主函数 main( )之后，则这些自定义函数必须在程序最开始处对函数进行说明，有的资料上称为函数声明。

6. 定义函数的一般格式

```
类型 函数名（类型 形式参数,…, 类型 形式参数）
{
    函数体；
    return 变量；
}
```

7. 函数编写

（1）使用工具软件进行编写，如使用宏晶公司的在线编程软件。

【例 5-1】 编写一个使用 STC15F2K61S2-PDIP40 芯片延时 1ms 的函数。

打开软件 stc-isp-15xx-v*.**.exe→单击右上部功能区的"软件延时计算器"→选择左上角单片机型号为 STC15F2K60S2→选择系统频率为 11.0592MHz→输入定时长度为 1ms→选择 8051 指令集 STC Y5→单击"生成 C 代码"→单击"复制代码"。

该软件自动生动生成的程序代码如下：

```c
void Delay1ms( )         //@11.0592MHz
{
    unsigned char i, j;

    _nop_( );            //_nop_( )函数是 intrins.h 头文件中的标准函数
    _nop_( );
    _nop_( );
    i = 11;              //1T 芯片 i = 11，12T 芯片 i = 2
    j = 190;             //1T 芯片 j = 190，12T 芯片 j = 199
    do
    {
        while (--j);
    } while (--i);
}
```

（2）自己编写程序。当读者阅读程序的能力达到一定水平后，可以自己编写程序。

【例 5-2】 接收两个无符号整数，求出这两个数的和。

【分析】 ① 函数的功能是求和，可以给函数命名为 Two_Sum。
② 该函数需要返回值，函数的类型根据题目要求须定义为无符号整数。
③ 接收两个无符号整数，说明函数带两个无符号整数参数。
④ 函数主体是求和。

根据分析，函数程序段如下：

```c
unsigned int Two_Sum (unsigned int x, unsigned int y)
{
    unsigned int z;      //定义一个求和的值
    z = x + y;           //求和
    return z ;           //返回求和值
}
```

当读者编程能力达到一定水平时，本函数可简化为：

```c
unsigned int Two_Sum (unsigned int x, unsigned int y)
{
    return x+y ;         //返回求和值
}
```

8. 函数原型

不带函数体的部分称为函数原型。函数原型可以将形式参数省略，类型不能省略。

【例 5-3】 （1）延时 1ms 的函数原型为：void Delay1ms( )

（2）接收两个无符号整数，求这两个无符号整数和的函数原型为：

unsigned int Two_Sum (unsigned int, unsigned int)

9. 函数说明（函数声明）

作为一个语句，末尾须有分号，函数说明就是在函数原型后加分号即得。
unsigned int Two_Sum (unsigned int, unsigned int);

任务 2　在 Proteus 仿真软件中实现蜂鸣器控制

学习目标

- 了解 Proteus 仿真软件中蜂鸣器的使用方法。
- 掌握控制蜂鸣器发音的编程方法。

任务呈现

蜂鸣器的原理是通过给其内部线圈不断地通断电流，造成蜂鸣器薄膜的振动，从而产生空气的振动而发出声音，不同的频率可以控制发出不同的音调。在连接有蜂鸣器的输出引脚输出高低不同的电平，通过控制高低电平的延时时间，就会产生不同音调的声音。

本任务利用程序控制单片机输出引脚所输出的高、低电平的延时时间，在 Proteus 仿真软件中实现对蜂鸣器的控制。

想一想

（1）单片机如何控制输出高电平或低电平？
（2）如何控制高电平或低电平所持续的时间？

本次任务

采用延时的方式，在 Proteus 仿真软件中实现对蜂鸣器的控制。

具体任务如下。
1. 在 Proteus 软件中绘制仿真电路图，如图 5-5 所示。
2. 软件编程。
编写程序，在 Proteus 软件中实现系统上电后蜂鸣器发出中音 1、2、3、4 的声音。

项目 5 蜂鸣器电路的制作

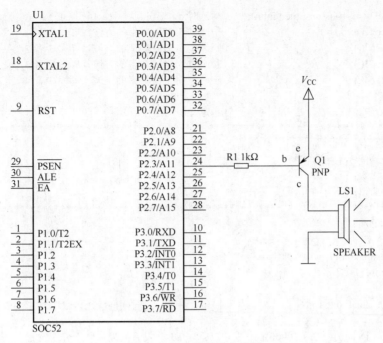

图 5-5 蜂鸣器仿真电路图

程序分析

1. 发音原理程序

（1）根据任务分析，需要编写实现发出中音 1、2、3、4 的函数。

（2）实现发出中音 1 的函数后，其他函数代码几乎相同，只要改变发音频率即可。

（3）在编写发出中音 1 的函数时，需要编写一个延时 10μs 的函数及调用延时函数的通用函数。

（4）确保发出的中音 1、2、3、4 比较清楚，在主函数中各调用发出中音 1、2、3、4 的函数 10 次。

（5）发音音符延时时间长度可参考本任务知识链接中的表 5-5。

程序如下：

```
/*****************************************************************
* 程 序 名：蜂鸣器发出中音 1、2、3、4 的声音
* 程序说明：双循环、函数定义、调用函数的应用
* 连接方式：P2^3 口与蜂鸣器连接
* 调试芯片：STC15F2K60S2-PDIP40 系列/ IAP15F2K61S2，1T 芯片
* 使用模块：5V 电源、STC15 单片机最小系统、蜂鸣器模块
* 适用芯片：89、90、STC10、STC11、STC12、STC15 系列
* 注    意：STC89、STC90 系列可运行，须修改 Delay10us 延时函数
*****************************************************************/
//--包含要使用到相应功能的头文件--//
#include <reg51.h>              //此文件中定义了 51 系列单片机的一些特殊功能寄存器
//--函数声明--//
void Delay10us(void);           //延时 10μs
```

```c
void Delay_n_10us(unsigned int n);        //延时 n 个 10μs
void beep1( );                             //产生 523Hz 频率的方波，即发中音 1
void beep2( );                             //产生 587Hz 频率的方波，即发中音 2
void beep3( );                             //产生 659Hz 频率的方波，即发中音 3
void beep4( );                             //产生 698Hz 频率的方波，即发中音 4
//--定义全局变量--//
sbit fmq=P2^3;                             //定义蜂鸣器接口
/******************************************************************
* 函 数 名：main
* 函数功能：主函数
* 参    数：无参数
* 返 回 值：无返回值
******************************************************************/
void main()
{
    unsigned int t;
    while (1)
    {
        for(t=0;t<10;t++)        //产生 10 个中音 1，时间间隔短，仅听到 1 个中音 1，音变纯厚
            beep1( );            //产生 1 个中音 1
        Delay_n_10us(30000);     //延时 0.3s，发音间隔，便于分清发音
        for(t=0;t<10;t++)        //产生 10 个中音 2
            beep2( );
        Delay_n_10us(30000);
        for(t=0;t<10;t++)        //产生 10 个中音 3
            beep3( );
        Delay_n_10us(30000);
        for(t=0;t<10;t++)        //产生 10 个中音 4
            beep4( );
        Delay_n_10us(30000);
    }
}
/******************************************************************
* 函 数 名：beep1、beep2、beep3、beep4
* 函数功能：产生 523Hz、587Hz、659Hz、698Hz 频率方波，即发出中音 1、2、3、4 的声音
* 参    数：无参数
* 返 回 值：无返回值
******************************************************************/
void beep1( )           //523Hz 频率的声音
{
    fmq=0;
    Delay_n_10us(1);
    fmq=1;
    Delay_n_10us(95);
}
void beep2( )           //587Hz 频率的声音
{
    fmq=0;
    Delay_n_10us(1);
    fmq=1;
    Delay_n_10us(85);
```

```
}
void beep3( )            //659Hz 频率的声音
{
    fmq=0;
    Delay_n_10us(1);
    fmq=1;
    Delay_n_10us(76);
}
void beep4( )            //698Hz 频率的声音
{
    fmq=0;
    Delay_n_10us(1);
    fmq=1;
    Delay_n_10us(72);
}
/****************************************************************
* 函 数 名：Delay10us
* 函数功能：延时函数，延时 10μs
* 来    源：使用 STC-ISP 软件的"延时计算器"功能实现
****************************************************************/
void Delay10us( )        //@11.0592MHz
{
    unsigned char i;
    i = 25;              //12T 芯片设置 i=2，1T 芯片设置 i=25
    while (--i);
}
/****************************************************************
* 函 数 名：Delay_n_10us
* 函数功能：延时 n 个 10μs
* 输    入：有参数
* 输    出：无返回值
* 注    意：形参定义类型为 unsigned char，则实参最小值为 0，最大值为 255
* 来    源：根据功能要求自写程序
****************************************************************/
void Delay_n_10us(unsigned int n)    //@11.0592MHz
{
    unsigned int i;
    for(i=0;i<n;i++)
        Delay10us();
}
```

2. 根据发音原理编写歌曲《生日快乐歌》的程序

（1）根据任务分析，参考表 5-5、图 5-6 所示，需要定义音符、音拍数据表。

（2）编写音乐播放函数，音拍长度控制音符发音长短，直到播放全部结束。

（3）主函数调用播放函数，适当延时后再次播放。

（4）编写函数的延时在发音原理程序中已做说明。

生日快乐歌

♩ =100

1 = F $\frac{3}{4}$

罗伯特・H・科尔曼词
玛德里德・希尔・柏帝・希尔姐妹曲
吉聿制谱

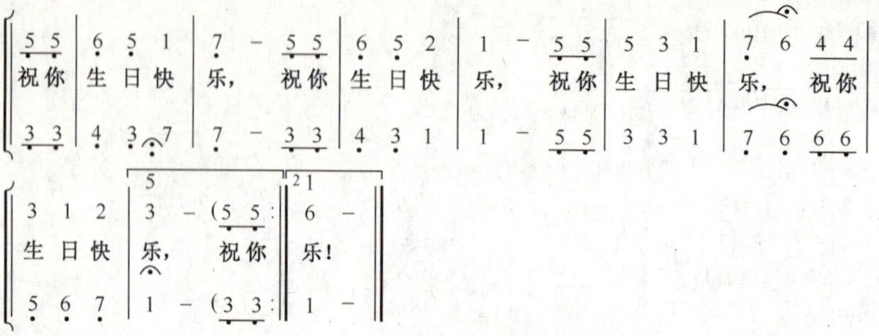

图 5-6 《生日快乐歌》歌谱

程序如下：

```
/*****************************************************************************
* 程 序 名：蜂鸣器演奏《生日快乐歌》
* 程序说明：双循环、函数定义、调用函数的应用
* 连接方式：P2^3 口与蜂鸣器连接
* 调试芯片：STC15F2K60S2-PDIP40 系列/ IAP15F2K61S2，1T 芯片
* 使用模块：5V 电源、STC15 单片机最小系统、蜂鸣器模块
* 适用芯片：89、90、STC10、STC11、STC12、STC15 系列
* 注    意：STC89、STC90 系列可运行，须修改 Delay10us 延时函数
*****************************************************************************/
//--包含要使用到相应功能的头文件--//
#include <reg51.h>                     //此文件中定义了 51 系列单片机的一些特殊功能寄存器

//--函数声明--//
void Delay10us(void);                  //延时 10μs
void Delay_n_10us( unsigned int n);    //延时 n 个 10μs
void PlayMusic( );                     //播放音乐
//--定义全局变量--//
sbit fmq = P2^3;
unsigned char code SONG_TONE[] = {128,128,114,128,95,101,128,128,114,128,85,95,128,128,
64,76,95,101,57,72,72,76,95,85,76,0};          //生日快乐歌的音符频率表
unsigned char code SONG_LONG[] = {1,1,2,2,2,4,1,1,2,2,2,4,1,1,2,2,2,2,2,1,1,2,2,2,4,0};
                                               //节拍决定每个音符的演奏长短，半拍为 1
/*****************************************************************************
* 函 数 名：main
* 函数功能：主函数
* 输    入：无参数
* 输    出：无返回值
*****************************************************************************/
void main( )
{
    fmq = 0;
    while(1)
    {
        PlayMusic( );                  //播放生日快乐
```

```c
        Delay_n_10us(500);          //播放完后暂停一段时间
    }
}
/******************************************************************
* 函 数 名：PlayMusic
* 函数功能：播放音乐函数
* 输    入：无参数
* 输    出：无返回值
******************************************************************/
void PlayMusic()                //播放音乐函数
{
    unsigned int i = 0,j;
    while(SONG_LONG[i]! = 0 || SONG_TONE[i]! = 0)  //遇 0 调用数据结束
    {
        for(j = 0;j<SONG_LONG[i]*150;j++)   //每个音符的长度，想要慢些，可将 150 改大即可
        {
            fmq = 0;                        //以下四句播放各个音符
            Delay_n_10us(1);
            fmq = 1;
            Delay_n_10us(SONG_TONE[i] );
        }
        Delay_n_10us(100);                  //发音间隔
        i++;
    }
}


/******************************************************************
* 函 数 名：Delay10us
* 函数功能：延时函数，延时 10μs
* 输    入：无参数
* 输    出：无返回值
* 来    源：使用 STC-ISP 软件的"延时计算器"功能实现
******************************************************************/
void Delay10us()           //@11.0592MHz
{
    unsigned char i;
    i = 25;                     //12T 芯片设置 i = 2，1T 芯片设置 i = 25
    while (--i);
}
/******************************************************************
* 函 数 名：Delay_n_10us
* 函数功能：延时 n 个 10μs
* 输    入：有参数
* 输    出：无返回值
* 注    意：形参定义类型为 unsigned char，则实参最小值为 0，最大值为 255
* 来    源：根据功能要求自写程序
******************************************************************/
void Delay_n_10us(unsigned int n)       //@11.0592MHz
{
    unsigned int i;
```

```
        for(i = 0;i<n;i++)
            Delay10us( );
}
```

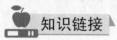 知识链接

改变蜂鸣器控制信号的频率即可令蜂鸣器发出不同的声音,不同频率的声音被称为"音调"。音调与频率的关系见表 5-5。

表 5-5 音调与频率的关系

序号	C 调音符	频率（Hz）	半周期（ms）	定时值
1	低 1 DO	262	1.90	F242H
2	低 2 RE	294	1.70	F3C1H
3	低 3 MI	330	1.51	F517H
4	低 4 FA	349	1.43	F5B6H
5	低 5 SO	392	1.28	F6D0H
6	低 6 LA	440	1.14	F7D1H
7	低 7 XI	494	1.01	F8B6H
8	中 1 DO	523	0.95	F921H
9	中 2 RE	587	0.85	F9E1H
10	中 3 MI	659	0.76	FA8CH
11	中 4 FA	698	0.72	FBD8H
12	中 5 SO	784	0.64	FB68H
13	中 6 LA	880	0.57	FBE9H
14	中 7 XI	988	0.51	FC5BH
15	高 1 DO	1046	0.47	FC8FH
16	高 2 RE	1175	0.42	FC77H
17	高 3 MI	1318	0.38	FEA2H
18	高 4 FA	1397	0.36	FEB6H
19	高 5 SO	1568	0.32	FEDAH
20	高 6 LA	1760	0.28	FEFAH
21	高 7 XI	1967	0.25	FF16H

如图 5-7 所示,是《世上只有妈妈好》歌谱。

在上述程序分析中使用循环编写歌曲,易理解,但音质不是太好,使用中断编写的演奏程序,音质会好一些,现以《世上只有妈妈好》这首歌的演奏为例进行介绍。

单片机演奏一个音符,是通过引脚周期性地输出一个特定频率的方波实现的。这就需要单片机在半个周期内输出低电平,另外半个周期输出高电平,周而复始。半个周期的时间是多长呢?众所周知,周期为频率的倒数,可以通过音符的频率计算出半个周期。演奏时,要根据音符频率的不同,把对应的半个周期的定时初始值,送入定时器,再由定时器按时输出高低电平。

项目 5 蜂鸣器电路的制作

世上只有妈妈好

影片《世上只有妈妈好》主题歌

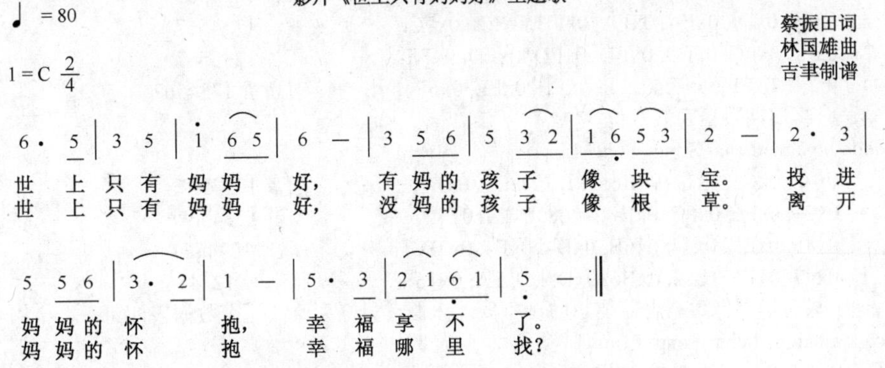

蔡振田词
林国雄曲
吉聿制谱

♩ = 80

1 = C 2/4

6· 5 | 3 5 | 1̇ 6 5 | 6 — | 3 5 6 5 | 3 2 | 1 6 5 3 | 2 — | 2· 3 |
世　上只有　妈妈　好，　有妈的孩子　像块　宝。　投　进
世　上只有　妈妈　好，　没妈的孩子　像根　草。　离　开

5 5 6 | 3· 2 | 1 — | 5· 3 | 2 1 6 1 | 5 — ‖
妈妈的　怀　抱，　幸福享不　了。
妈妈的　怀　抱　幸福哪里　找？

图 5-7 《世上只有妈妈好》歌谱

下面是网上广泛流传的单片机音乐演奏程序，它可以循环播放《世上只有妈妈好》这首乐曲。很多人都关心如何修改这个乐曲内容，但不知如何入手。下面给出说明，读懂后就能编写新的乐曲了。

在这个程序中，有两个数据表，其中之一用于存放事先算好的、各种音符频率所对应的半周期的定时初始值。有了这些数据，单片机就可以演奏从低音、中音、高音到超高音，四个八度共 28 个音符。演奏乐曲时，根据音符的不同数值，从半周期数据表中找到定时初始值，送入定时器即可控制发音音调。

比如把表中的 0xF2 和 0x42 送到定时器，定时器按照这个初始值来产生中断，输出方波，人们听起来，这就是低音 1。

乐曲的数据，也要写个数据表，程序中以 code unsigned char Song_Long[ ]命名。

这个表中每三个数字代表一个音符，它们分别代表：

第一个数字是音符 1、2、3、4、5、6、7 之一，代表哆、来、咪、发、嗦、拉、西；

第二个数字是 0、1、2、3 之一，代表低音、中音、高音、超高音；

第三个数字代表时间长度，以半拍为单位。

乐曲数据表的结尾是三个 0。

程序如下：

```
/*****************************************************************
* 程 序 名：演奏歌曲《世上只有妈妈好》
* 程序说明：定义数组、中断、函数调用
* 连接方式：P2^3 口与蜂鸣器连接
* 调试芯片：STC15F2K60S2-PDIP40 系列/ IAP15F2K61S2，1T 芯片
* 使用模块：5V 电源、STC15 单片机最小系统、蜂鸣器模块
* 适用芯片：89、90、STC10、STC11、STC12、STC15 系列
*****************************************************************/
//--包含要使用到相应功能的头文件--//
#include <reg52.h>
//--定义全局变量--//
sbit speaker = P2^3;
unsigned char timer0h, timer0l, time;
//单片机晶振采用 11.0592MHz
//频率-半周期数据表高八位，本程序共保存了四个八度的 28 个频率数据
```

```c
code unsigned char Song_Tone_H[ ] = {
    0xF2, 0xF3, 0xF5, 0xF5, 0xF6, 0xF7, 0xF8,        //低音 1234567
    0xF9, 0xF9, 0xFA, 0xFA, 0xFB, 0xFB, 0xFC,        //中音 1234567
    0xFC,0xFC, 0xFD, 0xFD, 0xFD, 0xFD, 0xFE,         //高音 1234567
    0xFE, 0xFE, 0xFE, 0xFE, 0xFE, 0xFE, 0xFF};       //超高音 1234567
//频率-半周期数据表低八位
code unsigned char Song_Tone_L[ ] = {
    0x42, 0xC1, 0x17, 0xB6, 0xD0, 0xD1, 0xB6,        //低音 1234567
    0x21, 0xE1, 0x8C, 0xD8, 0x68, 0xE9, 0x5B,        //中音 1234567
    0x8F, 0xEE, 0x44, 0x6B, 0xB4, 0xF4, 0x2D,        //高音 1234567
    0x47, 0x77, 0xA2, 0xB6, 0xDA, 0xFA, 0x16};       //超高音 1234567
//世上只有妈妈好数据表，要想演奏不同的乐曲，只需要修改这个数据表即可
code unsigned char Song_Long[] = {
6, 2, 3,   5, 2, 1,   3, 2, 2,   5, 2, 2,   1, 3, 2,   6, 2, 1,   5, 2, 1,
//一个音符有三个数字。第1位代表第几个音符、第2位代表第几个八度、
//最后1位代表时长（以半拍为单位）
//6, 2, 3 分别代表：拉，中音，3个半拍；
//5, 2, 1 分别代表：嗦，中音，1个半拍；
//3, 2, 2 分别代表：咪，中音，2个半拍；
//5, 2, 2 分别代表：嗦，中音，2个半拍；
//1, 3, 2 分别代表：哆，高音，2个半拍；
6, 2, 4,   3, 2, 2,   5, 2, 1,   6, 2, 1,   5, 2, 2,   3, 2, 2,   1, 2, 1,
6, 1, 1,   5, 2, 1,   3, 2, 1,   2, 2, 4,   2, 2, 3,   3, 2, 1,   5, 2, 2,
5, 2, 1,   6, 2, 1,   3, 2, 2,   2, 2, 2,   1, 2, 4,   5, 2, 3,   3, 2, 1,
2, 2, 1,   1, 2, 1,   6, 1, 1,   1, 2, 1,   5, 1, 6,   0, 0, 0};
/***************************************************************
* 函 数 名：Timer0
* 函数功能：T0 中断程序
* 输    入：无参数
* 输    出：无返回值
***************************************************************/
void Timer0( ) interrupt 1              //T0 中断程序，控制发音的音调
{
    TR0 = 0;                            //先关闭 T0
    speaker = ~speaker;                 //输出方波，发音
    TH0 = timer0h;                      //下次的中断时间，这个时间用于控制音调高低
    TL0 = timer0l;
    TR0 = 1;                            //启动 T0
}
/***************************************************************
* 函 数 名：delay
* 函数功能：延时程序
* 输    入：无参数
* 输    出：无返回值
***************************************************************/
void delay(unsigned char t)             //延时程序，控制发音的时间长度
{
    unsigned char t1;
    unsigned long t2;
    for(t1 = 0; t1 < t; t1++)           //双重循环，共延时 t 个半拍
        for(t2 = 0; t2 < 8000; t2++);   //延时期间，可进入 T0 中断去发音
```

```c
        TR0 = 0;                        //关闭 T0，停止发音
}
/*****************************************************************
 * 函 数 名：song
 * 函数功能：演奏一个音符
 * 输    入：无参数
 * 输    出：无返回值
*****************************************************************/
void song( )                            //演奏一个音符
{
        TH0 = timer0h;                  //控制音调
        TL0 = timer0l;
        TR0 = 1;                        //启动 T0，由 T0 输出方波去发音
        delay(time);                    //控制时间长度
}
/*****************************************************************
 * 函 数 名：main
 * 函数功能：主函数
 * 输    入：无参数
 * 输    出：无返回值
*****************************************************************/
void main(void)
{
        unsigned char k, i;
        TMOD = 1;                       //置 T0 定时工作方式 1
        ET0 = 1;                        //开 T0 中断
        EA = 1;                         //开 CPU 中断
        while(1)
        {
                i = 0;
                time = 1;
                while(time)
                {
                        k = Song_Long [i] + 7 * Song_Long[i + 1] - 1;
                                        //第 i 个是音符，第 i+1 个是第几个八度
                        timer0h = Song_Tone_H[k];   //从数据表中读出高位定时的时间长度
                        timer0l = Song_Tone_L[k];   //低位
                        time = Song_Long [i + 2];   //读出时间长度数值
                        i + = 3;
                        song( );                    //发出一个音符
                }
        }
}
```

以李叔同大师的《送别》的前两小节来说明转换的方法。

这部分的歌词是：长 亭 外，古 道 边，

这部分的乐谱是：5 3 5 i — | 6 i 5 —

那么，据此就可以写出《送别》前两小节的数据表：

code unsigned char sszymmh[] = {5, 2, 2,   3, 2, 1,   5, 2, 1,   1, 3, 4,
6, 2, 2,   1, 3, 2,   5, 2, 4,   0, 0, 0};

//嗦，中音，2个半拍；咪，中音，1个半拍；嗦，中音，1个半拍；哆，高音，4个半拍
//啦，中音，2个半拍；哆，高音，2个半拍；嗦，中音，4个半拍；结束标记

用这个数据表，替换掉程序中《世上只有妈妈好》的数据表，本程序就可以播放《送别》的前两小节了。

任务实施

1. 在 Proteus 仿真软件中绘制仿真电路图，如图 5-5 所示。
2. 软件实施。
（1）使用 Keil 软件输入、调试、编译已分析过的程序，并生成 HEX 文件。
（2）将生成的 HEX 格式文件载入 Proteus 仿真软件中，启动仿真，通过计算机音箱，就能听到仿真电路中蜂鸣器发出的声音。
（3）修改子函数 Delay10us 的延时时间，蜂鸣器声音会有什么变化，为什么？

任务评价

1. 仿真电路检测，关键点如下。
（1）正确调用所需元器件。
（2）正确绘制仿真电路原理图。
2. 程序检测。

主要注意以下问题：程序输入、调试、编译无错误，可通过软件仿真观察 P2.3 口的值，判断程序中是否有编程错误。

填写项目任务单，如表 5-6 所示。

表 5-6 项目任务单

1. 仿真电路部分　（□已做　□不必做　□未做）		
① 检查所使用元器件是否符合本次任务的要求	□是	□否
② 检查电路连接是否正确	□是	□否
你在完成第一部分子任务的时候，遇到了哪些问题？你是如何解决的？		
2. 程序及软件仿真部分　（□已做　□不必做　□未做）		
① 检查所使用软件是否可用	□是	□否
② 程序输入是否正常	□是	□否
③ 程序出错后能否调试	□是	□否
④ 软件仿真能否顺序完成	□是	□否
你在完成第二部分子任务的时候，遇到了哪些问题？你是如何解决的？		
完成情况总结及评价：		
学习效果：　□优　□良　□中　□差		

项目 5　蜂鸣器电路的制作

任务拓展

本任务仅完成了蜂鸣器发声的简单控制。课后可以在电路没有变化的情况下，设计程序实现：蜂鸣器发出类似救护车的声音；蜂鸣器发出一段简单的电子音乐。

任务3　蜂鸣器电路的制作

学习目标

- 正确理解蜂鸣器电路的工作原理。
- 能说出制作蜂鸣器电路所需元器件的名称及型号。
- 能在多孔板上制作蜂鸣器控制硬件电路。
- 学会检测蜂鸣器电路能否正常工作的方法。

任务呈现

指示灯电路能给人们光的提示，蜂鸣器电路能给使用人以声音的提示。一般控制系统中都需要这两个电路。如图5-8所示是日常生活中常见的蜂鸣器的应用场合。

（a）洗衣机

（b）防盗报警系统

图5-8　蜂鸣器的应用

想一想

（1）蜂鸣器的分类及工作原理是什么？
（2）单片机是如何驱动蜂鸣器发声的？

本次任务

在多孔板上制作蜂鸣器控制硬件电路。

电路分析

如图5-9所示是无源蜂鸣器的单片机控制原理图。

电路由电阻 R1，三极管 Q1 及无源蜂鸣器 SPEAKER 构成。R1 的阻值取 1kΩ、Q1 采用型号为 8550 的 PNP 型晶体三极管，SPEAKER 为普通 5V 无源蜂鸣器。将上述电路接入单片机的 I/O 接口，如 P2.3 口，通过单片机输出某一频率的方波信号即可发声。

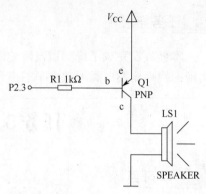

知识链接

无源电磁式蜂鸣器的检测：可用万用表 R×10Ω 挡，将黑表笔接蜂鸣器的正极，用红表笔去点触蜂鸣器的负极。正常的蜂鸣器应发出较响的"喀喀"声，万用表指针也大幅度向左摆动。若无声音，万用表指针也不动，则是蜂鸣器内部的电磁线圈开路损坏。

图 5-9　蜂鸣器的单片机控制原理图

任务实施

制作蜂鸣器控制硬件电路。

1. 选择元器件。

（1）1 块 15cm×9cm 多孔板[图 5-10（a）]；

（2）1 个 0.25W 1kΩ 四色环碳膜电阻[图 5-10（b）]；

（3）1 根 2.54mm 间距/1×40P 排针：1 路电源端，1 路地端及 1 路控制信号引入端[图 5-10（c）]；

（4）1 个 8550 三极管[图 5-10（d）]；

（5）1 个 5V 无源电磁式蜂鸣器[图 5-10（e）]；

（6）焊接工具、焊丝等[图 5-10（f）]。

图 5-10　元器件图

2. 在多孔板上按图 5-9 进行插件并焊接。要注意蜂鸣器、三极管的引脚极性。蜂鸣器控制电路实物图如图 5-11 所示。

3. 将蜂鸣器控制电路与电源及单片机最小系统板的 P2.3 口相连。将控制程序下载到单片机，蜂鸣器即可发声。若单片机最小系统正常下载程序后蜂鸣器无声响，须使用万用表进行检测，可能出现下列几种情况。

（1）元器件损坏。
（2）电源不供电。
（3）元器件虚焊。
（4）蜂鸣器插反。

根据不同现象排除故障，直到故障全部排除，蜂鸣器能响为止。

图 5-11　蜂鸣器控制电路实物图

任务评价

填写项目任务单，如表 5-7 所示。

表 5-7　项目任务单

1. 选择元器件　（□已做　□不必做　□未做）		
① 检查元器件型号、数量是否符合本次任务的要求	□是	□否
② 检测元器件是否可用	□是	□否
你在完成第一部分子任务的时候，遇到了哪些问题？你是如何解决的？		
2. 焊接蜂鸣器驱动模块　（□已做　□不必做　□未做）		
① 检查工具是否安全可靠	□是	□否
② 在此过程中是否遵守了安全规程和注意事项	□是	□否
③ 是否完成了蜂鸣器电路板的制作	□是	□否
你在完成第二部分子任务的时候，遇到了哪些问题？你是如何解决的？		
3. 调试与检测　（□已做　□不必做　□未做）		
① 检查电源是否正常	□是	□否
② 与单片机最小系统连接后蜂鸣器是否发声	□是	□否
你在完成第三部分子任务的时候，遇到了哪些问题？你是如何解决的？		
完成情况总结及评价：		
学习效果：　□优　□良　□中　□差		

项目总结

通过本项目的实施，掌握了蜂鸣器电路模块的工作原理、元器件的选择、构建相应的硬件电路，通过实践对电路知识有了更深刻的理解，对电路的单片机控制方法有了新的认识。

完成了蜂鸣器电路模块与单片机最小系统硬件连接，并调试通过了发声控制功能。在调试程序过程中，进一步熟悉了如何解决软件、硬件出错问题，软件编译程序过程中程序语法错误、功能不能实现等问题。通过动手操作实践，提高了排除硬、软件故障的能力。

课后练习

5-1 简述常见的蜂鸣器的分类。

5-2 请描述无源蜂鸣器的控制方法。

5-3 蜂鸣器模块信号端口与最小系统的 P2.3 端口连接，编程实现救护车拉笛声音功能。

5-4 简述如何编程实现对蜂鸣器音调的控制。

5-5 简述如何编程实现对蜂鸣器发音长短的控制。

5-6 编写一个求 $1+2+3+\cdots+10$ 和的函数。

5-7 编写一个求 $1\times2\times3\times\cdots\times6$ 积的函数。

5-8 制作一个三极管驱动蜂鸣器发音模块。

5-9 编写一个程序，实现播放歌曲《小红帽》。

5-10 编写一个程序，实现播放歌曲《铃儿响叮当》。

5-11 编写一个程序，实现播放歌曲《快乐童年》。

5-12 编写一个程序，实现按键切换播放三首歌曲。

项目 6 流水灯电路的制作与应用

📖 项目描述

彩灯技术已广泛应用于高楼大厦室外点缀，家庭、大酒店和娱乐场所等的室内装潢，尤其广泛应用于霓虹灯、广告彩灯、汽车车灯等领域。彩灯工程是单片机控制电路设计的典型应用。

可编程的现代彩灯控制系统一般采用在系统可编程（In-System Programming，ISP）技术来实现。该方案的优点是系统体积小、功耗小、可靠性高、调节灵活、多功能、多方案、使用灵活方便。通过I/O扩充技术控制系统可控制的灯具数为N组，控制方案也有N种。根据需要减少或扩展灯具组数和控制方案的种数，可以控制高电压的大彩灯、霓虹灯发光。根据需要设计出不同频率的信号控制彩灯扫描速度，每次循环后可以根据需要自动或手动改变扫描速度，还可以控制语音集成电路播放一段语音或音乐。通过将N组彩灯在空间中进行适当的排列组合，可得到各种不同的效果。

本项目能实现彩灯控制基本功能，任务如下：

任务1 制作8路流水灯电路显示模块
任务2 实现流水灯流水功能
任务3 实现多种花样流水功能

🔲 任务1 制作8路流水灯电路显示模块

✏️ 学习目标

- 能在面包板上制作8路流水灯显示模块。
- 能在多孔板上制作8路流水灯显示模块。

📝 任务呈现

在日常生活中，到处可见各种各样的彩灯、流水灯、装饰灯具、生日灯等，图6-1~图6-4所示是日常生活中比较常见的流水彩灯、七彩球装饰灯、彩色灯条、星星窗帘背景灯。

图6-1 流水彩灯

图6-2 七彩球装饰灯

图 6-3　彩色灯条　　　　　　　图 6-4　星星窗帘背景灯

想一想

（1）彩灯的工作电压是多少？
（2）LED 灯需要串联多大的电阻？

本次任务

（1）在面包板上制作 8 路共阳极流水灯硬件电路。
（2）在多孔板上制作 8 路共阳极流水灯硬件电路。

电路分析

如图 6-5 所示，是 8 路共阳极指示灯电路的工作原理图。

该电路由电源、开关、8 个电阻、8 个二极管构成。8 个支路相同，都是由 1 个电阻、1 个二极管构成的，总电流是各支路电流之和。

8 路共阳极指示灯电路是在第三个项目"指示灯电路"的基础上扩充为 8 路而得到的。合上开关 K，8 路发光二极管均导通，断开开关 K，8 路发光二极管均熄灭。

在面包板上制作 8 路流水灯电路使用到的元器件清单如下：

（1）8 个 3mm 红色 LED 发光二极管；
（2）8 个 0.25W 四色环碳膜电阻，阻值为 1kΩ；
（3）一个 5V 开关电源；
（4）一个 8.5mm×8.5mm 双排自锁开关。

工作电流为：

$$I_1 = (E-2V)/R = (5V-2V)/1k\Omega = 3mA$$
$$I = 8 \times I_1 = 8 \times 3mA = 24mA$$

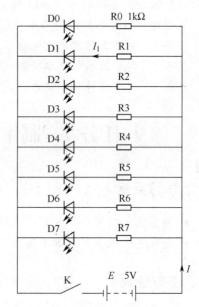

图 6-5　8 路共阳极指示灯电路的工作原理图

上述开关如果演变成接入单片机的 8 个接口，只要控制单片机每个 I/O 接口的通与断，就能控制 8 路流水灯的亮与灭。

知识链接

共阳极电路：在单片机控制电路中，若功能相同的若干支电路有一端连在一起，该端加高电平，另一端加低电平，各支路才能工作，这样的电路称为共阳极电路；反之，称为共阴极电路。

早期普通型单片机每个 I/O 接口向外供电电流（拉电流）的最大值为 230μA，由外电路向单片机输送电流（灌电流）的最大值为 6mA。STC10、STC11、STC12、STC15 系列芯片，拉电流默认值与普通单片机的相同，而灌电流最大值可达 20mA。STC 公司芯片从 STC10 系列开始，可以通过软件设置使得芯片拉电流最大值达到 20mA，但使用时注意加限流电阻，以防损坏单片机。

通过一个普通单片机芯片的总电流，一般不超过 71mA，STC 公司的芯片从 STC10 系列芯片开始，总电流可达 120mA。因此在设计、选择元器件时，要考虑总电流这个因素。这就是在单片机设计电路中一般让 I/O 接口低电平工作的原因。

一般 LED 的工作电流在几毫安至几十毫安，而低电流 LED 的工作电流在 2mA 以下（亮度与普通发光二极管相同）。在电路设计中，为了达到让 LED 正常发光，限流电阻一般选择 1~10kΩ。

一般 LED 发光二极管主要有三种颜色，然而三种发光二极管的压降都不相同，具体压降参考值为：红色发光二极管的压降为 2.0~2.2V，黄色发光二极管的压降为 1.8~2.0V，绿色发光二极管的压降为 3.0~3.2V，正常发光时的额定电流约为 3~20mA。

假设使用 STC15 系列单片机，并且只使用单片机 8 个接口对 8 路流水灯进行控制。因为总电流可达 120mA，理论上，假设 8 路在最大电流工作，每路的最大电流可达：120/8=15mA。单片机一般压降为 0.5V，简单计算 LED 发光二极管的压降为 2V，因此通过限流电阻的电压大小为 2.5V。每路最大电流为 15mA，因此电阻值最小应为 2.5V/15mA≈167Ω，理论上阻值在 167Ω 以上的电阻都可以使用，一般单片机电路中常见的是 300Ω 左右的限流电阻就是根据这个原理设计的。

但是单片机内部运行时有电流，同时还要带其他负载工作，选择电阻的依据是只要最低电流满足用户要求即可。

如图 6-6 所示为单片机控制 8 路共阳极流水灯电路的工作原理图。

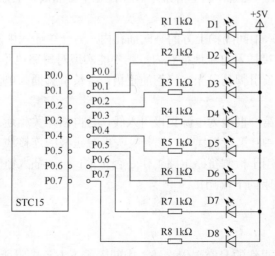

图 6-6 单片机控制 8 路共阳极流水灯电路的工作原理图

任务实施1

在面包板上制作8路共阳极流水灯硬件电路。

1. 选择元器件。

（1）1块SYB-130万能面包板[图6-7（a）]。

（2）8个0.25W 1kΩ四色环碳膜电阻[图6-7（b）]。

（3）8个3mm红色LED发光二极管[图6-7（c）]。

（4）4根20cm双公杜邦线[图6-7（d）]。

（5）1个8.5mm×8.5mm双排自锁开关[图6-7（e）]。

（6）1个5V开关电源[图6-7（f）]。

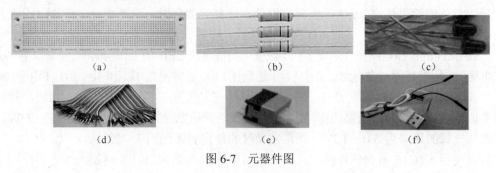

图6-7 元器件图

2. 参考图6-8所示，在面包板上插建8路共阳极流水灯电路。

图6-8 插建8路共阳极流水灯电路

（1）双排自锁开关：一端插入中间隔槽（图中的上下分隔槽）上方的插孔内，另一端插入中间隔槽下方的插孔内。

（2）电阻：一端插入中间隔槽上方的竖向插孔内，另一端插入中间隔槽下方同一列竖向插孔内。若电阻下端直接插入电源地插孔内，则不能实现对每路电路的单独控制。

（3）发光二极管：长引脚是发光二极管的正极，将长引脚插入电源正极横槽插孔内，另一引脚与电阻端相连。

（4）双公杜邦线：第一根线为电源正极引入线，与自锁开关相连；第二根线为电源地引入线，插入电源地插孔中；第三根线为自锁开关与电源正极的连接线，用于开关开启后给每个支路供电；第四根线用于检测每路电路工作是否正常，一端插入电源地横槽插孔内，另一端悬空，准备与每路电阻的下端相接。

任务评价1

将双公杜邦线第四根线的悬空端依次插入中间隔槽下方各电阻所对应的竖向插孔中，若相应的发光二极管点亮，说明接插完好，若不亮，须使用万用表进行检测，可能出现下列几种情况。

（1）元器件损坏。

（2）电源不供电。

（3）元器件没插好。

（4）发光二极管插反。

（5）按了自锁开关。

根据不同现象排除故障，直到故障全部排除，8路发光二极管均能点亮为止。

任务实施2

在多孔板上制作8路共阳极流水灯硬件电路。

1. 选择元器件。

（1）1块15cm×9cm多孔板［图6-9（a）］。

（2）8个3mm红色LED发光二极管［图6-9（b）］。

（3）1根2.54mm间距/1×40P排针［图6-9（c）］。

（4）8个0.25W 1kΩ四色环碳膜电阻［图6-9（d）］。

（5）1个5V开关电源［图6-9（e）］。

（6）焊接工具、焊丝等［图6-9（f）］）。

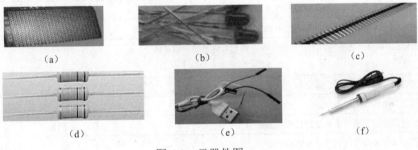

图6-9 元器件图

2. 在多孔板上进行8路共阳极流水灯电路的实物焊接。

按照图6-10所示的参考实物图，在多孔板上焊接8路共阳极流水灯电路。具体焊接步骤如下。

（1）排针：分两组，一组为电源正极引入端，一般焊接2个排针端子；另一组为8个排针端子，供8路信号引入。

（2）电阻：8个电阻的一端分别焊接到8个排针端子上，另一端分别与发光二极管的负极焊接。

（3）发光二极管：将8个发光二极管的长引脚焊接在一起，引入到电源正极排针端子上，另一端分别与电阻焊接。

图6-10 8路共阳极流水灯电路的焊接实物图

任务评价 2

将电源正极引到电源正极排针端子上,负极依次插在 8 个排针端子上,若对应端子的发光二极管点亮,说明焊接完好,若不亮,须使用万用表进行检测,可能出现下列几种情况。

(1)元器件损坏。
(2)电源不供电。
(3)元器件虚焊。
(4)发光二极管插反。

根据不同现象排除故障,直到故障全部排除,8 路发光二极管均能点亮为止。

填写项目任务单,如表 6-1 所示。

表 6-1 项目任务单

1. 元器件部分 (□已做 □不必做 □未做)		
① 检查元器件型号、数量是否符合本次任务的要求	□是	□否
② 检测元器件是否可用	□是	□否
你在完成第一部分子任务的时候,遇到了哪些问题?你是如何解决的?		
2. 面包板上构建部分 (□已做 □不必做 □未做)		
① 检查工具是否安全可靠	□是	□否
② 在此过程中是否遵守了安全规程和注意事项	□是	□否
③ 是否完成了 8 路共阳极流水灯电路的构建	□是	□否
你在完成第二部分子任务的时候,遇到了哪些问题?你是如何解决的?		
3. 焊接部分 (□已做 □不必做 □未做)		
① 检查工具是否安全可靠	□是	□否
② 在此过程中是否遵守了安全规程和注意事项	□是	□否
③ 是否完成了 8 路共阳极流水灯模块的制作	□是	□否
你在完成第三部分子任务的时候,遇到了哪些问题?你是如何解决的?		
4. 检测 (□已做 □不必做 □未做)		
① 检查电源是否正常	□是	□否
② 通电检测每路发光二极管是否正常发光	□是	□否
你在完成第四部分子任务的时候,遇到了哪些问题?你是如何解决的?		
完成情况总结及评价:		
学习效果: □优 □良 □中 □差		

任务拓展

如图 6-11 所示,完成下面两个任务:
(1)在面包板上制作 8 路共阴极流水灯硬件电路。

（2）在多孔板上制作 8 路共阴极流水灯硬件电路。

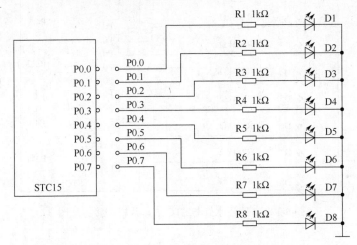

图 6-11　8 路共阴极流水灯电路原理图

任务 2　实现流水灯流水功能

学习目标

- 掌握使用 Proteus 仿真软件调试出流水灯模块的简单流水功能。
- 掌握使用 STC15 单片机最小系统调试出流水灯模块的简单流水功能。

任务呈现

如图 6-12 所示，A 端为发光二极管的阳极，B 端为发光二极管的阴极，要想点亮发光二极管，阴极必须加一个低电平（0V），发光二极管允许的电流在 3~10mA，发光二极管被点亮的最小电流为 3mA。已知发光二极管被点亮后的压降值为 1.7V，V_{CC} = +5V，电阻上的电压为 3.3V，根据欧姆定律 $R = 3.3V/3mA = 1.1kΩ$，因此要选用 1 kΩ 的电阻。

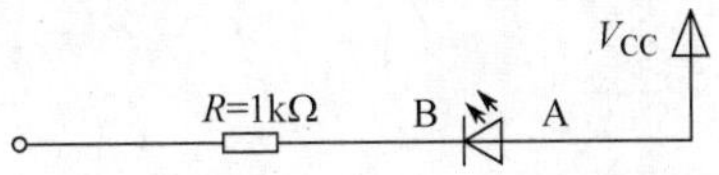

图 6-12　发光二极管电路原理图

如图 6-13 所示，如果要让接在 P0.0 口的 D1 亮，只要把 P0.0 口的电平变为低电平即可；相反，如果要让接在 P0.0 口的 D1 熄灭，须把 P0.0 口的电平变为高电平。同理，接在 P0.1~P0.7 口的其他 7 个 LED 的点亮和熄灭方法同发光二极管 D1。

那么要实现流水灯功能，只要将发光二极管 D1~D8 依次点亮、熄灭，8 个 LED 灯便会一亮一暗，完成流水灯功能了。同时应注意，由于人眼的视觉暂留效应以及单片机执行每条指令的时间差距很短，在控制二极管亮灭的时候应该延时一段时间，否则就看不到"流水"效果了。

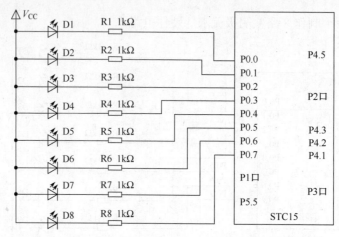

图 6-13 8 路流水灯与 STC15 单片机连接原理图

想一想

（1）若将 8 路共阳极流水灯模块连接到 P1 口、P2 口或 P3 口也能实现"流水"效果吗？

（2）若将 8 路共阳极流水灯模块换成 8 路共阴极流水灯模块连接到 P1 口，如何控制 P1 口实现"流水"效果？

本次任务

让 8 盏 LED 灯实现"流水"效果的方法是从低位向高位依次点亮。本次任务需要完成如下 3 个小任务。

（1）使用 Keil C51 软件编写程序，在 Keil C51 软件中观察 P0 口值的变化规律。

（2）使用传统 51 芯片的最小系统与 8 路流水灯模块在 Proteus 仿真软件中实现流水功能。

（3）使用带硬件仿真的 STC15 单片机最小系统与 8 路流水灯模块进行实物连接、调试，实现流水功能。

程序分析

如图 6-14 所示是流水灯实现流水功能的流程图。程序功能：让最低位，即 0 号位灯点亮，延时 1s 后，将数据左移，点亮 1 号位灯，循环 8 次后实现流水功能。

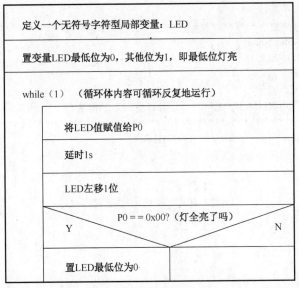

图 6-14 流水灯实现流水功能的流程图

```
/****************************************************************
 * 程 序 名：实现 LED 流水灯功能
 * 程序说明：for 语句、运算符 "<<" 的使用及函数的编写与调用
 * 连接方式：P0 口与 8 路共阳极流水灯模块对应顺序口连接
 * 调试芯片：IAP15F2K61S2-PDIP40
 * 使用模块：5V 电源、STC15 单片机最小系统、8 路共阳极流水灯模块
 * 适用芯片：89、90、STC10、STC11、STC12、STC15 系列
 * 注    意：89 或 90 系列可运行，须修改 Delay10ms 延时函数
 ****************************************************************/
//--包含要使用到相应功能的头文件--//
#include <reg51.h>              //此文件中定义了 51 系列单片机的一些特殊功能寄存器
//--函数声明--//
void Delay10ms(void);           //延时 10ms
void Delay_n_10ms(unsigned char n);  //延时 n 个 10ms
/****************************************************************
 * 函 数 名：main
 * 函数功能：主函数
 * 输    入：无参数
 * 输    出：无返回值
 ****************************************************************/
void main( )
{
    unsigned char LED;
    LED = 0xfe;                 //0xfe = 1111 1110
    while (1)
    {
        P0 = LED;               //点亮 P0 口低电平的 LED 灯
        Delay_n_10ms(100);      //延时 1s
        LED = LED << 1;         //左移 1 位，点亮前一个 LED，"<<" 表示左移
        if (P0 = = 0x00)        //当共阳极流水灯全亮的时候，重新赋值
            LED = 0xfe;         // 0xfe = 1111 1110
    }
}
```

```
}
/**************************************************************
 * 函 数 名：Delay10ms
 * 函数功能：延时函数，延时10ms
 * 输    入：无参数
 * 输    出：无返回值
 * 来    源：使用STC-ISP软件的"延时计算器"功能实现
 **************************************************************/
void Delay10ms( )              //@11.0592MHz
{
    unsigned char i, j;
    i = 108;                   //12T 芯片 i=18，1T 芯片 i=108
    j = 145;                   //12T 芯片 j=235，1T 芯片 j=145
    do
    {
        while (--j);
    } while (--i);
}
/**************************************************************
 * 函 数 名：Delay_n_10ms
 * 函数功能：延时n个10ms
 * 输    入：有参数
 * 输    出：无返回值
 * 注    意：形参定义类型为unsigned char，则实参最小值为0，最大值为255
 * 来    源：根据功能要求自写程序
 **************************************************************/
void Delay_n_10ms(unsigned char n)     //@11.0592MHz
{
    unsigned char i;
    for(i = 0;i<n;i++)
        Delay10ms();
}
```

解决问题：

若要按从高位至低位依次点亮1盏灯，程序应如何修改？提示：使用_crol_( )函数，也可以自己编写程序。例：

```
void main( )
{
    unsigned char LED,x;
    LED = 0xfe;                //0xfe = 1111 1110
    x = 0x01;
    while (1)
    {
        P0 = LED;              //点亮与P0口最低位相连的LED灯
        Delay_n_10ms(100);     //延时1s
        LED = LED << 1;        //循环左移1位，点亮前一个LED，"<<"表示左移
        LED = LED | x;         //将LED值与x值相或，低位赋值1
        x = (x<<1)|0x01;       //循环左移1位后，低位赋值1
        if (P0 == 0x7f)        //当共阳极流水灯全灭的时候，重新赋值
        {
```

```
            LED = 0xfe;         // 0xfe = 1111 1110
            x = 0x01;
        }
    }
}
```

知识链接

循 环 语 句

循环语句一般情况有三种形式，分别是 for 语句、while 语句、do…while 语句。不常使用的第四种形式是编程者自己使用 if 语句与 goto 语句构成的循环语句，在特殊要求下使用。

1．for 语句

（1）书写格式。

```
for（表达式 1；表达式 2；表达式 3）
{
    循环体 ；
}
```

表达式 1：给循环变量、一般变量赋初值。
表达式 2：与终值相关的关系表达式或逻辑表达式。
表达式 3：与步长相关的运算表达式。
在 while 语句、do…while 语句中这三个表达式的含义相同，不再解释。
（2）举例。

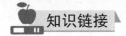 求出[1，10]的和。

```
sum=0;
for ( i =1; i<=10; i++)
        sum = sum + i;
```

其中，初值为 1，终值为 10，步长为 1。本循环为增循环，若为减循环，程序如下：

```
sum=0;
for ( i =10 ; i<=1; i--)
        sum = sum + i;
```

其中，初值为 10，终值为 1，步长为 1。
（3）执行过程如图 6-15 所示。
（4）使用注意点。
① for 后面使用小括号，不能使用中括号，小括号后千万不能使用语句分隔符"；"。
② 小括号内的三个表达式之间须使用分号隔开。
③ 表达式 1 与表达式 3 可以省略，但表达式之间的两个分号不能省略。
④ 当循环体只有一句时，for 语句的组合语句定界符大括号可省略。
⑤ 当表达式 2 为真时，循环语句才执行。

⑥ 一般在循环次数确定的条件下使用。

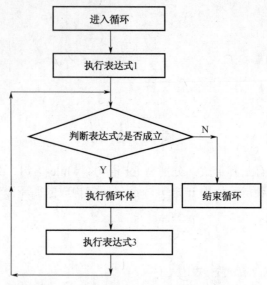

图 6-15 for 循环语句执行过程流程图

2. while 语句

(1) 书写格式。

```
表达式 1;
while（表达式 2）
{
    循环体;
    表达式 3;
}
```

(2) 举例。

【例 6-2】 求满足 $1+2+3+\cdots+n<300$ 的最大的 n 值。

```
sum = 0;
i = 1;
while ( sum < 300 )
{
    sum = sum + i;
    i++;
}
printf( "1+2+3+…+n<300 max n value is %d", i-2);
```

细心的读者会发现：表达式 1 放在了 while 语句之前，表达式 2 作为 while 语句循环条件，表达式 3 移到了 while 语句内部。

(3) 执行过程如图 6-16 所示。

(4) 使用注意点。

① while 后面使用小括号，小括号后面一定不能使用语句分隔符";"。

② 循环体与表达式 3 的顺序可调换，但意义不一样。

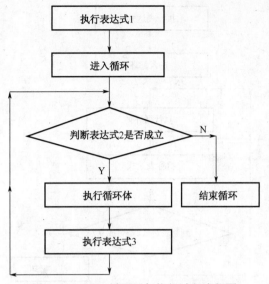

图 6-16 while 循环语句执行过程流程图

③ while 语句的组合语句定界符大括号不能省略,一般情况下至少有两条语句。
④ 一般在循环次数不能确定的条件下使用。
⑤ 当表达式 2 为真时,循环语句才执行。

3.do...while 语句

(1)书写格式。

```
表达式 1;
do
{
    循环体;
    表达式 3;
} while（表达式 2）;
```

(2)举例。

【例 6-3】 求满足 $1+2+3+\cdots+n<300$ 的最大的 n 值。

```
sum = 0;
i = 1 ;
do
{
    sum = sum + i;
    i++;
} while ( sum < 300 );
printf( "1+2+3+…+n<300    max n value is %d", i-2);
```

(3)执行过程如图 6-17 所示。
(4)使用注意点。
① while 后面使用小括号,小括号后面要使用语句分隔符";"。
② 循环体与表达式 3 的顺序可调换,但意义不一样。
③ 一般情况下循环体至少有两句,该语句的组合语句定界符大括号不能省略。

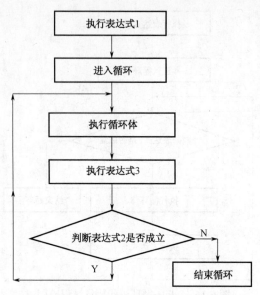

图 6-17 do…while 循环语句执行过程流程图

④ 当表达式 2 为真时,继续执行循环体语句。
⑤ 不管条件成立与否,总要先执行循环,该语句一般用于编写主菜单。

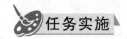 任务实施

一、用 Keil C51 软件仿真

使用 Keil C51 软件进行编辑、调试、编译程序后,参考附录 2 设置好 Keil C51 软件的仿真参数,可在编辑窗口中观察 P0 口值的变化规律。

二、在 Proteus 仿真软件中进行流水功能仿真

1. 打开 Proteus 仿真软件,出入仿真软件主操作界面。
2. 选择元器件。

在元器件浏览窗口单击元器件选择按钮"P",从弹出的"Pick Devices"拾取所需的元器件。增加元器件与选择电源终端,见表 6-2。

表 6-2 流水灯仿真元器件使用表

序 号	模 式	元器件名称	库
1	元器件	80C52	MCS8051
2		LED-RED	ACTIVE
3		RES	DEVICE
4	电源终端	POWER	

3. 将元器件进行合理放置、布线并标注网络标号,如图 6-6 所示。
4. 在 Keil C51 软件中完成程序的编写,生成 HEX 文件。在 Proteus 仿真软件中单击 U1 加载 HEX 运行程序。

5. 单击"▶"运行按钮，观察流水程序运行效果。

三、硬件仿真

1. 硬件接线。

使用带硬件仿真的 STC15 单片机最小系统，8 路共阳极流水灯模块。单片机最小系统 P0 口与流水灯模块使用 8 路双母杜邦线连接，接口按从小到大的顺序一一对应连接。流水灯模块的电源正极接单片机最小系统中的"外模块使用"正极端。如图 6-18 所示为单片机最小系统、流水灯模块实物连接参考。

图 6-18　单片机最小系统、流水灯模块实物连接参考图

2. 用 Keil C51 软件进行硬件仿真。参考附录 2 中的第二部分 Keil C51 硬件仿真相关内容。

（1）打开"STC-ISP 下载编程烧录软件"，设置【Keil 仿真设置】→【添加 STC 仿真驱动到 Keil 中】→【将 IAP15F2K61S 设置为 2.0 版仿真芯片】。烧录好仿真芯片后，下次再使用该芯片，不需要再次烧录，可直接使用。即已烧录好仿真芯片后，该步骤可省略。

（2）打开 Keil C51 软件，设置【Project】→【Option for Target 'Target 1'】→【Debug】→【USE、Setting】。通过上述处理，在 Keil C51 环境下编写、调试、编译程序，可以对单片机进行硬件仿真的调试。

若不使用硬件仿真调试，可参考附录 1 进行程序下载并调试。下载程序后调试可以不使用带仿真功能的芯片，调试过程中，若发现程序不能实现相应功能，则修改程序，修改好后须经过再次编译，重新下载程序才能观察运行结果。下载程序时注意芯片型号、实际连接串口等参数与下载软件中的相关参数必须吻合。

任务评价

1. 硬件检测。

判断硬件连接任务是否完成，须使用万用表等工具进行检测，关键点如下。

（1）5V 电源是否正确输出。
（2）STC15 芯片在锁紧座上的放置位置是否正确。
（3）加电可直接检测共阳极流水灯模块是否完好。
（4）连接顺序是否正确。

2．软件检测。

本任务程序相对简单，我们应通过这些任务不断积累编程、调试经验。若不能调试出相应结果，主要检查以下几点。

（1）程序输入、调试、编译无错误，可通过软件仿真观察 P0 口值的变化情况，判断程序中初值等设置是否正确。

（2）进行硬件仿真设置时，一定要在 Keil C51 软件中对 STC 芯片及串口号进行正确设置，若这两项参数设置错误，则不能继续下一步的调试，请参考附录 2 相关部分进行修改。

（3）使用检测设备检查问题。若运行结果经反复调试仍未达到理论值，则故障比较隐蔽，可使用万用表或示波器测试 P0 口等重要观察点的电平变化，找出问题。

填写项目任务单，如表 6-3 所示。

表 6-3　项目任务单

1．硬件部分　（□已做　□不必做　□未做）		
① 检查硬件模块、数量是否符合本次任务的要求	□是	□否
② 检测硬件模块是否可用	□是	□否
你在完成第一部分子任务的时候，遇到了哪些问题？你是如何解决的？		
2．软件部分　（□已做　□不必做　□未做）		
① 检查所使用软件是否可用	□是	□否
② 程序出错后能否调试	□是	□否
③ Proteus 软件能否调试	□是	□否
④ 硬件仿真能否顺序完成	□是	□否
你在完成第二部分子任务的时候，遇到了哪些问题？你是如何解决的？		
完成情况总结及评价：		
学习效果：　□优　□良　□中　□差		

任务 3　实现多种花样流水功能

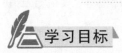

- 掌握使用 Proteus 仿真软件调试出流水灯模块的多种花样流水功能。
- 掌握使用 STC15 单片机最小系统调试出流水灯模块的多种花样流水功能。

项目 6 流水灯电路的制作与应用

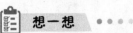

户外广告屏、霓虹灯、广告彩灯等宣传工具，长期立在户外，外观不发生变化，但其色彩及宣传内容可以通过计算机、手机、通信设备等不断更新，让用户使用方便，因而得到了广泛应用。

本任务的硬件仍使用任务 2 中的硬件，如图 6-18 所示，使用的硬件模块是：STC15 单片机最小系统模块、8 路共阳极流水灯模块、电源及连接线。

想一想

（1）任务 2 中，8 路共阳极流水灯模块中的灯是如何实现"流水"效果的？
（2）如何实现"多样流水"效果？

本次任务

让 8 盏 LED 灯实现"多样流水"效果的变化规律是：从高位至低位流水一次，再从低位至高位流水一次，然后全亮、全灭各两次。分别完成如下三个小任务。
（1）使用 Keil C51 软件编写程序，在 Keil C51 软件中观察 P0 口值的变化规律。
（2）使用传统 51 芯片的最小系统与 8 路流水灯模块，在 Proteus 仿真软件中实现多样流水功能。
（3）使用带硬件仿真的 STC15 单片机最小系统与 8 路流水灯模块进行实物连接、调试，实现多样流水功能。

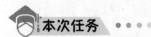

如图 6-19 所示为流水灯实现多样流水功能的流程图。实现功能：8 盏灯的点亮顺序为第一次左移，第二次右移，第三次实现全亮与全灭功能。

```
/*****************************************************************
 * 程 序 名：实现 LED 灯的多样流水功能
 * 程序说明：左移、右移函数的使用
 * 连接方式：P0 口与共阳极流水灯连接
 * 调试芯片：STC15F2K60S2-PDIP40
 * 使用模块：5V 电源、STC15 单片机最小系统、共阳极流水灯
 * 适用芯片：89、90、STC10、STC11、STC12、STC15 系列
 * 注   意：89 或 90 系列可运行，须修改 Delay10ms 延时函数
 *****************************************************************/
//--包含要使用到相应功能的头文件--//
#include <reg51.h>
#include <intrins.h>
//--函数声明--//
void Delay10ms(void);                    //延时 10ms
void Delay_n_10ms(unsigned int n);       //延时 n 个 10ms
/*****************************************************************
 * 函 数 名：main
```

125

```c
 * 函数功能：主函数
 * 输    入：无参数
 * 输    出：无返回值
 ***********************************************************************/
void main( )
{
    unsigned char LED,i;
    while (1)
    {
        LED = 0xfe;                     //0xfe = 1111 1110
            for(i = 0;i<8;i++)          //LED 灯左移 8 次
            {
                P0 = LED;               //P0 获得 LED 当前值
                Delay_n_10ms(100);      //保持上述状态 1s
                LED = _crol_(LED ,1);   //将低一位值左移至高一位，最高位值移至最低位。
            }                           //如果原值为：1111 1110，执行_crol_函数后，LED 值为：111 1101

            for(i = 0;i<8;i++)          //LED 灯右移 8 次
            {
                P0 = LED;               //P0 获得 LED 当前值
                Delay_n_10ms(100);      //保持上述状态 1s
                LED = _cror_(LED ,1);   //将高一位值右移至低一位，最低位值移至最高位。
            }                           //如果原值为：1111 1110，执行_cror_函数后，LED 值为：0111 1111

            for(i = 0;i<2;i++)          //8 盏 LED 灯全亮、全灭各 2 次
            {
                P0 = 0x00;              //LED 灯全亮
                Delay_n_10ms(100);
                P0 = 0xff;              //LED 灯全灭
                Delay_n_10ms(100);
            }
    }
}
/***********************************************************************
 * 函 数 名：Delay10ms
 * 函数功能：延时函数，延时 10ms
 * 输    入：有参数
 * 输    出：无返回值
 * 来    源：使用 STC-ISP 软件的"延时计算器"功能实现
 ***********************************************************************/
void Delay10ms( )           //@11.0592MHz
{
    unsigned char i, j;
    i = 108;                //12T 芯片 i = 18，1T 芯片 i = 108
    j = 145;                //12T 芯片 j = 235，1T 芯片 j = 145
    do
    {
        while (--j);
    } while (--i);
}
```

项目 6　流水灯电路的制作与应用

```
/****************************************************************
* 函 数 名：Delay_n_10ms
* 函数功能：延时 n 个 10ms
* 输    入：有参数
* 输    出：无返回值
* 来    源：根据功能要求自写程序
****************************************************************/
void Delay_n_10ms(unsigned int n)      //@11.0592MHz
{
    unsigned int i;
    for(i = 0 ; i<n ; i++)
        Delay10ms();
}
```

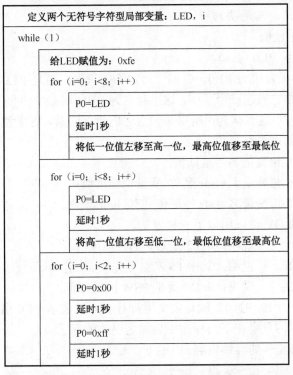

图 6-19　流水灯实现多样流水功能的流程图

【解决问题】
1．该流水灯主函数中，第一个循环结束实现点亮 8 盏灯的顺序是什么？
2．若要按从高位至低位依次只点亮 1 盏灯，程序应如何修改？

头　文　件

在 51 单片机编程中，常使用到一些头文件。这些头文件将常用寄存器的地址、特殊寄存器的位地址、常用的函数定义在其中，使用时不需要记住那些地址值或编写已定义好的函数，只需记住已在头文件中定义的对应符号及函数，这样可提高编程效率。现在对常用的

reg51.h、intrins.h 头文件做简单介绍。

1. reg51.h

reg51.h 中规定的 SFR 寄存器地址与早期 51 单片机相对应，reg52.h 则是对 reg51.h 的扩充，增加了 T2 和 DPTR1。因此可以认为 reg51.h 是 reg52.h 的子集，此外对于不同厂家生产的 51 单片机，如 STC、Philips、Atmel 等都有自己相应的 SFR 定义头文件。

（1）在 reg51.h 头文件中规定的符号名与地址的对应关系。

例：sfr　P1 = 0x90;

即定义 P1 与地址 0x90 对应，P1 口的地址就是 0x90（0x90 是 C 语言中十六进制数的写法，相当于汇编语言中的 90H）。

sfr 并非标准 C 语言的关键字，而是 Keil C51 为能直接访问 51 单片机中的 SFR 寄存器而提供一个新的关键词，其用法为

　　sfr　变量名 = 地址值

（2）符号 P10 表示 P1.0 引脚。

在 C 语言里，如果直接写 P1.0，C 编译器并不能识别，而且 P1.0 也不是一个合法的 C 语言变量名，所以得给它另起一个名字，这里起名为 P10，可是 P10 是不是就是 P1.0 呢？你这么认为，C 编译器可不这么认为，所以必须给它们建立联系，这里使用了 Keil C51 的关键字 sbit 来定义，sbit 的用法有三种。

第一种方法：sbit 位变量名=地址值；

第二种方法：sbit 位变量名=sfr 名称^变量位地址值；

第三种方法：sbit 位变量名=sfr 地址值^变量位地址值。

如定义 PSW 中的 OV 可以用以下三种方法。

sbit　OV=0xd2;　　　说明：0xd2 是 OV 的位地址值。

sbit　OV=PSW^2;　　说明：其中 PSW 必须先用 sfr 定义好。

sbit　OV=0xD0^2;　　说明：0xD0 就是 PSW 的地址值。

因此这里用"sfr　P10=P1^0"就是定义用符号 P10 来表示 P1.0 引脚，如果你愿意也可以起 P1_0 之类的名字，只要在下面程序中也随之更改就行了。

以下就是 reg51.h 文件的具体内容。

```
/*--------------------------------------------------------------------
reg51.h
Header file for generic 80C51 and 80C31 microcontroller.
Copyright (c) 1988—2002 Keil Elektronik GmbH and Keil Software, Inc.All rights reserved.
--------------------------------------------------------------------*/
#ifndef __REG51_H__
#define __REG51_H__
/*  BYTE Register  */
sfr    P0    = 0x80;
sfr    P1    = 0x90;
sfr    P2    = 0xA0;
sfr    P3    = 0xB0;
sfr    PSW   = 0xD0;
sfr    ACC   = 0xE0;
sfr    B     = 0xF0;
```

项目 6 流水灯电路的制作与应用

```
sfr   SP    = 0x81;
sfr   DPL   = 0x82;
sfr   DPH   = 0x83;
sfr   PCON  = 0x87;
sfr   TCON  = 0x88;
sfr   TMOD  = 0x89;
sfr   TL0   = 0x8A;
sfr   TL1   = 0x8B;
sfr   TH0   = 0x8C;
sfr   TH1   = 0x8D;
sfr   IE    = 0xA8;
sfr   IP    = 0xB8;
sfr   SCON  = 0x98;
sfr   SBUF  = 0x99;

/*  BIT Register  */
/*  PSW  */
sbit  CY    = 0xD7;
sbit  AC    = 0xD6;
sbit  F0    = 0xD5;
sbit  RS1   = 0xD4;
sbit  RS0   = 0xD3;
sbit  OV    = 0xD2;
sbit  P     = 0xD0;
/*  TCON  */
sbit  TF1   = 0x8F;
sbit  TR1   = 0x8E;
sbit  TF0   = 0x8D;
sbit  TR0   = 0x8C;
sbit  IE1   = 0x8B;
sbit  IT1   = 0x8A;
sbit  IE0   = 0x89;
sbit  IT0   = 0x88;
/*  IE  */
sbit  EA    = 0xAF;
sbit  ES    = 0xAC;
sbit  ET1   = 0xAB;
sbit  EX1   = 0xAA;
sbit  ET0   = 0xA9;
sbit  EX0   = 0xA8;
/*  IP  */
sbit  PS    = 0xBC;
sbit  PT1   = 0xBB;
sbit  PX1   = 0xBA;
sbit  PT0   = 0xB9;
sbit  PX0   = 0xB8;
/*  P3  */
sbit  RD    = 0xB7;
sbit  WR    = 0xB6;
sbit  T1    = 0xB5;
sbit  T0    = 0xB4;
sbit  INT1  = 0xB3;
```

```
    sbit INT0 = 0xB2;
    sbit TXD  = 0xB1;
    sbit RXD  = 0xB0;
    /*   SCON  */
    sbit SM0  = 0x9F;
    sbit SM1  = 0x9E;
    sbit SM2  = 0x9D;
    sbit REN  = 0x9C;
    sbit TB8  = 0x9B;
    sbit RB8  = 0x9A;
    sbit TI   = 0x99;
    sbit RI   = 0x98;
    #endif
```

2. intrins.h

intrins.h 中定义的常用函数如下。

（1）_crol_(val , n)、_irol_(val , n)、_lrol_(val , n) 函数，将变量 val 循环左移 n 位。

（2）_cror_(val , n)、_iror_(val , n)、_lror_(val , n) 函数，将变量 val 循环右移 n 位。

（3）void _nop_( ) 函数可用于程序中的延时，产生一个 NOP 指令。

（4）bit _testbit_(bit x) 函数对字节中的一位进行测试。

要使用这些函数，在程序开始处，必须引用 intrins.h 头文件。

任务实施

由于硬件接法相同，硬件实施同本项目任务 2，程序功能增加，熟练使用 Keil C51 编程软件。

任务评价

填写项目任务单，如表 6-4 所示，着重提高编程及调试能力。

表 6-4 项目任务单

1. 硬件部分　（□已做　□不必做　□未做）		
① 检查硬件模块、数量是否符合本次任务的要求	□是	□否
② 检测硬件模块是否可用	□是	□否
你在完成第一部分子任务的时候，遇到了哪些问题？你是如何解决的？		
2. 软件部分　（□已做　□不必做　□未做）		
① 检查所使用软件是否可用	□是	□否
② 程序出错后能否调试	□是	□否
③ Proteus 软件能否调试	□是	□否
④ 硬件仿真能否顺序完成	□是	□否
你在完成第二部分子任务的时候，遇到了哪些问题？你是如何解决的？		

项目 6 流水灯电路的制作与应用

续表

完成情况总结及评价：
学习效果： □优 □良 □中 □差

任务拓展

本任务仅实现四种流水变化情况，变化规律还有很多种。请设计程序实现：让 8 路流水灯按能想到的顺序亮起来，如按两个两个顺序亮、向左移动并慢慢变亮、向右移动并慢慢亮、四个四个交替亮等。

项目总结

通过本项目的实施，掌握了 8 路流水灯电路模块的工作原理、元器件的选择、构建相应的硬件电路，通过实践对电路知识有了更深刻的理解，对电路参数计算有了新的认识。

通过流水灯电路模块与单片机最小系统硬件连接，并调试通过了流水功能、多样流水功能等程序，硬件上进一步提高了模块间连接的能力，软件上熟悉了编程软件 Keil C51、单片机仿真软件 Proteus 的使用。在调试程序过程中，学会了软件仿真、硬件仿真、下载程序时芯片、串口等功能参数的设置，提高了解决软件、硬件出错排障能力。

课后练习

6-1 何谓共阳极电路及共阴极电路？

6-2 8 路共阳极流水灯电路模块需要哪些电子元器件？

6-3 单片机外围电路一般为何选择共阳极电路？

6-4 STC10 系列以上芯片拉电流、灌电流与传统单片机有什么不同？

6-5 画出 8 路共阴极、共阳极流水灯电路原理图。

6-6 分别简述 for 循环、while 循环、do...while 循环执行过程。

6-7 简述 for 循环、while 循环、do...while 循环使用的注意点。

6-8 编程实现流水灯模块与最小系统在 P2 口实现流水功能。

6-9 简述使用 Keil C51 软件进行软件仿真的调试步骤。

6-10 简述使用 Keil C51 软件进行硬件仿真的调试步骤及调试条件。

6-11 编写程序实现从低位至高位逐一点亮每盏灯，直至八盏灯全亮。

6-12 编写程序实现从低位至高位，每次只点亮一盏灯。

6-13 编写程序实现从高位至低位，每次点亮两盏灯。

6-14 使用流水灯模块、STC15 单片机最小系统、电源等模块，调试出 P2 口的 8 盏灯从低位至高位每 1s 亮一个灯，实现最简单的流水灯功能。

6-15 流水灯模块与最小系统的 P2 口连接，编程实现 8 盏灯全亮 1s、全灭 1s、每 1s 左移一次，共 8 次，每 1s 右移一次，共 8 次等多样流水灯功能。

项目 7 矩阵键盘的制作与应用

项目描述

键盘在单片机应用系统中，实现输入数据、地址、传送命令的功能，是人工干预的主要手段。

键盘通常使用机械触点式按键开关，其主要功能是把机械上的通断转换成电气上的逻辑关系，它能提供标准的 TTL 逻辑电平，以便与通用数字系统的逻辑电平相容。除了复位按键有专门的复位电路及专一的复位功能外，其他按键都是以开关状态来设置控制功能或输入数据的。当所设置的功能键或数字键按下时，单片机应用系统应完成该按键所设定的功能。

对于一组按键或一个键盘，通过接口电路与单片机相连，单片机可以采用查询或中断方式判断有无按键输入。当所设置的功能键或数字键按下时，单片机应用系统应完成该按键所设定的功能。键盘信息输入是与编程密切相关的过程。

键盘有编码键盘及非编码键盘两种。非编码键盘是由软件来识别键盘上的闭合键的，它具有结构简单，使用灵活等特点，被广泛应用于单片机系统。本项目使用的是非编码键盘，任务有：

任务 1　制作矩阵键盘
任务 2　独立按键编程
任务 3　矩阵键盘编程

任务 1　制作矩阵键盘

学习目标

- 正确理解独立键盘的工作原理。
- 正确理解矩阵键盘的工作原理。
- 能在多孔板上制作矩阵键盘。
- 学会检测矩阵键盘能否正常工作的方法。

任务呈现

在日常生活中，随处可见键盘的使用场合，如计算器、遥控器、手机、市场上各种电子秤等带输入设备的仪器。

长时间使用电视机遥控器，会出现某些按键不好使用，就须重新购置一台新的遥控器，

项目 7 矩阵键盘的制作与应用

实际上该设备的重要部件都能正常工作,只是因为按键不灵了,可见键盘设备在生活中的重要性。

图 7-1 和图 7-2 所示为常用的键盘使用设备。

图 7-1 计算器

图 7-2 电子秤操作显示屏

 想一想

(1)计算机键盘与计算机是如何连接的?
(2)操作界面上有很多键,如何使用最少的线数与计算机连接?

 本次任务

使用多孔板制作 4×4 矩阵键盘。

图 7-3 4×4 矩阵键盘

电路分析

如图 7-4 所示是一路独立键盘控制电路原理图。A 点接地,PIO 点接单片机的任意一 I/O 接口。未按按钮 K,A 点与地等电位,A 点电平为低电平 0,PIO 点电平是单片机 I/O 接口初始电平;按下按钮 K 后,PIO 点与 A 点连接,A 点、PIO 点电平都是低电平 0。

与独立键盘相连的 I/O 接口初始电平是高电平还是低电平,与单片机 I/O 接口的初始设定值有关。使用独立键盘,I/O 接口电平为:未按下独立键时,I/O 接口电平为该 I/O 接口初始电平,按下独立键后,I/O 接口电平为低电平。

图 7-4 一路独立键盘控制电路原理图

133

在工业控制中，一般与 I/O 接口相接的是不同功能的传感器。它们的工作原理是：与传感器连接的 I/O 接口初始电平设置为高电平，传感器有信号后 I/O 接口变为低电平，根据高、低电平的变化，判断控制流程的下一步走向。

如图 7-5 所示是四路独立键盘控制电路原理图。多少路单独键盘控制，需要根据实际需要进行设计，一般超过 4 个按键，则使用矩阵键盘电路。

在键盘中按键数量较多时，为了减少 I/O 接口的占用，通常将按键排列成矩阵形式。在矩阵式键盘中，每条水平线和垂直线在交叉处不直接连通，而是通过一个按键加以连接。这样，一组八个端口（如 P1 口）就可以构成 4×4＝16 个按键，若将键盘直接接一组八个端口，只能接 8 个按键，矩阵键盘接法比普通直接接法多出一倍容量，而且线数越多，区别越明显。比如再多加一条线就可以构成 20 键的键盘，而直接用端口线则只能多出一键（9 键）。由此可见，在需要键数比较多时，采用矩阵法来做键盘是合理的。

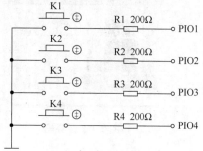

图 7-5 四路独立键盘控制电路原理图

如图 7-6 所示是 4×4 矩阵键盘原理图。根据需要在高四位或低四位上加 300Ω 左右的限流电阻。

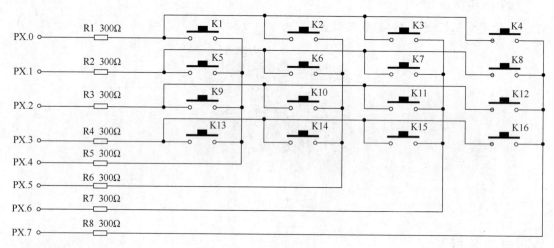

图 7-6 4×4 矩阵键盘原理图

知识链接

键盘分两大类：编码键盘和非编码键盘。

编码键盘：由硬件逻辑电路完成必要的键识别工作与可靠性措施。每按一次键，键盘自动提供被按键的读数，同时产生一选通脉冲通知微处理器，一般还具有反弹跳和同时按键保护功能。这种键盘易于使用，但硬件比较复杂，对于主机任务繁重的情况，采用 8279 可编程键盘管理接口芯片构成编码式键盘系统是很实用的方案。

非编码键盘：只简单地提供键盘的行列与矩阵，其他操作如键的识别、决定按键的读数等仅靠软件完成，故硬件较为简单，但占用 CPU 较多时间。非编码键盘有：独立式按键结构、矩阵式按键结构两种类型键盘。

常用的按键有三种：机械触点式按键、导电橡胶式和柔性按键（又称触摸式键盘）。

机械触点式按键是利用弹性使键复位，手感明显，连线清晰，工艺简单，适合单件制造。但是触点处易侵入灰尘而导致接触不良，体积相对较大。

导电橡胶按键是利用橡胶的弹性来复位，通过压制的方法把面板上所有的按键制成一块，体积小，装配方便，适合批量生产。但是时间长了，橡胶老化而使弹力下降，同时易侵入灰尘。

柔性按键是近年来迅速发展的一种新型按键，可以分为凸球型和平面型两种。凸球型动作幅度触感明显，富有立体感，但制造工艺相对复杂；平面型幅度微小，触感较弱，但工艺简单，寿命长。柔性按键最大特点是防尘、防潮、耐蚀，外形美观，装嵌方便。而且外形和面板的布局、色彩、键距可按照整机的要求来设计。

机械触点式的非编码键盘是单片机系统中最常用的键盘。

任务实施

使用多孔板制作 4×4 矩阵键盘。

1. 选择元器件。

（1）1 块 9cm×15cm 多孔板[图 7-7（a）]。

（2）4 个 0.25W 300Ω 四色环碳膜电阻[图 7-7（b）]。

（3）16 个 6 mm×6 mm×5 mm 轻触微动开关按键[图 7-7（c）]。

（4）2.54mm 间距 2×40P 双排针[图 7-7（d）]。

（5）8 根 20cm 双母杜邦线[图 7-7（e）]。

（6）30mm 环保 PE 导线 9/1.3 电子线[图 7-7（f））。

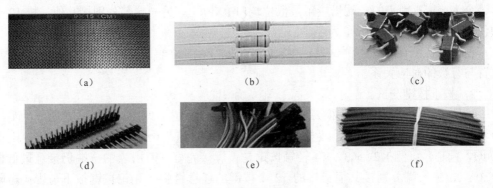

图 7-7 元器件图

2. 如图 7-8（a）所示是独立键盘、矩阵键盘合一的实物参考图。如图 7-8（b）所示是按键、电阻与单片机 I/O 接口连接的原理简图。

在多孔板上参考图 7-8（a）进行元器件摆放，按图 7-6 所示原理图进行连线与焊接。

（1）轻触按钮：每个轻触按钮的两对常闭引脚上下排列，两对常开引脚左右排列。

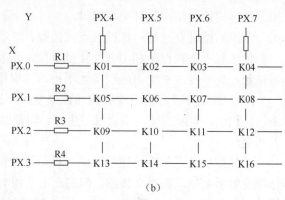

(a)   (b)

图 7-8 矩阵键盘

（2）限流电阻：一端与双排针低四位端口相连，另一端与最左边四个轻触按钮的左上引脚相连。

（3）横向接线：每排轻触按钮的左上角的引脚相连。

（4）纵向接线：每列轻触按钮的右下角的引脚相连，并按从左至右的次序分别与双排针高四位端口相连。

任务评价

判断电路焊接是否完好，须使用万用表等工具进行检测，关键点如下：

1. 不按按键测试。

焊接板上的端口如图 7-6 原理图所示，轻触按钮位置与原理图上元器件的位置须一致。将万用表的一端接至最低位端口 PX.0 上，万用表的另一端分别接第一排四个轻触按键左上角的引脚，电阻值应该全为 300Ω，另一端接第一排四个轻触按键右下角的引脚时，电阻值应该全为∞。万用表的一端仍接至最低位端口 PX.0 上，另一端若分别接其他三排 12 个按键的任意引脚，电阻值应该全为∞。

使用同样测试方法，测试其他 PX.1、PX.2、PX.3 位端口上的按键是否完好，注意端口位置与行数的对应关系。

2. 按下按键测试。

如图 7-6 原理图所示，将万用表的一端接至最低位端口 PX.0 上，万用表的另一端接 S1 轻触按键右下角的引脚，没按下按键时测得电阻值为∞，按下按键后测得电阻值应为 300Ω，同理，可测 K2、K3、K4 轻触按键是否焊接完好。万用表的一端仍接至最低位端口 PX.0 上，另一端分别接其他三排的 12 个按键的任意引脚，无论按键按下与否，电阻值应全为∞。

使用同样的测试方法，测试其他 PX.1、PX.2、PX.3 位端口上的按键是否完好，注意端口位置与行数的对应关系。

试问：若矩阵模块焊接完好，万用表表笔应如何放在排针上测试？万用表上应观察到什么结果？

填写项目任务单，如表 7-1 所示。

项目 7 矩阵键盘的制作与应用

表 7-1 项目任务单

1. 元器件部分　（□已做　□不必做　□未做）		
① 检查元器件型号、数量是否符合本次任务的要求	□是	□否
② 检测元器件是否可用	□是	□否
你在完成第一部分子任务的时候,遇到了哪些问题？你是如何解决的？		
2. 面包板上构建部分　（□已做　□不必做　□未做）		
① 检查工具是否安全可靠	□是	□否
② 在此过程中是否遵守了安全规程和注意事项	□是	□否
③ 是否完成了矩阵模块的构建	□是	□否
你在完成第二部分子任务的时候,遇到了哪些问题？你是如何解决的？		
3. 检测　　（□已做　□不必做　□未做）		
① 检查没按按键是否正常	□是	□否
② 检查按下按键是否正常	□是	□否
你在完成第三部分子任务的时候,遇到了哪些问题？你是如何解决的？		
完成情况总结及评价:		
学习效果：　□优　　□良　　□中　　□差		

任务拓展

单片机控制设备中，都会使用到独立键盘，到淘宝网上购置相关散件，根据图 7-5 所示完成独立键盘的制作。在多孔板上进行矩阵键盘制作的练习与训练。

任务 2　独立按键编程

学习目标

- 了解独立按键的物理过程。
- 掌握独立按键的编程方法。

任务呈现

由于按键按下时的机械动作，使按键被按下或松开的瞬间，其输出电压会产生波动，称为键的抖动。为确保每按一次键单片机只进行一次处理，使键盘可靠地工作，必须消除按键抖动。消抖方法有硬件消抖和软件延时两种。

1. **硬件消抖法**

硬件消抖就是在键盘中附加去抖动电路，从根上消除抖动产生的可能性。电路实际上是由 RS 触发器构成的单脉冲电路。当按键开关按下时，RS 触发器的 Q 端输出低电平；当开关松开时，Q 端恢复高电平，即输出一个负脉冲，以此消除抖动。

2. 软件消抖法

图 7-9 所示是按键闭合及断开时的抖动仿真图。键按下的时间与操作者的按键动作有关，约为十分之几到几秒不等。而键抖动时间与按键的机械特性有关，一般为 5～10ms 不等。软件消抖法即是采用延时（一般延时 10～20ms）的方法，以避开按键的抖动，即在按键已稳定地闭合或断开时才读出其状态。

本任务采用软件消抖法实现正确识别按键状态。

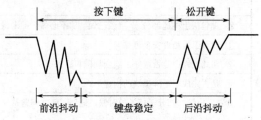

图 7-9 按键闭合及断开时的抖动仿真图

 想一想

（1）一般单片机控制中为什么不使用硬件消抖？
（2）实现软件消抖，编程如何实现，简述实现的可行性。

本次任务

采用软件消抖法实现正确识别按键状态。具体任务如下：

1. 硬件接线：将带硬件仿真的 STC15 单片机最小系统模块、8 路共阳极流水灯电路模块、矩阵模块、电源模块及若干杜邦连接线，参考图 7-10 所示，进行正确连线。矩阵模块可作独立键盘使用，注意正确选用排针连线。

2. 软件编程：参考图 7-10 所示实现按下按键 K，D1 灯亮，松开 K，D1 灯熄灭。

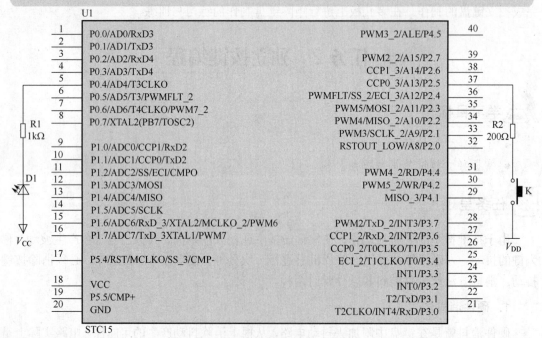

图 7-10 独立按键控制发光二极管电路图

项目 7 矩阵键盘的制作与应用

程序分析

程序实现功能：按下独立键盘，灯亮，松开灯灭。

如图 7-11 所示为按键点灯流程图。

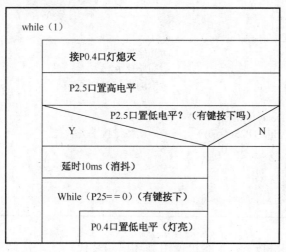

图 7-11 按键点灯流程图

```
/***********************************************************************
* 程 序 名：按键点灯
* 程序说明：使用按键实现灯的亮与熄，该按键也可视为平时实现开关量控制的传感器
* 连接方式：P0.4 口与一路共阳极流水灯连接，按键接 P2.5 口
* 调试芯片：IAP15F2K61S2-PDIP40
* 使用模块：5V 电源、STC15 单片机最小系统、共阳极流水灯、按键模块
* 适用芯片：STC10、STC11、STC12、STC15 系列
* 注    意：89C51 或 90C51 系列可运行，须修改 Delay10ms 延时函数
***********************************************************************/
//--包含要使用到相应功能的头文件--//
#include <reg51.h>
//--定义变量--//
sbit P04 = P0^4;              //发光二极管接 P0.4 口
sbit P25 = P2^5;              //按键接 P2.5 口
/***********************************************************************
* 函 数 名：Delay10ms
* 函数功能：延时函数，延时 10ms
* 来    源：使用 STC-ISP 软件的"延时计算器"功能实现
***********************************************************************/
void Delay10ms(  )    //@11.0592MHz
{
    unsigned char i, j;
    i = 108;                  //1T 芯片 i = 108，12T 芯片 i = 18
    j = 145;                  //1T 芯片 j = 145，12T 芯片 j = 235
    do
    {
        while (--j);
    } while (--i);
}
```

```c
/******************************************************************
* 函 数 名：main
* 函数功能：主函数
******************************************************************/
void main(void)
{
    while(1)
    {
        P04 = 1;                //开始熄灯
        P25 = 1;                //初始化 P2.5 口值
        if(P25 == 0)            //检测按键 K 是否按下
        {
            Delay10ms( );       //消除抖动
            while (P25 == 0)    //确认按键按下去
                P04 = 0;        //灯亮
        }
    }
}
```

解决问题：
1. 第一次检测按键按下，是否可使用循环语句替代？
2. 第二次检测按键按下，为什么使用循环语句？是否可以使用条件语句替代？

知识链接

对于数字电路而言，最基本的输入器件就是按键，开关按键是一种电子开关，使用时轻轻点按开关按键就可使开关接通，当松开手时开关断开，其内部结构是靠金属弹片受力弹动来实现通断的。微动开关由于体积小、质量轻，在家用电器方面得到广泛的应用，如彩电按键，影碟机按键，计算机鼠标等。

键盘在单片机应用系统中是一个关键的部件，它实现向单片机输入数据、传送命令等功能，是人工干预单片机的主要手段。

独立按键就是各个按键互相独立，每个按键各接一根输入线，一根输入线上的工作状态不会影响其他输入线上的工作状态，因此，通过检测输入线的电平状态可以很容易判断哪个按键被按下了。独立式按键电路配置灵活，软件结构简单，但是当按键数量较多时占用单片机输入口也较多，因此适用于按键数量较少的场合。

任务实施

1. 硬件实施。

使用 5V 电源、STC15 单片机最小系统、共阳极流水灯、独立按键等模块通过有序连接完成硬件连接。

（1）5V 电源：使用 5V 手机充电器制作。

（2）STC15 单片机最小系统：使用项目 4 中的带仿真功能的 STC15 单片机最小系统。

（3）共阳极流水灯：使用项目 6 中的 8 路共阳极流水灯电路模块。

（4）独立按键模块：使用本项目任务 1 中的独立按键模块，也可使用矩阵键盘模块。

硬件连接如图 7-12 所示。

图 7-12　硬件连接

连接方式：5V 电源的正极和地与 STC15 单片机最小系统供电输入正极和地分别对应，使用 8 路共阳极流水灯电路中的一路连接 P0.4 口，独立按键模块一路接 P2.5 口，模块之间电源、公共地与 STC15 单片机最小系统相应的输出电源、地连接。

若使用矩阵键盘模块的 K04 键，如图 7-6 所示，将 PX.7 排针接地，PX.0 排针接 P2.5 口。

2．软件实施。

（1）使用 Keil C51 软件输入、调试、编译已分析过的程序，并生成 HEX 文件。

（2）在 Keil C51 软件设置硬件仿真参数。

（3）在硬件已连接好的基础上接通电源模块，在 Keil 软件中进行硬件仿真调试，直至出现理论结果为止。

任务评价

1．硬件检测。

判断硬件任务完成是否完好，须使用万用表等工具进行检测，关键点如下：

（1）5V 电源是否正确输出；

（2）STC15 单片机最小系统是否有元器件松动，加电测试主要工作电压是否正常；

（3）加电可直接检测共阳极流水灯模块是否完好；

（4）通过按键测两端电阻情况可判断独立按键模块是否完好。

2．软件检测。

本任务程序不复杂，熟悉使用 Keil C51 软件，根据调试程序相关步骤，通过编辑、编译，通过软件仿真功能，观察 P0.4 口值的变化情况，判断编辑效果。若不能调试到相应结果，主要检查以下几点：

（1）程序输入、调试、编译是否有错误。可通过软件仿真观察 P0.4 口与 P2.5 口的值，判断程序中是否有编程错误；

（2）进行硬件仿真设置时，一定要进行 STC 芯片及串口号的设置，这两项若设置错误，不可能继续下一步的调试；

（3）按键观察运行结果，结果不正确可使用万用表或示波器测试 P0.4 口与 P2.5 口等重要观察点的电平变化情况，找出问题。

填写项目任务单，如表 7-2 所示。

表 7-2 项目任务单

1. 硬件部分 （□已做 □不必做 □未做）		
① 检查硬件模块、数量是否符合本次任务的要求	□是	□否
② 检测硬件模块是否可用	□是	□否
你在完成第一部分子任务的时候，遇到了哪些问题？你是如何解决的？		
2. 软件部分 （□已做 □不必做 □未做）		
① 检查所使用的软件是否可用	□是	□否
② 程序输入是否正常	□是	□否
③ 程序出错后能否调试	□是	□否
④ 硬件仿真能否顺序完成	□是	□否
你在完成第二部分子任务的时候，遇到了哪些问题？你是如何解决的？		
完成情况总结及评价：		
学习效果： □优 □良 □中 □差		

任务拓展

本任务仅完成了按一键控制一盏灯，解决键盘消抖的问题。课后可以在硬件没有变化的情况下，设计程序实现：让 8 路流水灯按你所想的顺序亮起来，如一个个按顺序亮、向左移动亮、向右移动亮、4 个交替亮等。

任务 3 矩阵键盘编程

学习目标

- 掌握矩阵键盘按键找键的扫描原理。
- 掌握矩阵键盘"逐行扫描查询"的编程方法。
- 掌握矩阵键盘"高低电平反转"的编程方法。

任务呈现

如图 7-13 所示为矩阵键盘物理连接示意简图，显然比独立键盘复杂，识别矩阵键值比独立键盘更复杂。

项目 7 矩阵键盘的制作与应用

水平四行连接 I/O 接口低四位,列线连接 I/O 接口高四位。假设高四位全置高电平,低四位全置低电平,当矩阵键盘没有按下时,I/O 接口数据没有变化,代表无键按下。一旦有键按下,则高四位中的某一位被拉低,通过判断高四位电平的变化情况,就可得知是否有键按下了。

使用什么方法可找出矩阵键盘按下的键呢?

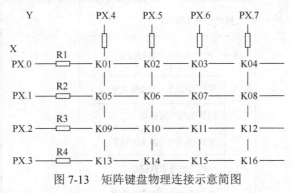

图 7-13 矩阵键盘物理连接示意简图

想一想

(1)矩阵键盘中是如何知道有键被按下了?
(2)使用什么方法可以找出被按键?说明理由。

本次任务

掌握矩阵键盘"逐行扫描查询"及矩阵键盘"高低电平反转"识别出按键的原理。

1. 逐行扫描查询

如图 7-13 所示,水平四行连接 I/O 接口低四位,列线连接 I/O 接口高四位。高四位均赋值为高电平,低四位任一位赋值为低电平,其他三位赋值为高电平。当矩阵键盘有键按下时,则高四位中的某一位被拉低置为低电平,通过判断高四位低电平位与低四位置低电平的那一位,交叉位就是所要找的被按下的键。具体判断过程见图 7-14 所示流程图。

如图 7-14 所示,逐行扫描进行了 4 次,第一次是让 P2.0 口为低电平,若 P2.0 口行上有键按下,相对应的 8 路共阳极流水灯就会有响应。如图 7-15 所示,可根据变化了的 P2 值判断出按下的键是 K01、K02、K03 还是 K04。同理,扫描后 3 行。

如图 7-15 所示是 P2.0 口低电平、扫描并在 8 路共阳极流水灯上显示的程序流程图。每个键对应灯的十六进制数,即矩阵键盘与显示电路对应的键值见表 7-3。还有 3 次扫描没画出,请读者对照源程序画出相关按键显示程序流程图。

为了观察哪个键被按下,需要有相应的显示电路来显示。使用 8 路共阳极流水灯电路模块,观察按下不同的按键的显示结果。参考表 7-3 读出按下键的键值,也可自行设定其他键值来观察效果。

143

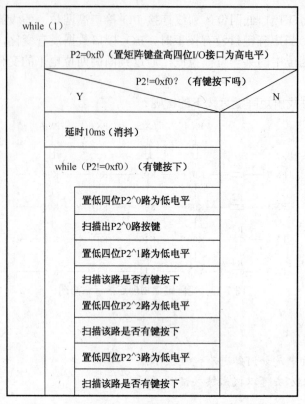

图 7-14 矩阵键盘"逐行扫描查询"程序流程图

P2=0xfe（置P2^0口为0，若有按键找出本行中哪个按键）				
有键按下，P2值是				
0xee	0xde	0xbe	0x7e	其他
K01对应灯亮	K02对应灯亮	K03对应灯亮	K04对应灯亮	
break	break	break	break	break

图 7-15 按键显示流程图

表 7-3 矩阵键盘与显示电路对应的键值

序号	键号	P2 口数据（矩阵键盘）		P0 口数据（8 路共阳极流水灯）								值
		十六进制	二进制	P07	P06	P05	P04	P03	P02	P01	P00	
1	K01	ee	1110 1110	1	1	1	1	1	1	1	0	0xfe
2	K02	de	1101 1110	1	1	1	1	1	1	0	1	0xfd
3	K03	be	1011 1110	1	1	1	1	1	1	0	0	0xfc
4	K04	7e	0111 1110	1	1	1	1	1	0	1	1	0xfb
5	K05	ed	1110 1101	1	1	1	1	1	0	1	0	0xfa
6	K06	dd	1101 1101	1	1	1	1	1	0	0	1	0xf9

续表

序号	键号	P2 口数据（矩阵键盘）		P0 口数据（8 路共阳极流水灯）							值
		十六进制	二进制	P07	P06	P05	P04	P03	P02	P01	P00	
7	K07	bd	1011 1101	1	1	1	1	1	0	0	0	0xf8
8	K08	7d	0111 1101	1	1	1	1	0	1	1	1	0xf7
9	K09	eb	1110 1011	1	1	1	1	1	1	1	0	0xf6
10	K10	db	1101 1011	1	1	1	1	1	0	1	0	0xf5
11	K11	bb	1011 1011	1	1	1	1	0	1	0	0	0xf4
12	K12	7b	0111 1011	1	1	1	1	0	0	1	1	0xf3
13	K13	e7	1110 0111	1	1	1	1	0	0	1	0	0xf2
14	K14	d7	1101 0111	1	1	1	1	0	0	0	1	0xf1
15	K15	b7	1011 0111	1	1	1	1	0	0	0	0	0xf0
16	K16	77	0111 0111	1	1	1	0	1	1	1	1	0xef

注：表中 P0 口的"0"表示灯亮，"1"表示灯熄灭。

2. 高低电平反转

首先让 P2 口高 4 位为 1，低 4 位为 0。若有按键按下，则高 4 位中会有一个 1 翻转为 0，低 4 位不会变，此时即可确定被按下键的列位置。

然后让 P2 口高 4 位为 0，低 4 位为 1。若有按键按下，则低 4 位中会有一个 1 翻转为 0，高 4 位不会变，此时即可确定被按下的键的行位置。

最后将上述两者进行或运算即可确定被按下键的位置。具体判断过程见图 7-16 所示流程图。

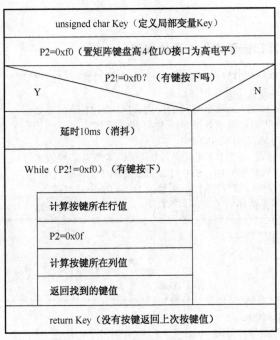

图 7-16 矩阵键盘"高低电平反转"法程序流程图

图 7-17 所示的是图 7-16 内循环体的核心流程图，测试按键后 P2 口赋予高低电平计算出的按键值。

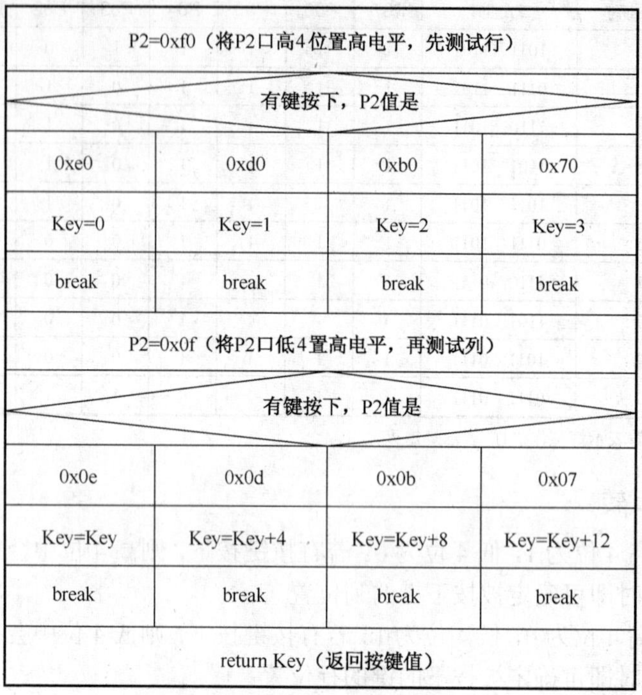

P2=0xf0（将P2口高4位置高电平，先测试行）			
有键按下，P2值是			
0xe0	0xd0	0xb0	0x70
Key=0	Key=1	Key=2	Key=3
break	break	break	break
P2=0x0f（将P2口低4置高电平，再测试列）			
有键按下，P2值是			
0x0e	0x0d	0x0b	0x07
Key=Key	Key=Key+4	Key=Key+8	Key=Key+12
break	break	break	break
return Key（返回按键值）			

图 7-17 检测有按键按下并读取键值核心程序段流程图

程序分析

1. 矩阵键盘"逐行扫描查询"法查找按键

```
/*******************************************************************
*  程 序 名：矩阵键盘"逐行扫描查询"
*  程序说明：识别按键、switch 语句的使用、I/O 接口扩充
*  连接方式：8 路共阳极流水灯接 P0，矩阵键盘接 P2
*  调试芯片：IAP15F2K61S2-PDIP40
*  使用模块：5V 电源、STC15 单片机最小系统、8 路共阳极流水灯、矩阵键盘
*  适用芯片：89、90、STC10、STC11、STC12、STC15 系列
*  注    意：89 或 90 系列可运行，须修改 Delay10ms 延时函数
*            矩阵键盘插线的顺序与 STC15 系列 P2 口顺序一致
*******************************************************************/
//--包含要使用到相应功能的头文件--//
#include <reg51.h>
//--函数声明--//
void Delay10ms( );              //延时 10ms
/*******************************************************************
*  函 数 名：Delay10ms
*  函数功能：延时函数，延时 10ms
*  输    入：无参数
*  输    出：无返回值
```

项目 7 矩阵键盘的制作与应用

```
*    来      源：使用 STC-ISP 软件的"延时计算器"功能实现
*********************************************************************/
void Delay10ms( )           //@11.0592MHz
{
    unsigned char i, j;
    i = 108;                //1T 芯片 i = 108，12T 芯片 i = 18
    j = 145;                //1T 芯片 j = 145，12T 芯片 j = 235
    do
    {
        while (--j);
    } while (--i);
}
/*********************************************************************
* 函 数 名：main
* 函数功能：检测有按键按下并在 P0 口显示设定的值
* 输    入：有参数
* 输    出：无返回值
*********************************************************************/
void main(void)
{
    P2 = 0xf0;                     //先将 4 列都置高电平
    if(P2! = 0xf0)                 //第一次检测是否有键按下
    {
        Delay10ms( );    //延时 10ms，避开按键前期抖动
        while (P2! = 0xf0)  //再次检测是否有键按下
        {
            //--------------1------------------------------------
            P2 = 0xfe;       //第一次把 P2^0 拉低，找本行中某一列上的按键
            switch (P2)      //检测 P2^7～P2^4 有没有低电平
            {
                case 0xee: P0 = 0xfe;break;    //P2^0 低，已按 K01 键
                case 0xde: P0 = 0xfd;break;    //P2^1 低，已按 K02 键
                case 0xbe: P0 = 0xfc;break;    //P2^2 低，已按 K03 键
                case 0x7e: P0 = 0xfb;break;    //P2^3 低，已按 K04 键
                default: break;      //本行没有键按下，继续下面的扫描
            }
            //--------------2------------------------------------
            P2 = 0xfd;       //第二次把 P2^1 拉低，找本行中某一列上的按键
            switch (P2)      //测 P2^7～P2^4 有没有低电平
            {
                case 0xed: P0 = 0xfa;break;    //P2^0 低，已按 K05 键
                case 0xdd: P0 = 0xf9;break;    //P2^1 低，已按 K06 键
                case 0xbd: P0 = 0xf8;break;    //P2^2 低，已按 K07 键
                case 0x7d: P0 = 0xf7;break;    //P2^3 低，已按 K08 键
                default: break;      //本行没有键按下，继续下面的扫描
            }
            //--------------3------------------------------------
            P2 = 0xfb;       //第三次把 P2^2 拉低，找本行中某一列上的按键
            switch (P2)      //测 P2^7～P2^4 有没有低电平
            {
                case 0xeb: P0 = 0xf6;break;    //P2^0 低，已按 K09 键
```

```
                        case 0xdb: P0 = 0xf5;break;    //P2^1 低，已按 K10 键
                        case 0xbb: P0 = 0xf4;break;    //P2^2 低，已按 K11 键
                        case 0x7b: P0 = 0xf3;break;    //P2^3 低，已按 K12 键
                        default: break;                //本行没有键按下，继续下面的扫描
                    }
                //------------4-------------------------------------
                    P2 = 0xf7;          //第四次把 P2^3 拉低，找本行中某一列上的按键
                    switch (P2)         //测 P2^7～P2^4 有没有低电平
                    {
                        case 0xe7: P0 = 0xf2;break;    //P2^0 低，已按 K13 键
                        case 0xd7: P0 = 0xf1;break;    //P2^1 低，已按 K14 键
                        case 0xb7: P0 = 0xf0;break;    //P2^2 低，已按 K15 键
                        case 0x77: P0 = 0xef;break;    //P2^3 低，已按 K16 键
                        default: break;                //本行没有键按下，继续下面的扫描
                    }
                }
            }
        }
    }
}
```

2. 矩阵键盘"高低电平反转"法查找按键

```
/********************************************************************
*  程 序 名：矩阵键盘"高低电平反转"
*  程序说明：识别按键、switch 语句的使用、带返回值函数的编写
*  连接方式：8 路共阳极流水灯接 P0，键盘模块接 P2
*  调试芯片：IAP15F2K61S2-PDIP40
*  使用模块：5V 电源、STC15 单片机最小系统、8 路共阳极流水灯、矩阵键盘
*  适用芯片：STC10、STC11、STC12、STC15 系列
*  注     意：89C51 或 90C51 系列可运行，须修改 Delay10ms 延时函数
********************************************************************/
//--包含要使用到相应功能的头文件--//
#include <reg51.h>
#include <intrins.h>
//--定义数组--//
unsigned char code P0_CODE[16] = {0xfe, 0xfd, 0xfc, 0xfb, 0xfa, 0xf9, 0xf8, 0xf7,0xf6, 0xf5, 0xf4,
                    0xf3, 0xf2, 0xf1, 0xf0, 0xef};     //低 4 位对应 0 至 F 的 4 位二进制数
                    //8 路共阳极流水灯，在程序存储区定义一个无符号的字符型数组 P0_CODE
//--函数声明--//
void Delay10ms( );         //延时 10ms
unsigned char KeyDown( );  //检测按键函数
/********************************************************************
*  函 数 名：Delay10ms
*  函数功能：延时函数，延时 10ms
*  输     入：无参数
*  输     出：无返回值
*  来     源：使用 STC-ISP 软件的"延时计算器"功能实现
********************************************************************/
void Delay10ms( )          //@11.0592MHz
{
    unsigned char i, j;
    i = 108;               //1T 芯片 i = 108，12T 芯片 i = 18
    j = 145;               //1T 芯片 j = 145，12T 芯片 j = 235
```

```c
        do
        {
            while (--j);
        } while (--i);
}
/***************************************************************
* 函 数 名：KeyDown
* 函数功能：检测有按键按下并读取键值
* 输    入：无参数
* 输    出：有返回值
****************************************************************/
unsigned char KeyDown(void)
{
    unsigned char Key;
    P2 = 0xf0;              //将高4位置1、低4位置0
    if(P2! = 0xf0)          //键盘是否按下
    {
      Delay10ms();          //延时10ms进行消抖
        while (P2! = 0xf0)  //再次检测键盘是否按下
        {
            //测试行
            switch(P2)
            {
                case(0xe0): Key = 0;   break;    //第一行被拉成低电平
                case(0xd0): Key = 1;   break;
                case(0xb0): Key = 2;   break;
                case(0x70): Key = 3;   break;
            }
            //测试列
            P2 = 0x0f;                           //将高4位置0、低4全置1
            Delay 10ms()                         //芯片速度快，加10ms延时，才能检测出键值
            switch(P2)
            {
                case(0x0e): Key = Key;      break;    //第一列被拉成低电平
                case(0x0d): Key = Key+4;    break;
                case(0x0b): Key = Key+8;    break;
                case(0x07): Key = Key+12;   break;
            }
            return Key;                          //返回按键值
        }
    }
    return Key;                                  //不按键返回上一次按键值
}
/***************************************************************
* 函 数 名：main
* 函数功能：主函数
* 输    入：有参数
* 输    出：无返回值
****************************************************************/
void main(void)
{
```

```
    while(1)
    {
        P0 = P0_CODE[ KeyDown( )];
    }
}
```

 知识链接

一、switch 语句

1. switch 语句结构

```
switch（表达式）
{
    case 常量表达式 1:语句 1;break;
    case 常量表达式 2:语句 2; break;
    ……
    case 常量表达式 n:语句 n; break;
    default:语句;
}
```

2. switch 语句功能

switch 语句的功能是判断 case 常量表达式的值和 switch 表达式的值是否相等,若相等,就会执行 case 后面的语句,执行完该语句后,如果没有 break 语句,则继续向下执行,直到执行 break 语句后,才终止 switch 语句的执行。

一般情况下,每个 case 语句后都带有 break 语句,但在特别情况下,case 语句后可不带 break 语句,一个 case 语句执行完,可执行下一个 case 语句,直至遇见 break 语句,终止 switch 语句的执行。若没有 break 语句,则执行到 switch 语句内最后一条语句,switch 语句自然终止。

3. 分析程序

设下面两个程序段在执行过程中,有键按下,设按键 P2 值由 0xf0 变成 0xee。

```
P2 = 0xf0;
if ( P2! = 0xf0 )
    switch( P2 )
    {
        case 0xee: P0 = 0xfe;break;
        case 0xed: P0 = 0xfd;break;
        case 0xec: P0 = 0xfc;break;
        case 0xeb: P0 = 0xfb;break;
    }
```

请问程序运行结果是: P0 = _____ (P0 = 0xfe)

```
P2 = 0xf0;
if ( P2! = 0xf0 )
    switch( P2 )
    {
        case 0xee: P0 = 0xfe;
        case 0xed: P0 = 0xfd;break;
```

```
                case 0xec: P0 = 0xfc;
                case 0xeb: P0 = 0xfb;break;
        }
```

请问程序运行结果是：P0 = _____（P0 = 0xfd）

二、数组

1. 数组的说明

数组说明的一般形式为：　[类型说明符]　数组名[常量表达式]

例：

```
        unsigned char  a[5] = {0xfe, 0xfd, 0xfc, 0xfb, 0xfa};
```

2. 数组的含义

把具有相同数据类型的若干变量按有序的形式组织起来，这些数据元素的集合就是数组。上例中数组元素具体表现形式为：

```
        a[0] = 0xfe, a[1] = 0xfd, a[2] = 0xfc, a[3] = 0xfb, a[4] = 0xfa。
```

下标变量 a[0] 与一般变量 a0 使用上具有同样功能，只是表示形式、称谓不同。

使用下标变量最大的优势是，只要改变下标值，就改变成了新的下标变量，便于批量使用。

例：给数组 a 的 100 个元素分别赋值为 1~100。

```
        for (i = 0 ; i<100 ; i++)
            a[i] = i+1;
```

使用一句循环语句就实现赋值功能，使用赋值语句则须 100 句才能完成相关功能。

3. 数组的注意事项

（1）数组名的命名要符合变量的命名规则。

（2）如"signed int b[ ] = {1,2,3,4,5,6}"说明时没有使用常量表达式，则下标变量中最大的下标值为枚举的元素个数减 1，本例中最大下标值是 5，即下标变量 b[5] 的值是 6。

（3）只要进行了数组说明，最小下标都是 0，不能为负数，signed int b[ ] = {1,2,3,4,5,6} 中，最小下标值是 0，即下标变量 b[0] 的值是 1。

（4）使用下标值改变下标变量时，下标值不能超过最大下标值。如 unsigned int c[4] = {3,4,5,6}；不能使用 c[4] 下标变量，因为定义 c 数组时的只有以下 4 个下标变量：c[0]、c[1]、c[2]、c[3]。

（5）定义数组与使用下标变量时不能使用小括号，只能使用中括号。如下标变量 c[3] 是正确的，c(3) 则是错误的下标变量表示形式。

任务实施

1. 硬件实施。

使用 5V 电源、STC15 单片机最小系统、共阳极流水灯、矩阵键盘等模块通过有序连接完成硬件实施任务。硬件连接如图 7-18 所示。

图 7-18 硬件连接

（1）5V 电源：使用 5V 手机充电器制作。
（2）STC15 单片机最小系统：使用带仿真功能的 STC15 单片机最小系统。
（3）共阳极流水灯：使用 8 路共阳极流水灯电路模块。
（4）矩阵键盘模块：使用本项目中已做好的矩阵键盘模块。

连接方式：5V 电源的正极和地与 STC15 单片机最小系统供电输入的正极和地分别连接，8 路共阳极流水灯电路与 P0 口连接，矩阵键盘模块接 P2 口，模块之间电源、公共地与 STC15 单片机最小系统相应的输出电源、地连接，模块接口连接遵循高低位对应原则。

2．软件实施。
（1）使用 Keil C51 软件输入、调试、编译已分析过的程序，并生成 HEX 文件。
（2）在 Keil C51 软件环境里设置硬件仿真参数。
（3）连接好硬件，检查无误，打开电源模块，使用 Keil C51 软件进行硬件仿真调试，直至出现理论结果为止。

任务评价

1．硬件检测。
判断硬件任务完成是否完好，须使用万用表等工具进行检测，关键点如下：
（1）5V 电源是否正确输出。
（2）STC15 单片机最小系统是否有元器件松动，加电测试主要工作节点电压是否正常。
（3）加电可直接检测共阳极流水灯模块是否完好。
（4）使用万用表的电阻挡，通过按键测高四位与低四位间的电阻变化，可判断矩阵键盘模块是否完好。

2．软件检测。
本任务程序相对复杂，需要分段调试程序。在原有调试程序基础上，使用软件仿真功能，确保每段程序的正确性。若不能调试到相应结果，主要检查以下几个方面：
（1）程序输入、调试、编译有无错误。可通过软件仿真观察 P0 口与 P2 口的值，判断程序中是否有编程错误。

项目 7 矩阵键盘的制作与应用

（2）进行硬件仿真设置时，一定要设置好 STC 芯片型号及计算机与单片机连接的串口号，该两项若设置错误，不能继续下一步调试。

（3）按键观察运行结果，结果不正确可使用万用表或示波器测试 P0 口与 P2 口等重要观察点的电平变化情况，找出问题，排除故障。

填写项目任务单，如表 7-4 所示。

表 7-4 项目任务单

1. 硬件部分　　（□已做　□不必做　□未做）		
① 检查硬件模块、数量是否符合本次任务的要求	□是	□否
② 检测硬件模块是否可用	□是	□否
你在完成第一部分子任务的时候，遇到了哪些问题？你是如何解决的？		
2. 软件部分　　（□已做　□不必做　□未做）		
① 检查所使用软件是否可用	□是	□否
② 程序输入是否正常	□是	□否
③ 程序出错后能否调试	□是	□否
④ 硬件仿真能否顺序完成	□是	□否
你在完成第二部分子任务的时候，遇到了哪些问题？你是如何解决的？		
完成情况总结及评价：		
学习效果：　□优　□良　□中　□差		

任务拓展

在分析两例程序中，矩阵键盘的键面标设都是按从上到下，从左至右原则排列的。现将矩阵键盘的键面按先列后行排列原则进行设置，正确编写出识别按键键面的程序。

项目总结

通过项目中三个任务的实施，了解了独立键盘与矩阵键盘的工作原理、构成，学会了认识元器件、使用元器件及构建相应的硬件电路。

通过对独立键盘制作与编程，了解到硬件上的不足可以通过软件来解决，但会影响到 CPU 的运行效率，在控制要求不高的场合，合理节省硬件投入也是比较好的选择设计方案。

通过矩阵键盘的制作与编程，了解到若在生产流水线中需要控制多个，甚至几十个控制元时，可以使用矩阵结构解决单片机接口数量受限的难题。通过"逐行扫描查询"法、"高低电平反转"法识别矩阵键盘键值的编程，了解了一个好的算法可以节省大量代码，为 CPU 节约更多的时间去控制其他设备，提高控制的精度。

键盘输入是单片机控制系统中输入信息的基本功能，是设定单片机控制信息的方法之一。

课后练习

7-1 制作一个四路独立键盘模块供后继项目使用。

7-2 制作一个矩阵键盘模块供后继项目使用。

7-3 在任务 2 中输出信号使用的是单片机 P0.4 口，输入信号使用的是单片机 P2.5 口，简述一般还可以使用哪些口进行输入与输出的处理。

7-4 编程实现：按下独立键盘模块上的一个键后，让 8 路流水灯某一路流水灯每秒交替亮与灭。

7-5 编程实现：按独立键盘模块上的一个键后，让 8 路流水灯亮 1 秒后点亮下一盏灯，依次进行，直至第 8 盏灯熄灭为止。

7-6 编程实现：若按下独立键盘模块的某一个键的时间不足 2 秒，灯点亮，松开按键该灯熄灭；若长时间按键，该路流水灯 1 秒交替亮与灭。

7-7 画出矩阵键盘"逐行扫描查询"程序流程图并调试出识别键面的程序。

7-8 画出矩阵键盘"高低电平反转"程序流程图并调试出识别键面的程序。

7-9 使用矩阵键盘、STC 单片机最小系统、电源、显示等模块，使用"逐行扫描查询"编程方法，显示模块接 P2 口、矩阵键盘接 P1 口（低位对低位），调试出按 K0 键显示 0，按 K1 键显示 1 等结果。

7-10 接法同上题，使用"高低电平反转"编程方法，调试出上述效果。

7-11 将矩阵键盘接口与 STC 单片机最小系统 P1 口反接（最低位接最高位），分别使用"逐行扫描查询"编程方法调试出按 K0 键显示 0，按 K1 键显示 1 等结果。

7-12 将矩阵键盘接口与 STC 单片机最小系统 P1 口反接（最低位接最高位），分别使用"高低电平反转"编程方法调试出按 K0 键显示 0，按 K1 键显示 1 等结果。

项目 8 一位数码管电路的制作与应用

项目描述

数码管是一种半导体发光器件,其基本单元是发光二极管。数码管按段数分为七段数码管和八段数码管,八段数码管比七段数码管多一个小数点显示发光二极管单元。

数码管的价格便宜,使用简单,在空调、热水器、冰箱等家电及工业控制中有着很广泛的应用,例如用来显示温度、数量、重量、日期、时间等,具有显示醒目、直观的优点。

本项目介绍数码管工作原理及外部中断的基本理论,具体任务是:

任务 1　制作一位数码管电路显示模块
任务 2　外部中断的使用
任务 3　在 Proteus 软件中实现数码管的显示
任务 4　按键计数

任务 1　制作一位数码管电路显示模块

学习目标

- 理解数码管的发光原理。
- 制作出单个数码管的显示电路。

任务呈现

在日常生活中,随处可见数码管显示使用场合,如电磁炉、洗衣机、电子计算器、电子秤等各种带显示设备的仪器。

如图 8-1 所示为常用的数码管显示家用设备。

(a) 电磁炉　　　　　　　　　　　　(b) 电子秤

图 8-1　数码管的应用

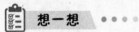

列举日常生活中带有数码管显示的家用电器。

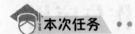

使用多孔板制作由 8 个 300Ω 限流电阻、1 个 0.36 英寸红色共阳极一位八段数码管显示模块。如图 8-2 所示是可共阳极、共阴极一位数码管的显示模块原理图。

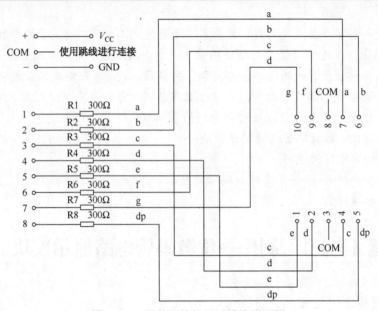

图 8-2 一位数码管的显示模块原理图

电路分析

如图 8-3 所示是一位数码管内部连接原理图。图 8-3（a）所示是内部结构各引脚功能图、图 8-3（b）是数码管共阴极电路原理图、图 8-3（c）是数码管共阳极电路原理图。

一位数码管引脚顺序：从数码管的正面观看，以左下角第一引脚为起点，引脚的顺序是逆时针方向排列。

3、8 引脚为 COM 端，共阳极接电源正极，共阴极接电源负极。

a→7、b→6、c→4、d→2、e→1、f→9、g→10、dp→5，是各段发光管接入端。

图 8-3 所示代表通用一位数码管原理图，可能有生产厂家根据用户要求生产了特殊定义引脚数码管，进行安装、维修、更换数码管时要特别注意。

如图 8-4 所示是一位数码管实物图及引脚功能图。可以观察到一位数码管共有 10 个引脚。

按发光二极管单元连接方式分为共阳极数码管和共阴极数码管，它们在外形上没有区别，使用时须进行一次检测判断是共阳极或共阴极，不能混淆使用，否则不能正常工作。

项目 8　一位数码管电路的制作与应用

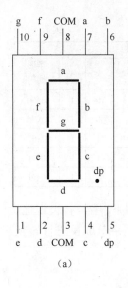
(a)

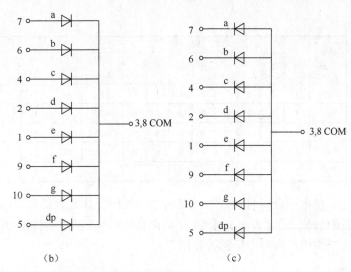
(b)　　　　　　　　　　　(c)

图 8-3　一位数码管内部连接原理图

　　　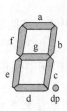

图 8-4　一位数码管标识图

共阳极数码管是指将所有发光二极管的阳极接到一起形成公共阳极（COM）的数码管，如图 8-3（c）所示，共阳极数码管在应用时应将公共阳极 COM 接到+5V，当某一字段发光二极管的阴极为低电平时，相应字段就点亮，当某一字段发光二极管的阴极为高电平时，相应字段就不亮。

共阴极数码管是指将所有发光二极管的阴极接到一起形成公共阴极（COM）的数码管，如图 8-3（b）所示，共阴极数码管在应用时应将公共阴极 COM 接到地线 GND 上，当某一字段发光二极管的阳极为高电平时，相应字段就点亮，当某一字段发光二极管的阳极为低电平时，相应字段就不亮。

根据上述数码管发光原理与实物对照图，可得到表 8-1 所示的共阳极和共阴极数码管字形编码表。

表 8-1　共阳极和共阴极数码管字形编码表

显示字形	共　阳　极								共　阴　极							
	dp	g	f	e	d	c	b	a	字形编码	dp	g	f	e	d	c	b	a	字形编码
0	1	1	0	0	0	0	0	0	0xc0	0	0	1	1	1	1	1	1	0x3f
1	1	1	1	1	1	0	0	1	0xf9	0	0	0	0	0	1	1	0	0x06
2	1	0	1	0	0	1	0	0	0xa4	0	1	0	1	1	0	1	1	0x5b
3	1	0	1	1	0	0	0	0	0xb0	0	1	0	0	1	1	1	1	0x4f
4	1	0	0	1	1	0	0	1	0x99	0	1	1	0	0	1	1	0	0x66

续表

显示字形	共阳极								字形编码	共阴极								字形编码
	dp	g	f	e	d	c	b	a		dp	g	f	e	d	c	b	a	
5	1	0	0	1	0	0	1	0	0x92	0	1	1	0	1	1	0	1	0x6d
6	1	0	0	0	0	0	1	0	0x82	0	1	1	1	1	1	0	1	0x7d
7	1	1	1	1	1	0	0	0	0xf8	0	0	0	0	0	1	1	1	0x07
8	1	0	0	0	0	0	0	0	0x80	0	1	1	1	1	1	1	1	0x7f
9	1	0	0	1	0	0	0	0	0x90	0	1	1	0	1	1	1	1	0x6f

在电子资料包目录下,有一个"数码管计算软件",在编程时可直接使用,省去记忆上表的烦恼。通过表 8-1 可发现,共阳极字形编码与共阴极字形编码可使用字节取反进行转换,这个规律在编程中经常被使用。

知识链接

数码管分共阴极和共阳极,怎样测量判断出是共阳极还是共阴极数码管呢?

找共阴极和共阳极:首先,找 1 个电源(3~5V)和 1 个 1kΩ 的电阻(几百欧的也行),电源 VCC 端串接电阻后和 GND 端分别接在数码管的任意 2 个引脚上,接法有很多种,找到使某个 LED 段码会发光的接法。然后保持 GND 端不动,VCC(串电阻)端依次接剩下的引脚,如果有多个 LED 段码发光,那所测的数码管就是共阴极数码管。相反保持 VCC 端不动,GND 端依次接剩下的引脚,如果有多个 LED 段码发光,那所测的数码管就是共阳极数码管。也可以直接用数字万用表测量判断,红表笔是电源的正极,黑表笔是电源的负极。

任务实施

使用多孔板制作一位数码管显示模块。

1. 选择元器件。

(1) 1 块 9cm×15cm 多孔板[图 8-5(a)]。

(2) 8 个 0.25W 300Ω 四色环碳膜电阻[图 8-5(b)]。

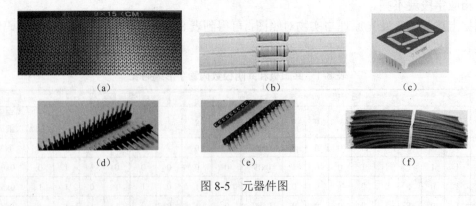

图 8-5 元器件图

(3) 1 个 0.36 英寸红色共阳极或共阴极八段数码管[图 8-5(c)]。

(4) 2.54mm 间距 2×40P 双排针排座[图 8-5(d)]。

（5）2.54mm 间距 40P 圆孔单排母 IC 座、晶振座、数码管座排针排座[图 8-5（e）]。

（6）30 根 20cm 环保 PE 导线 9/1.3 电子线[图 8-5（f）]。

2. 如图 8-6 所示为一位数码管显示模块实物图。在多孔板上按图 8-2 所示原理图及图 8-6 所示实物图进行焊接。

图 8-6　一位数码管显示模块实物图

（1）数码管的圆孔排座：圆孔对应的"a，b，c，d，e，f，g，dp"与 300Ω 电阻对应的"a，b，c，d，e，f，g，dp"相串联。

（2）数码管的 COM 端：两个 COM 端焊接在一起，并与外挂短接端子 COM 端相连。

（3）限流电阻：一端焊接到数码管段码端，另一端焊接到排座上。

（4）短接端子：左边端子与电源负极相连，中间端子与 COM 端相连，右边端子与电源正极相连。

（5）数据接线端子："1，2，3，4，5，6，7，8"的接线端子与电阻接数码管的"a，b，c，d，e，f，g，dp"引脚相对应。

任务评价

判断电路焊接是否完好，须使用万用表等工具进行检测，关键点如下：

（1）电源是否短路；

（2）判断数码管好坏；

（3）短接端子与电源、COM 端相关引脚是否焊接好；

（4）电阻是否焊接好；

（5）8 个接入端子与电阻相关引脚是否焊接好。

填写项目任务单，如表 8-2 所示。

表 8-2　项目任务单

1. 元器件部分　　（□已做　□不必做　□未做）		
① 检查元器件型号、数量是否符合本次任务的要求	□是	□否
② 检测元器件是否可用	□是	□否
你在完成第一部分子任务的时候，遇到了哪些问题？你是如何解决的？		

续表

2. 多孔板上焊接部分　（□已做　□不必做　□未做）		
① 检查工具是否安全可靠	□是	□否
② 在此过程中是否遵守了安全规程和注意事项	□是	□否
③ 是否完成了一位数码管模块的焊接	□是	□否
你在完成第二部分子任务的时候，遇到了哪些问题？你是如何解决的？		
3. 检测　（□已做　□不必做　□未做）		
① 不带电检查各焊接点是否正常	□是	□否
② 带电检查模块能否工作	□是	□否
你在完成第三部分子任务的时候，遇到了哪些问题？你是如何解决的？		
完成情况总结及评价：		
学习效果：　□优　□良　□中　□差		

任务拓展

购买多孔板、排针、20 个发光二极管、20 个 300Ω 电阻、排针等元器件，按数码段码排放顺序焊接一个共阴极与共阳极一位数码管显示模块。

任务 2　外部中断的使用

学习目标

- 理解单片机中断的含义及与中断相关寄存器的功能。
- 掌握中断的使用方法及程序编写。

任务呈现

在自动化控制流水线上，当生产的产品个数达到一定数量后，须进行打包任务，否则产品会堆积在流水线上，影响后继生产。再如设计生产流水线时，需要考虑当某个部件损坏后，必须将生产线全部或部分停下，避免出现产生次品等现象，这些需要打断正常工作，去完成更重要的事，在计算机编程中称之为中断。

计算机具有实时处理能力，能对外界发生的事件进行及时处理，这是依靠其中断系统来实现的。

在单片机中，中断是实时处理内部或外部事件的一种内部机制。当 CPU 正在处理某件事的时候外界发生了紧急事件请求，要求 CPU 暂停当前的工作，转而去处理这个紧急事件，处理完以后，再回到被中断的地方，继续原来的工作，这样的过程称为中断。图 8-7 所示为中断执行过程示意图。

项目 8　一位数码管电路的制作与应用

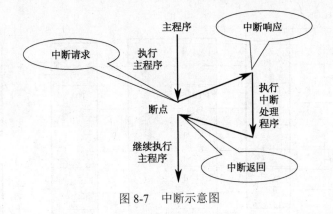

图 8-7　中断示意图

想一想

列举日常生活中有中断现象的生活事件或你使用过的有中断功能的电器。

本次任务

了解外部中断的执行原理；掌握外部中断的程序编写。

电路分析

如图 8-8 所示是两种单片机引脚图。图 8-8（a）所示是 12 时钟周期的单片机引脚图，图 8-8（b）所示是 1 时钟周期 STC15 某型号芯片的单片机引脚图。

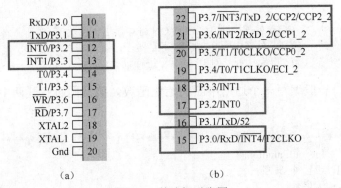

图 8-8　单片机引脚图

图 8-8 中方框圈出的端口是两种单片机的外部中断口。早期单片机的外部中断口都是 P3.2、P3.3 口，新开发的单片机一般继承原有芯片功能，如 P3.2、P3.3 口中断功能不变，同时还增加新的功能端口，如 STC15 系列的 P3.0、P3.6、P3.7 口，除对单片机进行读写数据功能外，同时还有中断功能。

如图 8-9 所示是单片机中断系统内部结构图。

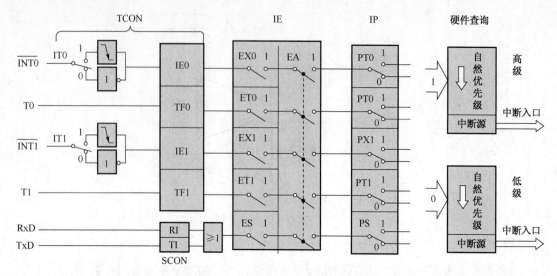

图 8-9 中断系统结构图

通过对图 8-9 分析,要使 $\overline{INT0}$(P3.2)口、$\overline{INT1}$(P3.3)口、T0(P3.4)口、T1(P3.5)口能正常工作,需要对 TCON、IE、IP 中断控制寄存器正确设置。要使 RxD(P3.0)口、TxD(P3.1)口能正常工作,需要对 SCON、IE、IP 中断控制寄存器正确设置。

没有特殊情况,使用自然中断优先级顺序处理发生的事件,此时对 IP 控制寄存器不进行任何设置。

对 $\overline{INT0}$ 口、$\overline{INT1}$ 口的外部中断编程时,按自然优先级顺序中断,$\overline{INT0}$ 的优先级比 $\overline{INT1}$ 的要高,所以仅需对 TCON、IE 控制寄存器进行正确设置。对于 $\overline{INT0}$ 口能正常工作的设置如下:

```
IT0 = 1;      //启动外部中断 0。对 TCON 寄存器进行设置
EX0 = 1;      //打开外部中断 0。对 IE 寄存器进行设置
EA = 1;       //打开总中断。对 IE 寄存器进行设置
```

实际编程时,一般编写一个通用中断初始化函数。例:同时打开两中断,函数程序段如下:

```
/******************************************************************
* 函 数 名:IntConfiguration( )
* 函数功能:设置外部中断
* 输    入:无参数
* 输    出:无返回值
******************************************************************/
void IntConfiguration( )
{
    //设置 INT0
    IT0 = 1;       //跳变沿触发方式(下降沿)
    EX0 = 1;       //打开 INT0 的中断允许
    //设置 INT1
    IT1 = 1;       //跳变沿触发方式(下降沿)
    EX1 = 1;       //打开 INT1 的中断允许
    EA = 1;        //打开总中断
}
```

上述函数还可以简化为：

```
void IntConfiguration( )
{
    TCON = 0x05;    // EX0 是 TCON 的第 0 位，EX1 是 TCON 的第 2 位，即 TCON = **** 0101
    IE = 0x85;      // EX0 是 IE 的第 0 位，EX1 是 IE 的第 2 位，EA 是 IE 的第 7 位，即 IE = 1000 0101
}
```

仅有外部中断在使用，可以编写"TCON = 0x05;"语句，若还有定时器中断，则 TCON 应改写为："TCON & = 0xF5;"，其他寄存器的使用可据此做同样处理。

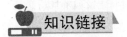

TCON、IE、IP、SCON 控制寄存器用法

1. 中断请求源标志寄存器 TCON

寄存器 TCON 的低四位与高四位分别是外部中断与定时/计数器的相关控制位。TCON 中断标志位见表 8-3。

表 8-3 TCON 中断标志位

SFR name	Address	bit	B7	B6	B5	B4	B3	B2	B1	B0
TCON	88H	name	TF1	TR1	TF0	TR0	IE1	IT1	IE0	IT0

（1）IT0（TCON.0）：外部中断 0 触发方式控制位。当 IT0 = 0 时，为电平触发方式。当 IT0 = 1 时，为边沿触发方式（下降沿有效）。

（2）IE0（TCON.1）：外部中断 0 中断请求标志位。当 IE0 = 1 时，表示 $\overline{INT0}$ 向 CPU 申请中断。

（3）IT1（TCON.2）：外部中断 1 触发方式控制位，其含义与 IT0 相同。

（4）IE1（TCON.3）：外部中断 1 中断请求标志位，其含义与 IE0 相同。

（5）TR0（TCON.4）：定时器 0 运行控制位。由软件清"0"关闭定时器 0。当 GATE = 1，且 INT0 为高电平时，TR0 置"1"启动定时器 0；当 GATE = 0，TR0 置"1"启动定时器 0。

（6）TF0（TCON.5）：定时/计数器 T0 溢出中断请求标志位。T0 启动后，从初值做加 1 计数，计满溢出后由硬件自动置 1，CPU 开始寻找并执行中断程序，一旦 CPU 开始执行中断服务程序，TF1 由硬件自动置 0。也可由软件查询清除。

（7）TR1（TCON.6）：定时器 1 运行控制位。

（8）TF1（TCON.7）：定时/计数器 T1 溢出中断请求标志位，其含义与 TF0 相同。

2. 中断允许寄存器 IE

单片机 CPU 对所有中断源的开放或屏蔽，每一个中断源是否被允许中断是由内部的中断允许寄存器 IE 控制的。IE 中断标志位见表 8-4。与外部中断有关的位是 B7、B2 及 B0 位，与定时/计数器中断有关的位是 B7、B3 及 B1 位，与串行口中断相关的位是 B7 及 B4 位。

表 8-4 IE 中断标志位

SFR name	Address	bit	B7	B6	B5	B4	B3	B2	B1	B0
IE	A8H	name	EA	ELVD	EADC	ES	ET1	EX1	ET0	EX0

（1）EA：全局中断允许位。EA=1，打开全局中断控制，在此条件下，由各个中断控制位确定相应中断的打开或关闭。EA=0，关闭全部中断。

（2）EX0：外部中断 INT0 中断允许位。EX0=1，打开外部中断 0 中断。EX0=0，关闭外部中断 0 中断。

（3）EX1：外部中断 INT1 中断允许位。EX1=1，打开外部中断 1 中断。EX1=0，关闭外部中断 1 中断。

（4）ET0：定时/计数器 T0 中断允许位。ET0=1，打开 T0 中断。ET0=0，关闭 T0 中断。

（5）ET1：定时/计数器 T1 中断允许位。ET1=1，打开 T1 中断。ET1=0，关闭 T1 中断。

（6）ES：串行口中断允许位。ES=1，打开串行口中断。ES=0，关闭串行口中断。

（7）ELVD：低压检测中断允许位。STC15 系列芯片有此功能。

（8）EADC：A/D 转换中断允许位。STC15 系列芯片有此功能。

B5、B6 位不同单片机厂家内部设置不一样，使用时参考不同生产厂家手册。

3．中断优先级标志寄存器 IP，IP 中断标志位见表 8-5

表 8-5 IP 中断标志位

SFR name	Address	bit	B7	B6	B5	B4	B3	B2	B1	B0
IP	B8H	name				PS	PT1	PX1	PT0	PX0

（1）PX0：外部中断 0 优先级设定位。

（2）PX1：外部中断 1 优先级设定位。

（3）PT0：定时/计数器 T0 优先级设定位。

（4）PT1：定时/计数器 T1 优先级设定位。

（5）PS：串行口优先级设定位。

4．串行口标志寄存器 SCON，SCON 中断标志位见表 8-6

表 8-6 SCON 中断标志位

SFR name	Address	bit	B7	B6	B5	B4	B3	B2	B1	B0
SCON	98H	name							TI	TX

（1）TI：串行口发送中断标志位。

（2）TX：串行口接收中断标志位。

任务实施

使用外部中断编写程序。

例：单片机 P3.3（INT1）引脚接有按键，P1 口所接的数码管初始显示 0，按下按键，P1 口所接的数码管显示 1，再次按下显示 0。

分析：（1）使用外部中断 1；

（2）数码管初始显示 0，按下按键显示 1，再按显示 0；

（3）通过中断改变一位变量的值，在主函数中实现 0 与 1 的变化。

/**
* 程 序 名：外部中断的编程
* 程序说明：未按按键显示 0，按下按键显示 1，再按显示 0
* 连接方式：P1 口与共阴极数码管连接，按键与 P3.3 口接地
* 调试芯片：STC15F2K60S2-PDIP40 系列/ IAP15F2K61S2，1T 芯片
* 使用模块：5V 电源、STC51 单片机最小系统、共阴极数码管
* 适用芯片：89、90、STC10、STC11、STC12、STC15 系列
**/
//--包含要使用到相应功能的头文件--//
#include<reg51.h>
//--声明全局函数--//
void IntConfiguration( );   //设置打开外部中断 1
void Int1( );   //外部中断 1 的中断函数
//--定义全局变量--//
bit K3 = 0;   //全局位变量 K3
/**
* 函 数 名：main
* 函数功能：主函数
* 输   入：无参数
* 输   出：无返回值
**/
void main(void)
{
    IntConfiguration( );   //打开中断
    K3 = 1;   //K3 初始值为 1，为了显示 0
    while(1)
    {
        if (K3 = = 0)
            P1 = 0x06;   //显示 1
        else
            P1 = 0x3f;   //显示 0
    }
}
/**
* 函 数 名：IntConfiguration( )
* 函数功能：设置外部中断 1
* 输   入：无参数
* 输   出：无返回值
**/
void IntConfiguration( )   //设置 INT1
{
    IT1 = 1;   //跳变沿出发方式（下降沿）
    EX1 = 1;   //打开 INT1 的中断允许。
    EA = 1;   //打开总中断
}
/**
* 函 数 名：Int1
* 函数功能：外部中断 1 的中断函数
* 输   入：无参数
* 输   出：无返回值
**/

```
    void Int1( )    interrupt 2           //外部中断 1 的中断函数
    {
        K3 = ~K3;                         //初始值为 1,按下变 0,再按下变 1
    }
```

任务评价

根据实际完成情况,填写项目任务单,如表 8-7 所示。

表 8-7　项目任务单

1. 单片机中断系统知识阅读　（□已做　□不必做　□未做）		
① 对中断源的概念是否理解	□是	□否
② 对中断系统的执行过程是否明白	□是	□否
你在完成第一部分子任务的时候,遇到了哪些问题?你是如何解决的?		
2. 外部中断部分　（□已做　□不必做　□未做）		
① 是否知道单片机有几个外部中断	□是	□否
② 是否理解外部中断的作用	□是	□否
③ 是否了解外部中断的使用场合	□是	□否
你在完成第二部分子任务的时候,遇到了哪些问题?你是如何解决的?		
3. 外部中断的应用　（□已做　□不必做　□未做）		
① 能写出外部中断的初始化条件	□是	□否
② 能写出基本的中断服务程序	□是	□否
你在完成第三部分子任务的时候,遇到了哪些问题?你是如何解决的?		
完成情况总结及评价:		
学习效果:　　□优　　□良　　□中　　□差		

任务拓展

单片机 P3.2（INT0）引脚接有一按键,P1 口接 8 路跑马灯显示模块,按下按键,实现跑马灯功能。

任务 3　在 Proteus 软件中实现数码管的显示

学习目标

- 掌握单个数码管显示程序的编写,熟练使用 Keil C51 软件调试程序。
- 能运用 Proteus 仿真软件实现单个数码管的显示。

项目 8　一位数码管电路的制作与应用

任务呈现

如图 8-10 所示是在 proteus 软件中使用矩阵键盘模块、一位数码管模块仿真实物操作示意图。

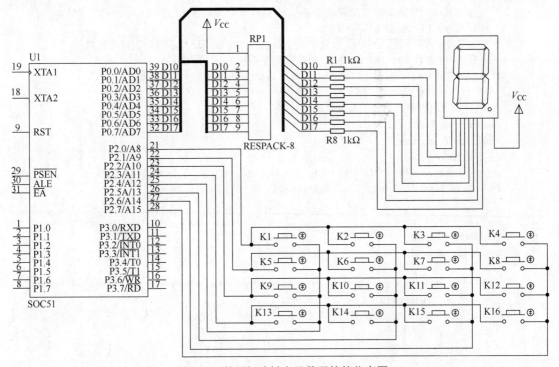

图 8-10　使用矩阵键盘及数码管的仿真图

想一想

（1）若将共阳极数码管替换成共阴极数码管，应怎样连接？
（2）选用 P0 口连接数码管段选和其他端口是否有区别？

本次任务

矩阵键盘模块接 P2 口，一位共阳极数码管显示模块通过限流电阻接 P0 口，按 S0～S16 键后在数码管上显示对应的十六进制数 0～F。
（1）使用 Keil C51 软件编写程序，在软件中观察 P0 口值的变化规律与表 8-1 枚举值是否一一对应。
（2）在 Proteus 仿真软件使用总线实现数码管显示功能。

程序分析

编写获得矩阵键盘的键值函数，已在前一个项目作了详细解释。本程序的另一功能是显示十六进制数 0~F，仅一条语句实现功能，该语句是通过查询返回键值在数组中的位置，并将该位置的十六进制数在 P0 口显示出来。

```c
/******************************************************************
* 程 序 名：数码管显示
* 程序说明：矩阵键盘、一位数码管显示、数组
* 连接方式：一位数码管显示模块接 P0 口，矩阵键盘模块接 P2 口
* 调试芯片：IAP15F2K61S2-PDIP40
* 使用模块：5V 电源、STC15 单片机最小系统、一位数码管显示模块、矩阵键盘
* 适用芯片：STC10、STC11、STC12、STC15 系列
* 注    意：89C51 或 90C51 系列可运行，须修改 Delay10ms 延时函数
******************************************************************/
//--包含要使用到相应功能的头文件--//
#include <reg51.h>
#include <intrins.h>
//--定义数组--//
unsigned char code P0_CODE[16] = {0xc0, 0xf9, 0xa4, 0xb0, 0x99, 0x92, 0x82, 0xf8,
0x80,0x90, 0x88, 0x83, 0xc6, 0xa1, 0x86, 0x8e};        //共阳极数码 0~F

//--函数声明--//
void Delay10ms( );              //延时 10ms 函数
unsigned char KeyDown( );       //检测按键函数

/******************************************************************
* 函 数 名：Delay10ms
* 函数功能：延时函数，延时 10ms
* 输    入：无参数
* 输    出：无返回值
* 来    源：使用 STC-ISP 软件的"延时计算器"功能实现
******************************************************************/
void Delay10ms( )          //@11.0592MHz
{
    unsigned char i, j;
    i = 108;              //1T 芯片 i = 108，12T 芯片 i = 18
    j = 145;              //1T 芯片 j = 145，12T 芯片 j = 235
    do
    {
        while (--j);
    } while (--i);
}
/******************************************************************
* 函 数 名：KeyDown
* 函数功能：检测有按键按下并读取键值
* 输    入：无参数
* 输    出：有返回值
******************************************************************/
unsigned char KeyDown(void)
{
    unsigned char Key;
    char a = 0;
    P2 = 0xf0;                              //将高四位置 1、低四位置 0
```

```c
        if(P2! = 0xf0)                      //按键是否按下
        {
            Delay10ms();                    //延时 10ms 进行消抖
            if (P2! = 0xf0)                 //再次检测按键是否按下
            {
                //测试行
                P2 = 0xf0;                  //将高 4 位置 1、低 4 位置 0
                switch(P2)
                {
                    case(0xe0): Key = 0;   break;              //第一行被拉成低电平
                    case(0xd0): Key = 1;   break;
                    case(0xb0): Key = 2;   break;
                    case(0x70): Key = 3;   break;
                }
                //测试列
                P2 = 0x0f;                  //将高 4 位置 0、低 4 位置 1
                switch(P2)
                {
                    case(0x0e): Key = Key;      return Key;    //第一列被拉成低电平
                    case(0x0d): Key = Key+4;    return Key;
                    case(0x0b): Key = Key+8;    return Key;
                    case(0x07): Key = Key+12;   return Key;
                }
                while((a<50)&&(P2! = 0xf0))                    //检测按键是否松开
                {
                    Delay10ms();
                    a++;
                }
            }
        }
    }
    return Key;
}
/*************************************************************
* 函 数 名: main
* 函数功能: 主函数
* 输    入: 无参数
* 输    出: 无返回值
*************************************************************/
void main(void)
{
    while(1)
    {
        P0 = P0_CODE[ KeyDown( )];
              // KeyDown( )函数返回值就是按键值, 通过查数组功能显示指定值
    }
}
```

知识链接

一、Proteus 仿真软件总线绘制

1．使用总线的目的

（1）在画数字电路时，需要对大量导线类型相同的数据和地址进行连线，这时就需要使用总线用以简化电路图连线。

（2）在复杂的电路图中使用总线，可以清晰快速地理解多连线元器件间的关系。即使是自己设计绘制的电路图，时间间隔较长时，也会忘记。在读别人的电路图时也会因为总线的使用而加快理解速度。

2．进入总线绘制模式的两种方法

（1）单击 Proteus 软件左侧工具栏按钮"➕"。

（2）在 Proteus 软件中绘制电路图空白区域右击鼠标，在弹出的快捷菜单中选择【放置】→【总线】。

3．绘制方法

进入总线绘制模式后，在适当位置单击作为总线的起始点，在终点处双击，结束此段总线的绘制。在使用总线时，为了美观，拐角处都采用 45°偏转方式的绘制，如图 8-10 所示。

总线及电路连接线在需要的地方采用了 45°偏转方式进行绘制。方法是在需要偏转处，按住键盘"Ctrl"键后，总线及电路连线会按鼠标移动方向进行偏转，单击鼠标，松开"Ctrl"键后结束偏转方式绘制。总线及电路连线绘制结束后，须使用一般标注法或网络标注法对电路连线统一标注。

4．总线的意义

使用总线代表将两个或多个元器件相同标号引脚进行电气连接。

二、Proteus 仿真软件网络标号步骤

（1）将 I/O 接口、元器件根据原理图进行连线，如图 8-11 所示。

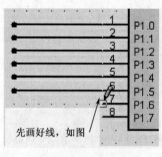

图 8-11　画线

（2）单击 LBL 按钮后，按下键盘上的字母键"A"，会弹出如图 8-12 所示对话框。

项目 8　一位数码管电路的制作与应用

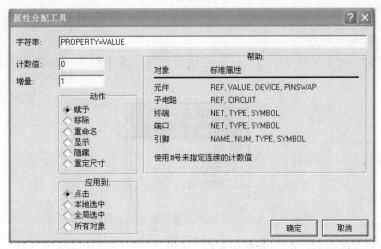

图 8-12　属性分配工具对话框

（3）在"字符串"后输入命令格式为：NET = XX#（NET 代表网络，在此使用为固定模式，XX 代表需要命名标号的名字，#代表从 0 开始的计数）。

如输入：NET = P1.#，如图 8-13 所示，单击"确定"按钮。

图 8-13　属性分配工具对话框

（4）移动光标到要标号的线上，光标变为手形，此时依次单击各线，标号会自动递增，如图 8-14 所示。

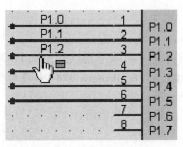

图 8-14　自动生成标号

（5）取消"网络标号标注"功能。按下字母键"A"，弹出如图 8-12 所示对话框，计数即可归零，同样可以在对话框里设置当前计数值及计数增量。在放置标号误操作时，可按"Ctrl+Z"组合键（撤销操作快捷键）进行快速调整。这种添加标号的方法常用于标记总线分支线。

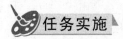

在 Proteus 软件中绘制仿真电路图，如图 8-10 所示。

具体步骤如下：

（1）打开 Proteus 软件。

（2）在元器件浏览窗口单击"P"，从对话框元器件库中拾取所需的元器件，如图 8-15 所示。

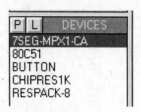

图 8-15　元器件名称浏览窗口显示的元器件目录

（3）在原理图编辑窗口中，放置元器件。

（4）添加电源与信号地。

（5）在原理图编辑窗中进行布线，本任务中要求使用总线。

在 Proteus 软件单片机的仿真原理图中，复位电路与时钟电路可以省略，系统默认工作频率为 12MHz，为了方便，只需要取默认值就可以了。

（6）在 Keil C51 软件中编辑、修改、编译需要仿真运行的程序。

（7）加载仿真软件。

（8）运行。若达不成目标，分析 Proteus 仿真原理图是否出错，程序功能是否实现，需经反复多次调试，排除硬件、软件故障，完成任务。

任务评价

1．仿真电路检测。

（1）正确调用所需元器件。

（2）正确绘制仿真电路原理图。

2．程序检测。

（1）通过 Keil C51 软件编写程序，编译通过并生成 HEX 文件。

（2）编译通过说明无逻辑错误，在 Proteus 软件中查看仿真结果，并进行相关调试，实现所需功能。

填写项目任务单，如表 8-8 所示。

表 8-8　项目任务单

1. 仿真电路部分　（□已做　□不必做　□未做）		
① 检查所使用元器件是否符合本次任务的要求	□是	□否
② 检查电路连接是否正确	□是	□否
你在完成第一部分子任务的时候，遇到了哪些问题？你是如何解决的？		
2. 程序及软件仿真部分　（□已做　□不必做　□未做）		
① 检查所使用的软件是否可用	□是	□否
② 程序出错后能否调试	□是	□否

续表

③ 软件仿真能否仿真结果	□是	□否
你在完成第二部分子任务的时候，遇到了哪些问题？你是如何解决的？		
完成情况总结及评价：		
学习效果：　□优　　□良　　□中　　□差		

任务拓展

本任务仅完成了 0~F 的循环显示，课后尝试显示出不同单个字母，让这些字母组合成文字，譬如"HELLO"、"On"、"OFF"、"Err"等。

任务 4　按 键 计 数

学习目标

- 正确理解外部中断的硬件电路连接方式。
- 使用外部中断编写按键计数程序。

任务呈现

单片机 P3.2（INT0）口接按键 K1，P3.3（INT1）口接按键 K2，P1 口接一位数码管显示模块。

数码管初始显示 0，按下按键 K1，数码管依次从 0~F 显示一个十六进制数，按下按键 K2，显示 0，可以循环操作。按键与数码管的连接原理图如图 8-16 所示。

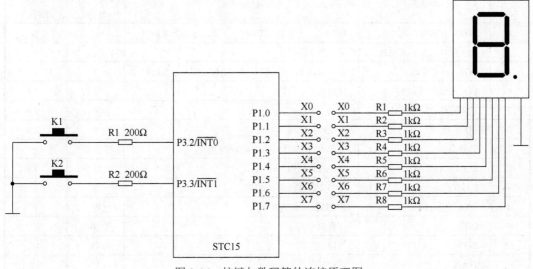

图 8-16　按键与数码管的连接原理图

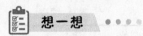

（1）外部中断的按键应该与单片机的哪个端口相连接？与独立键盘按键有什么区别？
（2）按键是如何控制数码管的显示内容的？

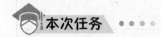

使用 STC15 单片机最小系统模块、一位数码管显示模块、独立按键模块、电源模块及连接线若干，实现"任务呈现"中描述的功能。

任务分析

本次任务有两个，一是编写程序实现功能，二是正确进行硬件连接。
1. 软件编程。
（1）使用外部中断 0 与外部中断 1，不同中断完成不同的赋值功能。
（2）通过查表方式显示相应的十六进制数 0～F。
2. 根据功能须正确将各模块按图 8-16 所示有序地连接，完成按键任务。

外部中断的优先级

早期通用单片机提供 5 个中断请求源，STC15F2K60S2 提供了 19 个中断请求源。表 8-9 是 STC15 系列单片机的默认中断级别及中断号。使用 C 语言进行编写中断函数时正确选用中断号，若使用自行设置中断优先级，可根据实际情况进行更改。

表 8-9 STC15 单片机中断级别

序号	中断源	触发行为	默认中断级别	中断号（C语言用）
1	INT0：外部中断 0	IT0 = 1，下降沿；IT0 = 0，下降沿或上升沿均可	最高	0
2	T0：定时/计数器 0 中断	定时器 0 溢出	1	1
3	INT1：外部中断 1	IT1 = 1，下降沿；IT1 = 0，下降沿或上升沿均可	2	2
4	T1：定时/计数器 1 中断	定时器 1 溢出	3	3
5	TI/RI：串行口中断 UART1	串口 1 发送或接收完成	4	4
6	ADC	A/D 转换完成	5	5
7	LVD	电源电压下降到低于 LVD 检测电压	6	6
8	CCP/PCA/PWM	可编程计算器完成	7	7
9	UART2	串口 2 发送或接收完成	8	8
10	SPI	SPI 数据传输完成	9	9
11	INT2	下降沿	10	10
12	INT3	下降沿	11	11
13	Time2	定时器 2 溢出	12	12

续表

序号	中断源	触发行为	默认中断级别	中断号（C语言用）
14	INT4	下降沿	16	16
15	UART3	串口3发送或接收完成	17	17
16	UART4	串口4发送或接收完成	18	18
17	Time3	定时器3溢出	19	19
18	Time4	定时器4溢出	20	20
19	Comparator—比较器	比较器比较结果由Low变High或由High变成Low	21	21

中断服务程序的函数编写格式

```
void 函数名( ) interrupt 中断号 [using 工作组]
{
    中断服务程序内容
}
```

中断号即中断源编号 0~21，工作组为该中断服务程序对应的工作组寄存器，取值 0~3，[using 工作组]可省略不写。

如表 8-10 所示是 STC15 全系列的中断请求源的类型。

表 8-10　STC15 全系列的中断请求源的类型

中断源类型＼单片机型号	STC15F101W系列	STC15F408AD系列	STC15W201S系列	STC15W408AS系列	STC15W408S系列	STC15W1K16S系列	STC15F2K60S2系列	STC15W4K60S4系列
外部中断0(INT0)	√	√	√	√	√	√	√	√
定时器0中断	√	√	√	√	√	√	√	√
外部中断1(INT1)	√	√	√	√	√	√	√	√
定时器1中断				√	√	√	√	√
串口1中断		√	√	√	√	√	√	√
A/D转换中断		√					√	√
低压检测（LVD）中断	√	√	√	√	√	√	√	√
CCP/PWM/PCA中断		√		√		√	√	√
串口2中断							√	√
SPI中断		√		√	√	√	√	√
外部中断2($\overline{INT2}$)	√	√	√	√	√	√	√	√
外部中断3($\overline{INT3}$)	√	√	√	√	√	√	√	√
定时器2中断	√	√	√	√	√	√	√	√
外部中断3($\overline{INT4}$)	√	√	√	√	√	√	√	√
串口3中断								√
串口4中断								√
定时器3中断								√
定时器4中断								√
比较器中断			√	√	√	√		√

任务实施

1. 软件实施。

(1) 编写打开两个外部中断函数。
(2) 编写使用外部中断 0 函数，使得 K1 位变量有效，K2 位变量失效。
(3) 编写使用外部中断 1 函数，使得 K2 位变量有效，K1 位变量失效。
(4) 初始化数码管显示数据，使用数组设置共阴极数码管显示对应的十六进制数 0～F。
(5) 在主函数中实现显示数的功能，K1 有效时不断地显示数字，K2 有效时停止。

参考程序如下：

```
/*******************************************************************
* 程 序 名：两外部中断一起使用
* 程序说明：按下 INT0 口按钮循环显示 0～F，按下 INT1 口按钮显示 0
* 连接方式：P1 口与共阴极数码管连接，按键 K1 接 P3.2 口，按键 K2 接 P3.3 口
* 调试芯片：STC15F2K60S2-PDIP40
* 使用模块：5V 电源、STC15 单片机最小系统、共阴极数码管
* 适用芯片：89、90、STC10、STC11、STC12、STC15 系列
* 注    意：STC 89、90 系列可运行，须修改 Delay10ms 延时函数
*******************************************************************/
//--包含要使用到相应功能的头文件--//
#include<reg51.h>
//--声明全局函数--//
void IntConfiguration( );              //设置打开外部中断 0、1
void Int0( );                          //外部中断 0 的中断函数
void Int1( );                          //外部中断 1 的中断函数
void Delay10ms( );
void Delay_n_10ms(unsigned int n);
//--定义全局变量--//
unsigned char code DIG_CODE[16] = {0x3F, 0x06, 0x5B, 0x4F, 0x66, 0x6D, 0x7D, 0x07,0x7F, 0x6F,
        0x77, 0x7C, 0x39, 0x5E, 0x79, 0x71};   //共阴极数码管 0～F
bit K1 = 0;                            //全局位变量 K1
bit K2 = 0;                            //全局位变量 K2
/*******************************************************************
* 函 数 名：main
* 函数功能：主函数
* 输    入：无参数
* 输    出：无返回值
*******************************************************************/
void main(void)
{
    unsigned char i = 0;
    IntConfiguration( );               //打开中断
    while(1)
    {
        if(K1)
            for (i = 0;i<16;i++)
            {
                P1 = DIG_CODE[i];      //显示 0～F
                if (K2)    break;      //按下 K2 停止显示
```

```c
                Delay_n_10ms( 100 );        //延时 1 秒
        }
        else
                P1 = DIG_CODE[0];           //显示 0
    }
}
/*******************************************************************
 * 函 数 名：IntConfiguration
 * 函数功能：设置外部中断 0、1
 * 输    入：无参数
 * 输    出：无返回值
 *******************************************************************/
void IntConfiguration()        //设置 INT0、INT1
{
    IT0 = 1;        //跳变沿触发方式（下降沿）
    EX0 = 1;        //打开 INT0 的中断允许
    IT1 = 1;        //跳变沿触发方式（下降沿）
    EX1 = 1;        //打开 INT1 的中断允许
    EA = 1;         //打开总中断
}
/*******************************************************************
 * 函 数 名：Int0
 * 函数功能：外部中断 0 的中断函数
 * 输    入：无参数
 * 输    出：无返回值
 *******************************************************************/
void Int0() interrupt 0        //外部中断 0 的中断函数
{
    K1 = 1;         //按下 K1 设为 1，中断 1 有效，可显示多个数字
    K2 = 0;         //K2 设为 0，由 K2 控制的程序段无效
}
/*******************************************************************
 * 函 数 名：Int1
 * 函数功能：外部中断 1 的中断函数
 * 输    入：无参数
 * 输    出：无返回值
 *******************************************************************/
void Int1() interrupt 2        //外部中断 1 的中断函数
{
    K2 = 1;         //按下 K2 设为 1，中断 2 有效，可中断显示
    K1 = 0;         //K1 设为 0，由 K1 控制的程序段无效
}
/*******************************************************************
 * 函 数 名：Delay10ms
 * 函数功能：延时函数，延时 10ms
 * 输    入：无参数
 * 输    出：无返回值
 * 来    源：使用 STC-ISP 软件的"延时计算器"功能实现
 *******************************************************************/
void Delay10ms()               //@11.0592MHz，1T 单片机定时
{
```

```
        unsigned char i, j;
        i = 108;           // 12T 芯片 i = 18, 1T 芯片 i = 108
        j = 145;           // 12T 芯片 j = 235, 1T 芯片 j = 145
        do
        {
             while (--j);
        } while (--i);
}
/***************************************************************
 * 函 数 名：Delay_n_10ms
 * 函数功能：延时 n 个 10ms 函数，实参值根据需要设定。若要 1 秒，则实参值为 100
 * 输    入：有参数
 * 输    出：无返回值
 * 来    源：根据功能要求自写程序
 ***************************************************************/
void Delay_n_10ms(unsigned int n)
{
        unsigned int i;
        for(i = 0;i<n;i++)
             Delay10ms( );
}
```

2．硬件实施。

如图 8-17 所示，使用 8 路双母杜邦线将 STC15 单片机最小系统模块 P1 口与一位数码管显示模块的 8 路输入端口相连，低位接低位。K1 按键接 P3.2 口，K2 按键接 P3.3 口，显示模块的地与最小系统的外挂地相接。

接通电源，使用 CH340 模块或 232 模块对单片机芯片进行烧写程序。观察实验效果。

图 8-17　单片机最小系统、数码管、独立按键的实物连接图

任务评价

根据实际完成情况，填写项目任务单，如表 8-11 所示。

项目 8　一位数码管电路的制作与应用

表 8-11　项目任务单

1. 编程部分　（□已做　□不必做　□未做）		
① 是否理解完成外部中断编程几个要点	□是	□否
② 是否理解正确使用位变量实现程序功能	□是	□否
你在完成第一部分子任务的时候，遇到了哪些问题？你是如何解决的？		
2. 硬件部分　（□已做　□不必做　□未做）		
① 检查各模块功能是否完好	□是	□否
② 各模块间接线是否正确	□是	□否
③ 是否完成烧写程序任务	□是	□否
④ 能否找出硬件或软件达不成目标的问题	□是	□否
你在完成第二部分子任务的时候，遇到了哪些问题？你是如何解决的？		
完成情况总结及评价：		
学习效果：　□优　　□良　　□中　　□差		

任务拓展

本项目中共使用了四例程序，请使用相应功能硬件模块通过数码管显示正确结果。

项目总结

中断系统是为了使 CPU 具有对外界紧急事件的实时处理能力而设置的。

通过本项目四个任务的实施，掌握了单一数码管的工作原理、构成，学会认识元器件、使用元器件及构建相应的硬件电路，通过实践提高了对共阳极、共阴极电路知识更深刻的理解。

中断在自动控制中应用非常广泛，经过编写外部中断程序，理解了中断源、中断优先级、中断打开与关闭等基本概念，加深了正确应用中断控制寄存器、位变量的印象。

课后练习

8-1　上网查阅常用数码管的大小种类，颜色种类。

8-2　数码管内部结构都是如图 8-3 所示吗？请查阅相关资料进行说明。

8-3　简述什么是中断，中断系统是什么。

8-4　若按自然中断优先级，打开外部中断 0 需要使用到哪些中断寄存器？与之相关的位控制是如何设置的？串行口中断呢？

8-5　简述传统单片机各中断的自然优先级。

8-6　编写实现打开外部 0 号中断初始化函数。

8-7　试写出中断函数的一般格式。

8-8　编写程序实现如下功能：单片机 P3.2（INT0）引脚接有按钮开关，按下此按钮开关后，P1.0 引脚所接的 LED 灯点亮，再次按下后 LED 灯熄灭。

8-9　使用单个数码管显示模块、STC15 单片机最小系统模块，编程实现 0～F 循环显示。

8-10　使用单个数码管显示模块、STC15 单片机最小系统模块、独立按键模块，编程实现按键一次计数一次。

8-11　使用单个数码管显示模块、STC15 单片机最小系统模块、独立按键模块，编程实现不同按键有不同功能。三个按键功能分别是开始计数、停止且显示数据及复位。

8-12　使用单个数码管显示模块、STC15 单片机最小系统模块、独立按键模块，编程实现一个按键有三个功能。该按键功能是开始计数、停止且显示数据及复位。

项目 9　多位数码管电路的制作与应用

📖 项目描述

多位数码管由于其特殊的低能耗、长寿命、稳定性好等优点，在提倡低碳环保节能的当下，已不断在各种电器显示上有所应用。由于其用途广泛，市场上常规尺寸及显示方式的多位数码管已不能满足多元化的需求，因此延伸出了开模定制的方式，催生了各种不同型号、不同用途、不同领域特殊要求的多位数码管。

数码管显示模块可由三极管并行驱动、锁存器 74HC373 驱动、串行输入/输出移位寄存器 74HC595 驱动、数字和控制寄存器 MAX7219 驱动或带键盘扫描接口的 TM1650 驱动。本项目使用两片串行输入/输出移位寄存器 74HC595 驱动，控制由两块 0.36 英寸红色共阴极 4 位八段数码管制作成的 8 位数码管显示模块，本项目任务有：

　　任务 1　制作多位数码管电路显示模块
　　任务 2　定时器的使用
　　任务 3　在 Proteus 软件中实现数字钟
　　任务 4　数字钟的制作

🧊 任务 1　制作多位数码管电路显示模块

✒ 学习目标

- 正确理解数码管的动态显示原理。
- 在多孔板上制作数码管显示模块。

📝 任务呈现

单片机开发中除必要的硬件外，同样离不开软件，汇编语言源程序要转变为 CPU 可以执行的机器码有两种方法，一种是手工汇编，另一种是机器汇编，目前已极少使用手工汇编的方法了。机器汇编就是通过汇编软件将源程序转变为机器码，用于 MCS-51 单片机的汇编软件有早期的 A51。随着单片机开发技术的不断发展，从普遍使用汇编语言到逐渐使用高级语言开发，单片机的开发软件也在不断发展，Keil C51 软件是目前最流行开发 51 系列单片机的软件，近年来各仿真机厂商纷纷宣布全面支持 Keil。

在日常生活中，随处可见数码管显示使用场合，如，企业车间进度提示牌、遥控器、手机、市场上的电子秤等各种带显示设备仪器。

如图 9-1 所示为常用的数码管显示使用设备。

单片机应用技术

(a) 车间进度提示牌

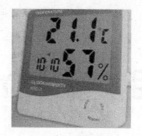
(b) 电子温湿度计

图 9-1 多位数码管的应用

想一想

（1）平时接触到的多位数码管模块有多少位数字显示？显示颜色是什么？
（2）列举日常生活中带有多位数码管显示的设备。

本次任务

使用多孔板制作由两片串行输入/输出移位寄存器 74HC595 驱动，两个 0.36 英寸红色共阴极 4 位八段数码管等构成的显示模块。图 9-2 所示是淘宝卖家出售的样品。

图 9-2 74HC595 驱动数码管显示模块

电路分析

如图 9-3 所示，多位数码管有 2 位、3 位、4 位、6 位等多种，颜色有红、绿、蓝、黄等几种，可用作各种饮水机、捆钞机、空调、光带灯、开关灯、手按灯、光字牌、全日历时钟等各种小家电 LED、工业控制设备中的显示屏。

图 9-3 多位数码管

如图 9-4 所示是 4 位通用数码管内部连接原理图。不同的多位数码管可能特殊用途引脚的定义会有所区别。

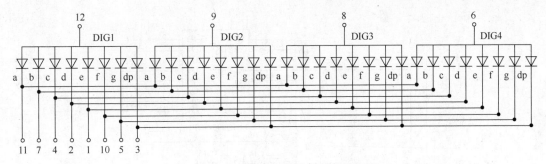

图 9-4 4 位通用数码管内部连接原理图

4 位数码管是比较常用的数码管,这种数码管内部的 4 个数码管公用 a～dp 这 8 根数据线,为人们使用提供了方便。因为四位数码管里面有 4 个数码管,所以它有 4 个公共端,加上 a～dp,共有 12 个引脚,图 9-4 所示是共阳极 4 位数码管的内部结构图。

如图 9-5(a)所示是 4 位数码管反置实物图,图 9-5(b)所示是 4 位数码管正置实物图。可以观察到 4 位数码管共有 12 个引脚。引脚顺序:从数码管的正面看,以左下角第一个引脚为起点,引脚的顺序是逆时针方向排列。

12、9、8、6 为公共引脚,即 COM 端,又称为位码端。

a→11、b→7、c→4、d→2、e→1、f→10、g→5、dp→3,称为段码端。

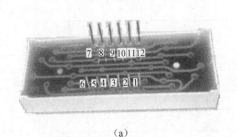 

(a)　　　　　　　　　　　　　　　(b)

图 9-5 4 位数码管正反置实物图

多位数码管的动态显示原理是:将所有数码管的 8 个显示笔画 "a,b,c,d,e,f,g,dp" 的同名端连在一起,另外为每个数码管的公共端 COM 增加位选通控制电路,位选通由各自独立的 I/O 线控制,当单片机输出数字段码时,所有数码管都接收到相同的数字段码,但究竟是哪个数码管会显示出字形,取决于单片机对位选通 COM 端电路的控制,所以只要将需要显示数码管的选通控制打开,该位就显示出字形,没有选通的数码管就不会亮。图 9-4 中所示 4 个数码管引脚 12、9、8、6 就是 4 个数码管的 COM 端。12 引脚通,第一个数码管被点亮,9 引脚通,第二个数码管被点亮,依次各个数码管就被分别点亮。

4 位数码管动态显示原理图的优点是控制简单,缺点是占用单片机接口多,需要 12 个 I/O 接口,若使用 8 位数码管动态显示则需要 16 个 I/O 接口,而单片机的接口是有限的。

本任务采用 74HC595 驱动 8 位数码管动态显示模块。如图 9-6、9-7 所示,不需要开定时器扫描,只占用单片机 3 路 I/O 接口,可把单片机解放出来做更多的事情。只需要在更新显示数据时,传输一次数据即可,缺点是编程稍复杂。

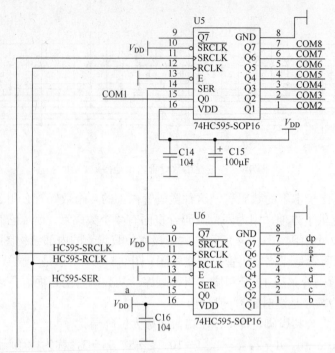

图 9-6　74HC595 驱动 8 位数码管显示模块的 595 驱动部分原理图

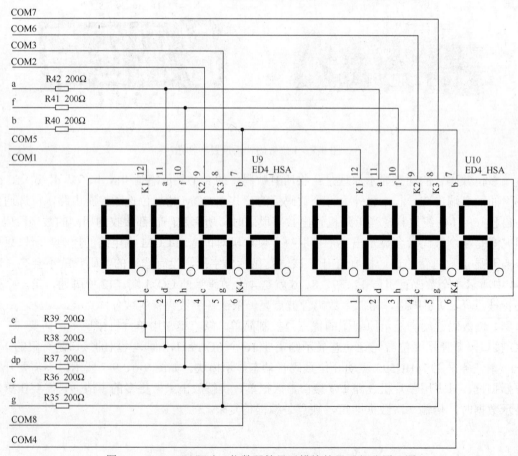

图 9-7　74HC595 驱动 8 位数码管显示模块的显示部分原理图

如图 9-6、9-7 所示是 74HC595 驱动 8 位数码管显示模块。该模块由两块 4 位数码管组成一个 8 位数码管，段码"a，b，c，d，e，f，g，dp"的同名端连在一起，分别通过 200Ω 的限流电阻接 U6-74HC595 集成芯片的 Q0、Q1、Q2、Q3、Q4、Q5、Q6、Q7 端口，第一块 4 位数码管 12、9、8、6 脚接 U5-74HC595 集成芯片的 Q0、Q1、Q2、Q3 端口，第二块 4 位数码管 12、9、8、6 脚接 U5-74HC595 集成芯片的 Q4、Q5、Q6、Q7 端口；U6 芯片第 9 脚 $\overline{Q7}$ 端口接 U5 芯片第 14 脚 SER 端口；U5、U6 芯片的 11 脚相连，引出端口名命名为 "HC595-SRCLK"端口；U5、U6 芯片的 12 脚相连，引出端口名命名为"HC595-RCLK"端口；U6 芯片的 14 脚引出端口名命名为"HC595-SER"端口；U5、U6 芯片的 10 脚相连，接电源正极；U5、U6 芯片的 13 脚相连，接电源信号地。该模块与单片机相连仅使用 3 个端口，端口功能如表 9-1 所示。

表 9-1 74HC595 驱动多位显示模块引出端口定义表

序号	74HC595 引脚	端口名称	值	功能
1	U6-9	HC595-SER		串行数据输入
2	（U5、U6）-11	HC595-SRCLK	1	数据移入寄存器，在第 9 个上升沿，数据从 $\overline{Q7}$ 口移出
			0	对寄存器复位清零
3	（U5、U6）-12	HC595-RCLK	1	寄存器的数据置入锁存器中
			0	数码管上输出相应内容
4	（U5、U6）-8	GND		芯片电源信号地
5	（U5、U6）-16	VDD		芯片电源正极

单片机系统中，常采用 74HC595 作为 LED 的静态显示接口。74HC595 驱动 8 位数码管显示模块工作原理：数据从单片机的 I/O 接口送入 74HC595，在每个 SRCLK 的上升沿，SER 端口上的数据移入寄存器，在 SRCLK 的第 9 个上升沿，数据开始从 $\overline{Q7}$ 移出。如果把第一个 74HC595 的 $\overline{Q7}$ 和第二个 74HC595 的 SER 相接，数据即移入第二个 74HC595 中，按此一个一个接下去，可任意多个。数据全部传送完后，给 RCLK 一个上升沿，寄存器中的数据即置入锁存器中。此时如果输出允许控制 E 为低电平，数据即从并口 Q0~Q7 输出，把 Q0~Q7 与 LED 的八段相接，LED 就可以显示了。

4 位数码管可使用共阳极数码管，也可使用共阴极数码管，硬件电路相同。在编程时才有共阴极、共阳极的区别。建议选择共阴极数码管，因为 74HC595 拉低能力比较强。

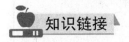
知识链接

74HC595 芯片功能

如图 9-8 所示是 74HC595 芯片的实物图及引脚图。74HC595 芯片内含 8 位串入/串并出移位寄存器和 8 位三态输出寄存器。寄存器和锁存器分别有各自的时钟输入（SRCLK 和 RCLK），都是上升沿有效。当 SRCLK 从低电平到高电平跳变时，串行输入数据（SER）移入寄存器；当 RCLK 从低电平到高电平跳变时，寄存器的数据置入锁存器。清除端（SRCLK）的低电平只对寄存器复位（$\overline{Q7}$ 为低电平），而对锁存器无影响。当输出允许控制（E）为高电平时，并行输出（Q0~Q7）为高阻态，而串行输出（$\overline{Q7}$）不受影响。

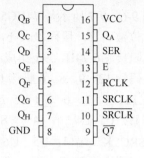

(a) 实物图   (b) 引脚图

图 9-8 74HC595 芯片

表 9-2 是 74HC595 芯片各引脚功能描述。

表 9-2 74HC595 芯片各引脚功能描述

序号	符号	引脚	描述	其他供应商符号标注
1	$Q_A \cdots Q_H$	15, 1…7	并行数据输出	$Q0 \cdots Q7$
2	GND	8	地	GND
3	$\overline{Q7}$	9	串行数据输出	$\overline{Q7}$
4	$\overline{SRCLR}$	10	主复位（低电平）	$\overline{MR}$
5	SRCLK	11	移位寄存器时钟输入	SH_cp
6	RCLK	12	存储寄存器时钟输入	ST_cp
7	E	13	低电平输出有效	$\overline{OE}$
8	SER	14	串行数据输入	DS
9	VCC	16	电源	VDD

表 9-3 是 74HC595 芯片输入、输出功能表。

表 9-3 74HC595 芯片输入、输出功能表

输入					输出		功能
SRCLK	RCLK	E	$\overline{SRCLR}$	SER	$\overline{Q7}$	Qn	
×	×	L	↓	×	L	NC	$\overline{SRCLR}$ 为低电平时仅影响移位寄存器
×	↑	L	L	×	L	L	空移位寄存器到输出寄存器
×	×	H	L	×	L	Z	清空移位寄存器，并行输出为高阻状态
↑	×	L	H	H	Q6	NC	逻辑高电平移入移位寄存器状态 0，包含所有的移位寄存器状态移入，例如，以前的状态 6（内部 Q6'）出现在串行输出位
×	↑	L	H	×	NC	Qn'	移位寄存器的内容到达保持寄存器并从并口输出
↑	↑	L	H	×	Q6'	Qn'	移位寄存器内容移入，先前的移位寄存器的内容到达保持寄存器并输出

备注：H=高电平状态，L=低电平状态，↑=上升沿，↓=下降沿
Z=高阻，NC=无变化，×=无效

项目 9 多位数码管电路的制作与应用

任务实施

使用多孔板上制作 74HC595 驱动 8 位数码管显示模块。

1. 选择元器件。

（1）1 块 9cm×15cm 多孔板[图 9-9（a）]。

（2）8 个 0.25W 200Ω 四色环碳膜电阻[图 9-9（b）]。

（3）2 个 0.36 英寸红色共阴极 4 位八段数码管[图 9-9（c）]。

（4）2.54mm 间距 2×40P 双排针[图 9-9（d）]。

（5）2 块直插 74HC595-DIP-16 芯片[图 9-9（e）]。

（6）2 个 16-PIC 芯片插座[图 9-9（f）]。

（7）30 根 20cm 环保 PE 导线 9/1.3 电子线[图 9-9（g）]。

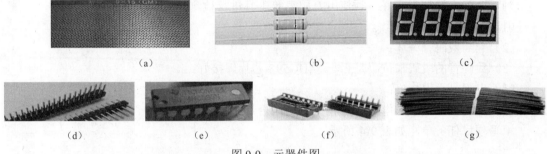

图 9-9 元器件图

2. 图 9-10 所示为参考实物图，两个电容是对电源进行滤波的，可以选用。在多孔板上按图 9-6、9-7 所示原理图及图 9-10 所示实物图进行焊接。

图 9-10 74HC595 驱动 8 位数码管显示模块实物图

（1）数码管的段码端：对应的"a，b，c，d，e，f，g，dp"的同名端焊接在一起，并与 200Ω 电阻串联，焊接到如实物图（见图 9-10）所示的右边 74HC595 集成芯片的 Q0、Q1、

187

Q2、Q3、Q4、Q5、Q6、Q7 端口上。

（2）数码管的位码端：实物图上左边数码管 12 脚焊接到左边 74HC595 芯片的 15 脚，依此顺序焊接其他位码端。

（3）限流电阻：一端焊接到数码管段码端，另一端焊接到右边 74HC595 芯片对应的 Q 端。

（4）电源：不管是共阴极、还是共阳极数码管，芯片电源引脚不变。

（5）接线端子：共引出五根线至端子上，每焊接一根应及时做好标记，防止焊错。实物图上五个端子，分别对应的是：电源正极、SRCLK、RCLK、SER 及电源负极。

（6）芯片插座：焊接芯片插座时 74HC595 芯片不放在插座上，以防高温损坏芯片。调试时再插上芯片。

任务评价

判断电路焊接是否完好，须使用万用表等工具进行检测，关键点如下：
(1) 电源是否正常；
(2) 判断数码管好坏；
(3) 数码管的段码与位码是否与 74HC595 芯片焊接好；
(4) 电阻是否焊接好；
(5) 五个接入端子与电路芯片相关引脚是否焊接好。

填写项目任务单，如表 9-4 所示。

表 9-4　项目任务单

1. 元器件部分　　（□已做　□不必做　□未做）		
① 检查元器件的型号、数量是否符合本次任务的要求	□是	□否
② 检测元器件是否可用	□是	□否
你在完成第一部分子任务的时候，遇到了哪些问题？你是如何解决的？		
2. 多孔板上焊接部分　　（□已做　□不必做　□未做）		
① 检查工具是否安全可靠	□是	□否
② 在此过程中是否遵守了安全规程和注意事项	□是	□否
③ 是否完成了 8 位共阴极数码管电路的焊接	□是	□否
你在完成第二部分子任务的时候，遇到了哪些问题？你是如何解决的？		
3. 检测　　（□已做　□不必做　□未做）		
① 不带电检查各焊接点是否正常	□是	□否
② 带电检查模块能否工作	□是	□否
你在完成第三部分子任务的时候，遇到了哪些问题？你是如何解决的？		
完成情况总结及评价：		
学习效果：　□优　□良　□中　□差		

项目 9　多位数码管电路的制作与应用

任务拓展

1. 购买多孔板、排针、8个PNP三极管、2个4位共阴极数码管、10个1kΩ电阻、10个10kΩ电阻等元器件，焊接一个由三极管驱动的8位数码管显示模块。

2. 购买多孔板、排针、2个4位共阴极数码管（或共阳极数码管）、16个200Ω电阻等元器件，焊接一个由STC15单片机直接驱动的8位数码管显示模块。利用STC15系列芯片每个接口拉电流与灌电流能力达20mA直接显示数据，编程简单、方便。

任务2　定时器的使用

学习目标

- 理解单片机定时器的含义及与定时器相关寄存器的功能。
- 掌握定时器的使用方法及程序编写。

任务呈现

定时器顾名思义，是用来实现定时功能的器件。最常用的家用定时器就是闹钟、定时插座、电饭煲、热水器、全自动洗衣机等。如图9-11所示为日常生活中常见的定时器应用。

当然，并不是所有的定时器都有显示和报警等功能，有许多功能简单的定时器，像某些洗衣机的内部定时器是机械式的，没有显示功能，到时自动关闭。传统的定时器，要通过按键输入定时，而随着发展，定时器的应用也越来越广泛，各种智能化性能也开始逐步实现，现在的定时器可以实现遥控定时、语音定时，也可以延时定时、循环定时等。

本次任务所述的定时器是单片机中断源的一种，也能够实现定时功能。

　　　　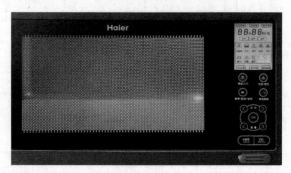
(a) 定时插座　　　　　　　　　　(b) 微波炉

图 9-11　常见的定时器应用

本次任务

掌握定时器的执行过程及工作原理。
掌握定时器的程序编写，能用定时器完成时间控制。

电路分析

如图 9-12 所示是两种单片机引脚图。图 9-12（a）所示是 12 时钟周期的单片机引脚图，图 9-12（b）所示是 1 时钟周期的 STC15 某型号芯片的单片机引脚图。

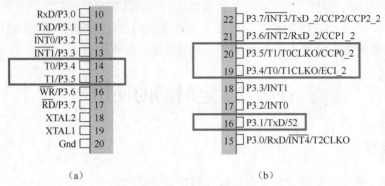

图 9-12　单片机引脚图

图 9-12 中方框圈出的端口是两种单片机的定时/计数器端口。传统单片机的定时/计数器端口都是 P3.4、P3.5 口，新开发的单片机一般继承原有芯片功能，如 P3.1 口为定时/计数器功能不变，同时还增加新的功能端口，如 STC15 系列某一型号芯片的 P3.1 口，除对单片机进行写数据功能外，同时还有定时/计数器功能。

如图 9-13 所示是单片机 T0、T1 定时/计数器系统内部结构图。

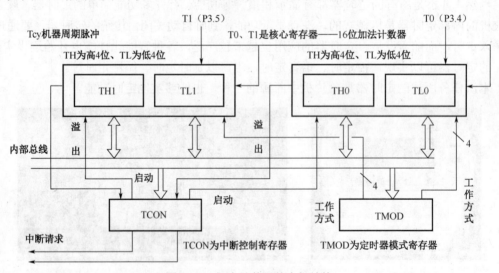

图 9-13　定时/计数器的内部结构

通过图 9-13 分析，定时/计数器中断能正常工作，需要对 TCON、IE、IP 中断控制寄存器进行正确设置。

分析图 9-13 所示数据控制流程，T0（P3.4）口、T1（P3.5）口能正常工作，受控于 TMOD 定时器模式寄存器的设置。

没有特殊情况，使用自然中断优先级顺序处理发生的事件，此时对 IP 控制寄存器不需进行任何设置。

项目 9 多位数码管电路的制作与应用

使用定时器中断按自然中断优先级顺序处理事件,对 T0、T1 定时器中断编程时仅关心 TMOD、TCON、IE 控制寄存器的正确设置。对于 T0 口按方式 1 工作的设置如下:

```
TMOD = 0x01;      //工作方式 1,即不重装初值的 16 位计数器工作方式,对 TMOD 设置
TR0 = 1;          //启动定时器 0,对 TCON 寄存器进行设置
ET0 = 1;          //打开定时器 0 中断,对 IE 寄存器进行设置
EA = 1;           //打开总中断,对 IE 寄存器进行设置
```

实际编程时,一般编写一个通用定时器初始化函数。

例:同时在工作方式 1 下打开两个定时器,函数程序段如下。

```
/*****************************************************************
* 函 数 名:Timer_Init
* 函数功能:设置外部中断
* 输    入:无参数
* 输    出:无返回值
*****************************************************************/
void Timer_Init( )
{
        TMOD = 0x01;      //工作方式 1,即不重装初值的 16 位计数器工作方式
    //设置 Timer0
        TR0 = 1;          //启动定时器 0
        ET0 = 1;          //打开定时器 0 中断
    //设置 Timer1
        TR1 = 1;          //启动定时器 1
        ET1 = 1;          //打开定时器 1 中断
        EA = 1;           //打开总中断
}
```

上述函数还可以简化为:

```
void Timer_Init( )
{
        TMOD = 0x01;    //工作方式 1,即不重装初值的 16 位计数器工作方式
        TCON = 0x50;    //TR0 是 TCON 的第 4 位,TR1 是 TCON 的第 6 位,即 TCON = 0101 0000
        IE = 0x8A;      //ET0 是 IE 的第 1 位,ET1 是 IE 的第 3 位,EA 是 IE 的第 7 位,即 IE = 1000 1010
}
```

只有定时/计数器一类中断在使用,可以使用 "TCON = 0x50;" 语句,若还有外部中断等其他中断在使用,则 TCON 应改写为:TCON & = 0x5F,其他寄存器的使用可以按此原理做同样处理。实际编写该函数时,还需要增加定时/计数器 TH、TL 的初值。

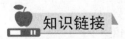

1. TMOD 定时/计数器工作方式寄存器

TMOD 用于设置定时/计数器的工作方式,格式见表 9-5。

表 9-5 定时/计数器工作方式寄存器 TMOD

序号	位序号	位符号	使用权	功能
1	B0	M0	T0 定时器	1. M0、M1 的设置
2	B1	M1		M0 = 0，M1 = 0，工作方式 0，13 位计数器（传统芯片）
3	B2	C/$\overline{T}$		STC15 芯片开始定义为 16 位自动重装计数器
4	B3	GATE		M0 = 0，M1 = 1，工作方式 1，16 位不可重装计数器
5	B4	M0	T1 定时器	M0 = 1，M1 = 0，工作方式 2，自动重装初值的 8 位计数器
6	B5	M1		M0 = 1，M1 = 1，工作方式 3，T0 有效，T1 无效
7	B6	C/$\overline{T}$		2. C/$\overline{T}$ 及 GATE 的设置
8	B7	GATE		C/$\overline{T}$ = 1 为计数器模式，C/$\overline{T}$ = 0 为定时器模式
				GATE 一般使用时取 0

2．定时/计数器的初值设置

（1）初值的由来。

加 1 计数器输入的计数脉冲有两个来源，一个是由系统的时钟振荡器输出每 12 个时钟（STC89、STC90 系列单片机）或 1 个时钟（STC10、STC11、STC12、STC15 系列单片机）得到一个计数脉冲，另一个是 T0（P3.4）或 T1（P3.5）引脚输入的外部脉冲源。每来一个脉冲计数器加 1，当加到计数器各位全为 1 时，再输入一个脉冲就使计数器回零，且计数器的溢出使 TCON 中的 TF0 或 TF1 置 1，向 CPU 发出中断请求（定时/计数器中断允许时）。如果定时/计数器工作于定时模式，则表示定时时间已到；如果工作于计数模式，则表示计数值已满。

可见，由溢出时计数器的值减去计数初值才是加 1 计数器的计数值。

设置为定时器模式时，加 1 计数器是对内部机器周期计数（对于 12T 芯片，1 个机器周期等于 12 个振荡周期，即计数频率为工作频率的 1/12，对于 1T 芯片，1 个机器周期等于 1 个振荡周期）。计数值 N 乘以机器周期 T 就是定时时间）。

设置为计数器模式时，外部事件计数脉冲由 T0（P3.4）或 T1（P3.5）引脚输入到计数器。使用计数器功能时，要求外界脉冲频率低于一个机器周期，否则计数不准。

由上面的知识点可知，每个定时器都有 4 种工作模式，可通过设置 TMOD 寄存器中的 M1、M0 位来进行工作方式选择。在不同工作方式下计数器位数不同，最大计数值也不同。设最大计数值为 M，那么 4 种工作方式下的最大值 M 值分别为

方式 0：$M = 2^{13} = 8192$（传统 51 芯片），方式 0：$M = 2^{16} = 65536$（STC15 芯片开始使用）

方式 1：$M = 2^{16} = 65536$

方式 2：$M = 2^8 = 256$

方式 3：T0 分成两个 8 位计数器，所以两个 M 均为 256。

定时/计数器是作 "加 1" 计数，并在计数溢满时产生中断，因此初值 X 为

计数功能：$X = 2^n -$ 计数值，$n = 8$，13，16，取决于工作方式。

定时功能：$X = 2^n - t/T$，t 为定时时间，T 为机器周期，数值为 12/工作频率。

（2）初值的计算。

例：假设 12T 单片机的外接工作频率为 11.0592MHz，使用定时器 0，分别在工作方式 0 与工作方式 1 下，要求定时时间为 5ms 时的 TH0 和 TL0 的值。

【分析】工作频率为 11.0592MHz，那么机器周期 T = 12/工作频率 = 12/11.0592 MHz
定时值 $N = t/T$ = 5 ms/（12/11.0592 MHz）= 4608
方式 0：初值 $X = 2^{13} - t/T$ = 8192-4608 = 3584 = 0xE00 =（1110 0000 0000）$_2$
方式 1：初值 $X = 2^{16} - t/T$ = 65536-4608 = 60928 = 0xEE00
由于方式 0 中的 TL0 仅取低 5 位，∴TL0 =（0 0000）$_2$ = 0x00，TH0 =（1110 000）$_2$ = 0x70
方式 1：TH0 直接取高位值，TL0 直接取低位值，即，TH0 = 0xEE，TL0 = 0x00
STC15 芯片工作在方式 0 时，TH0、TL0 取值与方式 1 相同。

（3）四种工作方式选用的比较。

通过上述计算，方式 0 用于定时时，传统芯片中计算 TH0 和 TL0 值不方便。STC15 芯片工作方式 0 设置为 16 位自动重装计数初值，这种方式在 STC15 中使用计数器编程最宜。方式 1 用于定时时，16 位不重装计数初值，传统芯片使用该方式计数器编程最宜。方式 2 是自动重装初值的 8 位计数方式，省去了用户在软件中重装计数初值的程序，特别适合于用作比较精确的脉冲信号发生器和串口通信中的波特率发生器。方式 3 只适用于定时/计数器 T0，T1 不能使用。

电子资料包中有一个"51 定时器计算"软件，或使用 STC 公司的 STC-ISP 软件中的定时器功能，可方便计算出不同工作方式下 TH0 和 TL0 的值。

（4）方式 1 下定时/计数器中断服务典型函数。

```
void   Timer0( )   interrupt   1
{
        TH0 = (65536−1000)/256;        //重装初始值，工作频率为 12MHz，定时 1ms
        TL0 = (65536−1000)%256;
        K1++;                          //变量赋值，可以让其他函数调用该值处理相关事件
}
```

任务实施

1．定时器的初始化。

在写单片机的定时器程序时，在程序开始处需要对定时器及中断寄存器进行初始化设置，通常定时器的初始化过程如下。

（1）对 TMOD 赋值，以确定 T0 和 T1 的工作方式。
（2）计算初值，并将初值写入 TH0、TL0 或 TH1、TL1。
（3）中断方式时，则对 IE 赋值，开放中断。
（4）使 TR0 和 TR1 置位，启动定时/计数器定时或计数。

```
/*******************************************************
 * 函 数 名：Init_T0
 * 函数功能：设置定时器 0，定时时间为 50ms，工作频率 12MHz
 *******************************************************/
void Init_T0( )                        // T0 初始化
{
        TMOD = 0x01;                   //设置定时器 0 位工作模式 1（M1M0 为 01）
        TH0 = (65536−(int)(50000*11.0592/12))/256;
                //装初值，工作频率 11.0592MHz，定时 50ms //(int)(x)对 x 值进行取整运算
        TL0 = (65536−(int)(50000*11.0592/12))%256;
```

```c
    EA = 1;                    //开总中断
    ET0 = 1;                   //开定时器 0 中断
    TR0 = 1;                   //启动定时器 0
}
```

2. 定时器的中断服务函数。

```c
/****************************************************************
* 函 数 名：timer0
* 函数功能：定时器 0 的中断函数
****************************************************************/
void  timer0( ) interrupt  1        //定时器 0 的中断号是 1
{
    TH0 = (65536-50000)/256;        //重新装载初值，工作频率为 12MHz，定时 50ms
    TL0 = (65536-50000)%256;
            //一般选用对变量赋值，这个变量可供其他函数使用，控制程序走向
}
```

3. 利用定时器 0 工作方式 1，实现一个发光二极管 1s 亮、1s 灭的闪烁。

【分析】工作方式 1 下，频率为 11.0592MHz，最大定时时间不超过 66ms。如果选用 50ms 定时一次，1s 定时也就是需要调用 20 个 50ms 定时函数，这样便可设置定时时间了。

程序代码如下：

```c
/****************************************************************
* 实 验 名：定时器 0 的使用
* 实验说明：定时器 0 工作方式 1，实现一个发光二极管 1s 亮、1s 灭的闪烁
* 连接方式：P1 口接 8 位共阳极流水灯
* 调试芯片：STC15F2K60S2-PDIP40 系列/IAP15F2K61S2，1T 芯片
* 使用模块：5V 电源、STC15 单片机最小系统、8 位数码管显示模块
* 适用芯片：89、90、STC10、STC11、STC12、STC15 系列
****************************************************************/
//--包含要使用到相应功能的头文件--//
#include<reg52.h>
//定义全局变量
sbit    led1 = P1^0;
unsigned char num;
/****************************************************************
* 函 数 名：Init_T0
* 函数功能：配置定时器值
* 输    入：无参数
* 输    出：无返回值
****************************************************************/
void Init_T0( )                     // T0 初始化
{
    TMOD = 0x01;                    //设置定时器 0 位工作模式 1（M1M0 为 01）
    TH0 = (65536- (int)(50000*11.0592/12))/256;    //12T 工作模式
            //装初值，工作频率 11.0592MHz，定时 50ms  //(int)(x)对 x 值进行取整运算
    TL0 = (65536-(int)(50000*11.0592/12))%256;
    EA = 1;                         //开总中断
    ET0 = 1;                        //开定时器 0 中断
    TR0 = 1;                        //启动定时器 0
}
```

```
/****************************************************************
* 函 数 名: main
* 函数功能: 主函数
* 输    入: 无参数
* 输    出: 无返回值
****************************************************************/
void main( )
{
    Init_T0( );                    //T0 初始化设置
    while(1)
    {
        if(num = = 20)             //如果到了 20 次, 说明 1s 时间到
        {
            led1 = ~led1;          //让发光二极管状态取反
            num = 0;               //计数清零, 以便下次继续计数
        }
    }
}
/****************************************************************
* 函 数 名: Timer0
* 函数功能: 定时器 0 的中断函数
* 输    入: 无参数
* 输    出: 无返回值
****************************************************************/
void Timer0( ) interrupt   1       //定时器的中断服务程序
{
    TH0 = (65536−(int)(50000*11.0295/12))/256;   //重新装载初值, 12T 工作模式
    TL0 = (65536−(int)(50000*11.0295/12))%256;
    num++;
}
```

没有任何设置时,STC15 系列芯片定时器默认在 12T 工作模式。让 STC15 系列定时器工作在 1T 模式下,需要进行设置,如: AUXR|= 0x80。中断最长时间不超过 5ms,定时器中断函数的编写,可参考 STC 公司提供的 STC-ISP 软件中的"定时/计数器"设置功能。

例: 编写满足如下条件的初始化 T0 函数。①使用 STC15 系列芯片,②工作在 1T 模式,③设置工作方式 1(不自动重装 16 位定时/计数器方式),④使用定时器 0,⑤定时 5ms 的初始化函数,⑥工作频率为 11.0592MHz。

```
void   Init_T0( )(void)        //5ms@11.0592MHz
{
        AUXR|= 0x80;           //定时器时钟 1T 模式
        TMOD &= 0xF0;          //保留定时器 1 状态
        TMOD |= 0x01;          //设置定时器模式
        TL0 = (65536−(int)(5000*11.0592))%256;    //设置定时初值, 定时 5ms, 1T 工作模式
        TH0 = (65536−(int)(5000*11.0592))/256;
        TF0 = 0;               //清除 TF0 标志
        TR0 = 1;               //定时器 0 开始计时
        EA = 1;                //开总中断
        ET0 = 1;               //开定时器 0 中断
}
```

任务评价

填写项目任务单，如表 9-6 所示。

表 9-6　项目任务单

1. 定时器相关概念　（□已做　□不必做　□未做）		
① 是否知道单片机有几个定时器	□是	□否
② 是否理解定时器的作用	□是	□否
③ 是否了解定时器的使用场合	□是	□否
你在完成第一部分子任务的时候，遇到了哪些问题？你是如何解决的？		
2. 定时器中断的应用　（□已做　□不必做　□未做）		
① 能否写出定时器的初始化函数	□是	□否
② 能否写出基本的定时器中断服务函数	□是	□否
你在完成第二部分子任务的时候，遇到了哪些问题？你是如何解决的？		
完成情况总结及评价：		
学习效果：　□优　□良　□中　□差		

任务拓展

尝试加上独立键盘模块，由按键控制定时器的启动与停止。利用定时器 1 的工作方式 1，实现按键 K1 启动一个发光二极管以 1s 亮灭闪烁，按键 K2 停止发光二极管闪烁。

任务 3　在 Proteus 软件中实现数字钟

学习目标

- 掌握多位数码管显示程序的编写，熟练使用 Keil C51 软件调试程序。
- 能运用 Proteus 仿真软件实现多位数码管的显示。

任务呈现

如图 9-14 所示是在 Proteus 软件中使用独立键盘模块、74HC595 驱动多位数码管模块的仿真图。

项目 9 多位数码管电路的制作与应用

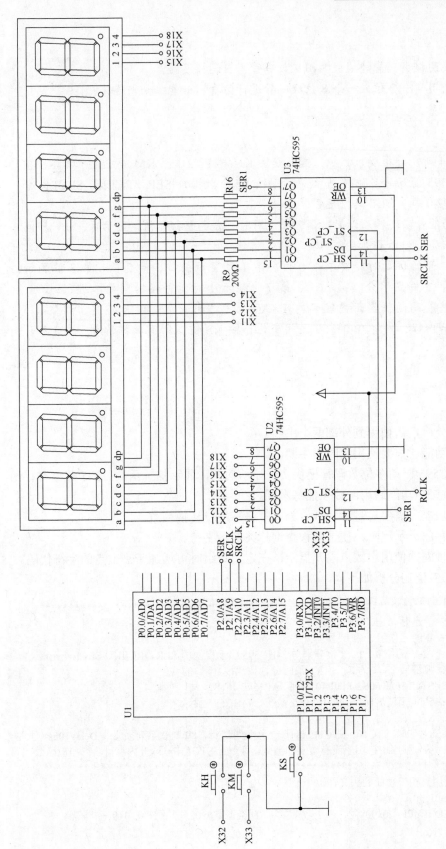

图9-14 使用独立键盘及多位数码管的仿真图

197

单片机应用技术

想一想

（1）若将共阴极数码管替换成共阳极数码管，应怎样连接？

（2）能否使用4个2位或一个8位数码管进行仿真？若能，如何连接？

本次任务

根据图9-14所示连接要求，独立键盘模块KH接P3.2口，KM接P3.3口，KS接P1.0口，74HC595驱动的多位数码管显示模块的三个数据口SER、RCLK、SRCLK分别接单片机的P2.0口、P2.1口、P2.2口。

实现任务功能：实现秒表计时功能，并能对时、分调整初始值，显示时、分、秒间的小数点要被点亮，以示隔开。

具体要求：开始仿真时，要求第0位、第1位显示毫秒，第2位、第3位显示秒，第4位、第5位显示分，第6位、第7位显示小时，并按时间要求进行进位。按KH键，调整最高两位显示内容，内容在0~23之间变化；按KM键，调整第5位、第6位显示内容，内容在0~59之间变化；按KS键，所有数据清0，并重新开始计时。

程序分析

1. 根据任务分析，需使用到外部两个中断。
2. 秒表计时功能，需要使用定时器中断。
3. 使用74HC595驱动多位数码管模块实现显示功能，显示扫描函数、595移位寄存函数、显示扫描函数三个功能通用函数须熟练掌握。
4. 秒表计时功能，需要对毫秒、秒、分、时编写进位转换函数。
5. 使用数组存放显示代码，便于编程查询相关显示字符。
6. 时、分、秒间须使用小数点隔开显示，在定义数组时可增加带小数点的字符代码。

程序代码及相应语句分析如下：

```
/*******************************************************************
* 程 序 名：显示时、分、秒、毫秒
* 程序说明：定时器使用、1T 设置
* 连接方式：P2 口的第 0、1、2 位分别与 74HC595 显示模块的 SER、RCLK、SRCLK 连接
* 连接方式：按键接 P3 口的 2、3 位，清时分秒按键接 P1 口的 0 位
* 调试芯片：STC15F2K60S2-PDIP40 系列/ IAP15F2K61S2，1T 芯片
* 使用模块：5V 电源、STC15 单片机最小系统、74HC595 显示
* 适用芯片：STC15 系列
* 注    意：89、90、STC10、STC11、STC12 系列可运行，89、90 系列须修改 Delay10us 延时函
            数，程序中使用了没有定义的函数，可查看 STC15Fxxxx.h 内容可获得相应函数代码
*******************************************************************/
//--包含要使用到相应功能的头文件--//
#include <config.h>
#define   LED_TYPE   0x00           //定义 LED 类型，0x00—共阴极，0xff—共阳极
```

```c
//--函数声明--//
void Timer0Init(void);              //配置定时器值
void Timer0( );                     //定时器 0 中断
void Min_Sec_Time_Change(void);     //分一秒一毫秒转换
void Led_Let_Set(void);             //LED 清空
void Led_Let(void);                 //LED 赋值
void Send_595(unsigned char dat);   //串行移位
void Display(void);                 //显示扫描
void Delay10us( );                  //延时 10μs
void Delay_n_10us(unsigned int n);
/************* I/O 接口定义 **************/
sbit   P_HC595_SER   = P2^0;        //串行数据输入
sbit   P_HC595_RCLK  = P2^1;        //存储寄存器时钟输入
sbit   P_HC595_SRCLK = P2^2;        //移位寄存器时钟输入
//--定义全局变量及函数--//
bit  B_5ms;                         //5ms 标志
unsigned char LED8[8];              //显示缓冲
unsigned char display_index;        //显示位索引
unsigned char Time = 0, Second = 0, Minute = 0, Hour = 0 ;
unsigned char code t_display[] = {0x3F,0x06,0x5B,0x4F,0x66,0x6D,0x7D,0x07,0x7F,0x6F,0x77,
0x00,0xBF,0x86,0xDB,0xCF,0xE6,0xED,0xFD,0x87,0xFF,0xEF,0x46};    //共阴极段码
// 0    1    2    3    4    5    6    7    8    9    A
//空   0.   1.   2.   3.   4.   5.   6.   7.   8.   9.   -1
unsigned char code T_COM[] = {0x01,0x02,0x04,0x08,0x10,0x20,0x40,0x80};   //位码
/******************************************************************
* 函 数 名：IntConfiguration
* 函数功能：设置外部中断
* 输    入：无参数
* 输    出：无返回值
******************************************************************/
void IntConfiguration( )
{
    //设置 INT0
        IT0 = 1;            //跳变沿触发方式（下降沿）
        EX0 = 1;            //打开 INT0 的中断允许
    //设置 INT1
        IT1 = 1;
        EX1 = 1;
        EA = 1;             //打开总中断
}
/******************************************************************
* 函 数 名：Int0
* 函数功能：外部中断 0 的中断函数
* 输    入：无参数
* 输    出：无返回值
******************************************************************/
void Int0() interrupt 0     //外部中断 0 的中断函数
{
    Hour++;                 //按键有效，小时增加 1
}
/******************************************************************
```

```c
*   函 数 名：Int1
*   函数功能：外部中断 1 的中断函数
*   输    入：无参数
*   输    出：无返回值
***************************************************************/
void Int1( ) interrupt 2          //外部中断 1 的中断函数
{
    Minute++;                     //按键有效，分增加 1
}
/***************************************************************
*   函 数 名：Timer0Init( )
*   函数功能：配置定时器值
*   输    入：无参数
*   输    出：无返回值
***************************************************************/
void Timer0Init(void)     //@11.0592MHz
{
    Timer0_1T( );         //设置在 1T 模式下运行，可查看 STC15Fxxxx.h 头文件内容
    TMOD = 0x00;          //1T 模式下，选择工作方式 0，16 位重装定时器
    TH0 = (65536-(int)(5000*11.0592))/256;    //设置初始值，定时 5ms
    TL0 = (65536-(int)(5000*11.0592))%256;
    EA = 1;               //打开总中断
    ET0 = 1;              //打开定时器 0 中断
    TR0 = 1;              //启动定时器 0
}
/***************************************************************
*   函 数 名：Timer0
*   函数功能：定时器 0 中断函数
*   输    入：无参数
*   输    出：无返回值
***************************************************************/
void Timer0( ) interrupt 1
{
    B_5ms = 1;            //5ms 标志 B_5ms;
}
/***************************************************************
*   函 数 名：main
*   函数功能：主函数
*   输    入：无参数
*   输    出：无返回值
***************************************************************/
void main(void)
{
    Timer0Init( );              //配置定时器值
    IntConfiguration( );        //启动中断
    Led_Let( );                 //显示 00.00.00.00
    while(1)
    {
        if(B_5ms)               //5ms 到
        {
            B_5ms = 0;
```

```c
            Min_Sec_Time_Change();     //毫秒、秒、分、时计数并进位转换
        }
        if(P10 == 0)                   //清零按键有效,显示数字全为0
        {
            Hour = 0;                  //时、分、秒归0
            Minute = 0;
            Second = 0;
        }
        if(Hour>23)                    //若时过24归0,手动调节时与分进行进位处理
            Hour = 0;
        if(Minute>60)                  //若分过60归0
            Minute = 0;
        if(Second>60)                  //若秒过60归0
            Second = 0;
        Led_Let();                     //根据显示内容对显示数组进行赋值
        Display( );                    //显示数组内容
        Delay_n_10us(10);              //扫描间隔时间设定
        Led_Let_Set( );                //若扫描时间间隔很大,消隐是必要的
    }
}
/*****************************************************************
* 函 数 名: Min_Sec_Time_Change
* 函数功能: 秒、分、时进位转换
* 输    入: 无参数
* 输    出: 无返回值
* 来    源: 根据需要写,STC公司学习板开发程序可参考
*****************************************************/
void Min_Sec_Time_Change(void)         //分、秒、毫秒转换
{
    if(++Time >= 200)                  //1s 到后
    {
        Time = 0;                      //累计中断时间次数变量清0
        if(++Second >= 60)             //增加1s到后,若秒变量到60清0
        {
            Second = 0;
            if(++Minute >= 60)         //达到60s后增加1分钟,若分变量到60清0
            {
                Minute = 0;
                if(++Hour > 24)        //达到60分后增加1小时,若小时变量到24清0
                    Hour = 0;
            }
        }
    }
}
/*****************************************************************
* 函 数 名: Led_Let_Set
* 函数功能: 显示空
* 输    入: 无参数
* 输    出: 无返回值
* 来    源: 根据需要自己写
*****************************************************************/
```

```c
void Let_Led_Set(void)                    //根据标准字库显示空白值（即无显示）
{
    unsigned char k;
    for ( k = 0;k<8;k++)
        LED8[k] = 11;                     // 11 在数组中代表空白值（即无显示）
}
/************************************************************************
 * 函 数 名：Led_Let
 * 函数功能：显示扫描函数、74HC595 移位寄存、显示扫描函数
 * 输    入：无参数
 * 输    出：无返回值
 * 来    源：根据需要自己写
************************************************************************/
void Led_Let(void)                        //根据标准字库显示
{
    LED8[0] = Hour/10;
    LED8[1] = Hour%10+12;                 //进级间带上小数点
    LED8[2] = Minute/10;
    LED8[3] = Minute%10+12;
    LED8[4] = Second/10;
    LED8[5] = Second%10+12;
    LED8[6] = Time/2/10;                  //0～200 折合成 100 内的数输出，只使用 2 位数码管
    LED8[7] = Time/2%10;
}
/************************************************************************
 * 函 数 名：Send_595
 * 函数功能：移位寄存
 * 输    入：有参数
 * 输    出：无返回值
 * 来    源：根据硬件电路实际情况，结合软件功能编写
************************************************************************/
void Send_595(unsigned char dat)   //串行移位
{
    unsigned char  i;
    for(i = 0; i<8; i++)
    {
        dat << = 1;
        P_HC595_SER = CY;       //把进位位的内容送到 74HC595，即发送 74HC595 一位串行数据
        P_HC595_SRCLK = 1;      //SER 口上的数据移入寄存器，在第 9 个上升沿，数据从 $\overline{Q7}$ 口移出
        P_HC595_SRCLK = 0;      //对寄存器复位清零
    }
}
/************************************************************************
 * 函 数 名：Display
 * 函数功能：显示扫描函数
 * 输    入：无参数
 * 输    出：无返回值
 * 来    源：根据硬件电路实际情况，结合软件功能编写
************************************************************************/
void Display(void)
{
```

```
        Send_595(~LED_TYPE ^ T_COM[display_index]);           //输出位码
        Send_595( LED_TYPE ^ t_display[LED8[display_index]]); //输出段码
        P_HC595_RCLK = 1;           //寄存器的数据置入锁存器中
        P_HC595_RCLK = 0;           //电路 E 脚接低，RCLK 低电平后数码管上输出相应内容
        if(++display_index > = 8)    display_index = 0;         //8 位结束回 0
}
/***********************************************************************
* 函 数 名：Delay10us
* 函数功能：延时函数，延时 10μs
* 输    入：无参数
* 输    出：无返回值
* 来    源：使用 STC-ISP 软件的"延时计算器"功能实现
***********************************************************************/
void Delay10us()        //@11.0592MHz，IAP15F2K61S2 芯片
{
    unsigned char i;
    _nop_();            //12T 芯片 i = 2，1T 芯片 i = 25
    i = 25;
    while (--i);
}
/***********************************************************************
* 函 数 名：Delay_n_10us
* 函数功能：延时 n 个 10μs 函数，实参值根据需要设定。若要延时 1μs，则实参值为 100
* 输    入：有
* 输    出：无返回值
* 来    源：根据功能要求自写程序
***********************************************************************/
void Delay_n_10us(unsigned int n)        //@11.0592MHz
{
    unsigned int i;
    for(i = 0;i<n;i++)
        Delay10us();
}
```

本例程序小数点显示使用字典查表方式获得，试问：还可使用什么方法解决小数的显示问题？

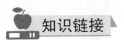

STC15Fxxxx.h 头文件

在上述程序中使用了 config.h 头文件，该文件内容如下：

```
/* --- STC MCU International Limited ---------------------------------*/
/* --- STC 1T Series MCU Demo Programme ------------------------------*/
/* --- Mobile: （86）13922805190 ------------------------------------*/
/* --- Fax: 86-0513-55012956，55012947，55012969 -------------------*/
/* --- Tel: 86-0513-55012928，55012929，55012966 -------------------*/
/* --- Web: www.GXWMCU.com ------------------------------------------*/
/* --- QQ: 800003751 ------------------------------------------------*/
/* 如果要在程序中使用此代码，请在程序中注明使用了宏晶科技的资料及程序*/
```

```
#ifndef  __CONFIG_H
#define  __CONFIG_H
/*********************************************************/
//#define MAIN_Fosc    22118400L    //定义主时钟
#define  MAIN_Fosc    12000000L    //定义主时钟
//#define MAIN_Fosc    11059200L    //定义主时钟
//#define MAIN_Fosc    5529600L     //定义主时钟
//#define MAIN_Fosc    24000000L    //定义主时钟
/*********************************************************/
#include   "STC15Fxxxx.h"
#define DIS_DOT        0x80
#define DIS_BLACK      0x00
#define DIS_          0x08
#endif
```

在 config.h 头文件核心代码一是定义了芯片主时钟频率，二是调用了 STC 公司开发的 STC15Fxxxx.h 头文件。

STC15Fxxxx.h 头文件代码约 4000 多行，包含了对早期通用型 C51 芯片的寄存器、位标量声明，同时也对 STC15 系列新开发的功能寄存器进行了定义。共定义了 123 个特殊功能寄存器、12 类 122 个可位寻址变量、常用的符号常量及近 80 个函数。在早期通用型 C51 芯片的头文件中没有定义寄存器可对位或字节操作，而在 STC15Fxxxx.h 头文件中定义了近 80 个函数，反映出可进行位或字节操作寄存器。

深入理解 STC15Fxxxx.h 头文件对应用 STC15 系列芯片开发控制系统，可以达到事半功倍的效果。

任务实施

在 Proteus 软件中绘制仿真电路图，如图 9-14 所示。
具体步骤如下。
（1）打开 Proteus 软件。
（2）在元器件浏览窗口单击"P"，从对话框元器件库中拾取所需的元器件，如图 9-15 所示。

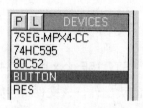

图 9-15 元器件浏览窗口显示的元器件目录

（3）在原理图编辑窗口中，放置元器件。
（4）添加电源与信号地。
（5）在原理图编辑窗口中进行布线，本任务中要求使用总线。

在 Proteus 软件单片机的仿真原理图中，复位电路与时钟电路可以省略，系统默认工作频率为 12MHz，为了方便，只需要取默认值就可以了。

（6）在 Keil C51 软件中编辑、修改、编译需要仿真运行的程序。
（7）加载仿真软件。
（8）运行。若达不到目标，分析是 Proteus 仿真图出错，还是程序功能没有完成，须经反复多次调试、运行，最后完成任务。

任务评价

1．仿真电路检测。
（1）正确调用所需元器件。
（2）正确绘制仿真电路原理图。
2．程序检测。
（1）通过 Keil C51 软件编写程序，编译通过并生成 HEX 文件。
（2）编译通过仅说明无逻辑错误，应在 Proteus 仿真软件中查看仿真结果，检查能否实现所需功能，若不能实现相关功能，在 Keil C51 软件中对相应部分进行调试。

填写项目任务单，如表 9-7 所示。

表 9-7 项目任务单

1．仿真电路部分 （□已做 □不必做 □未做）		
① 检查所使用的元器件是否符合本次任务的要求	□是	□否
② 检查电路连接是否正确	□是	□否
你在完成第一部分子任务的时候，遇到了哪些问题？你是如何解决的？		
2．程序及软件仿真部分 （□已做 □不必做 □未做）		
① 检查所使用软件是否可用	□是	□否
② 程序出错后能否调试	□是	□否
③ 软件仿真能否顺序完成	□是	□否
你在完成第二部分子任务的时候，遇到了哪些问题？你是如何解决的？		
完成情况总结及评价：		
学习效果： □优 □良 □中 □差		

任务拓展

本任务完成了毫秒计时功能，课后尝试显示出一组欢迎词，循环流动显示，譬如"Go on"、"Error"等词语。或者按下不同次数的按键，显示不同的一组欢迎词。

单片机应用技术

任务4　数字钟的制作

学习目标

- 掌握8位数码管动态显示原理。
- 能使用DS1302芯片控制时间。

任务呈现

DS1302是由美国DALLAS公司推出的具有涓细电流充电能力的低功耗实时时钟芯片。它可以对年、月、日、周、时、分、秒进行计时,且具有闰年补偿等多种功能。如图9-16所示,本次任务由DS1302芯片控制时间,74HC595驱动8位数码管显示出当前时间。

想一想

（1）DS1302与定时器的区别在哪儿？有何优点？
（2）能否使用按键控制DS1302的运行？

本次任务

使用STC15单片机最小系统模块、8位数码管显示模块、DS1302芯片、电源及连接线若干,模拟出数字钟的功能。

知识链接

1. DS1302简介

DS1302是美国DALLAS公司推出的一种高性能、低功耗的实时时钟芯片,附加31字节静态RAM,采用SPI三线接口与CPU进行同步通信,并可采用突发方式一次传送多个字节的时钟信号和RAM数据。实时时钟可提供秒、分、时、日、星期、月和年,一个月少于31天时可以自动调整,且具有闰年补偿功能。工作电压宽达2.5～5.5V。采用双电源（主电源和备用电源）供电,可设置备用电源充电方式,提供了对后备电源进行涓细电流充电的能力。如图9-17所示为DS1302的外部引脚分配及内部结构图。DS1302用于数据记录,特别是在对某些具有特殊意义的数据点的记录上,能实现同时记录数据及出现该数据的时间,因此广泛应用于测量系统中。

如表9-8所示是DS1302的引脚描述。

项目 9 多位数码管电路的制作与应用

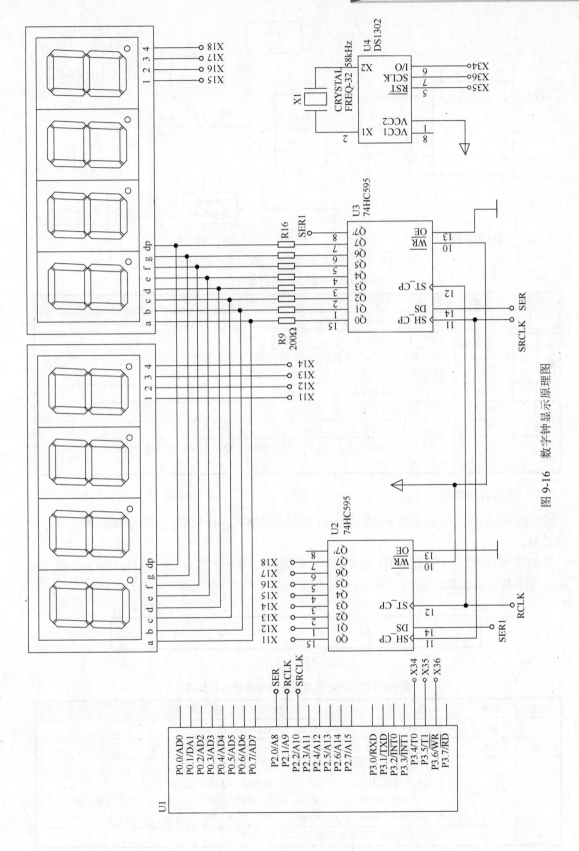

图 9-16 数字钟显示原理图

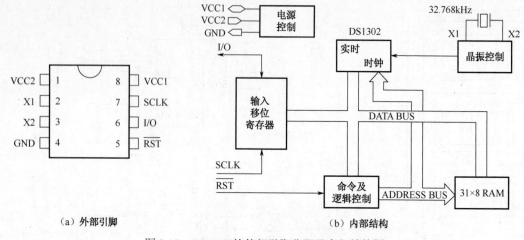

(a) 外部引脚　　　　　　　　　　(b) 内部结构

图 9-17　DS1302 的外部引脚分配及内部结构图

表 9-8　DS1302 的引脚描述

序号	引脚	引脚描述
1	X1，X2	接标准的 32.768kHz 石英晶振
2	GND	接地端
3	$\overline{\text{RST}}$	输入信号，在读、写数据期间，必须为高电平。一是控制字访问移位寄存器的控制逻辑，二是提供结束单字节或多字节数据传输的方法
4	I/O	三线接口时的双向数据线
5	SCLK	串行同步时钟输入，控制数据的输入与输出
6	VCC1	提供电池备份电源
7	VCC2	主电源供应，可以用于给 VCC1 充电；当 VCC2−VCC1>0.2V 时，由 VCC2 供电；当 VCC2<VCC1 时，由 VCC1 供电

2．读写时序说明

DS1302 是 SPI 总线驱动方式。它不仅要向寄存器写入控制字，还需要读取相应寄存器的数据。

如图 9-18 所示，是 DS1302 的控制字（即地址及命令字节）。表 9-9 为 DS1302 芯片操作命令字各位功能表。

bit	7	6	5	4	3	2	1	0
	1	$\dfrac{\text{RAM}}{\overline{\text{CK}}}$	A4	A3	A2	A1	A0	$\dfrac{\text{RD}}{\overline{\text{WR}}}$

图 9-18　控制字

表 9-9　DS1302 芯片操作命令字各位功能表

序号	位号	命令字各位功能表
1	bit7	必须为 1，如果为 0，则不能把数据写入到 DS1302 中
2	bit6	为 0，则表示存取日历时钟数据；为 1，表示存取 RAM 数据
3	bit5～bit1	指定待读写的寄存器或 RAM 的地址 0X00—写允许，0X80—写禁止，0X8E—写保护，0X8F—读保护 0X80、0X82、0X84、0X86、0X88、0X8A、0X8C—写秒、分、时、日、月、星期、年 0X81、0X83、0X85、0X87、0X89、0X8B、0X8D—读秒、分、时、日、月、星期、年
4	bit0	读操作或写操作，如果是 0 则为写，是 1 则为读

控制字总是从最低位开始输出的。在控制字指令输入后的下一个 SCLK 时钟的上升沿时，数据被写入 DS1302，数据输入从最低位（0 位）开始。同样，在紧跟 8 位的控制字指令后的下一个 SCLK 脉冲的下降沿，读出 DS1302 的数据，读出的数据也是从最低位到最高位。数据读写时序如图 9-19 所示。

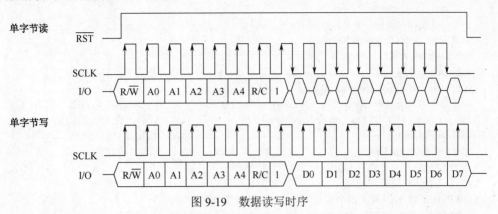

图 9-19　数据读写时序

3．电路的连接

DS1302 与单片机的连接仅需要 3 条线：$\overline{\text{RST}}$ 引脚、SCLK 串行时钟引脚、I/O 串行数据引脚，VCC2 为备用电源，外接 32.768kHz 晶振，为芯片提供计时脉冲。电路原理图如图 9-20 所示。

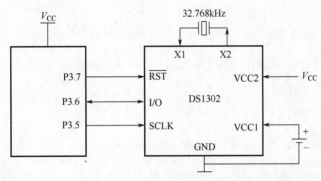

图 9-20　DS1302 与单片机的连接

任务实施

1．软件实施。

```
/****************************************************************
 * 实 验 名：数字钟
 * 实验说明：使用 DS1302 模块显示时间、日期及星期
 * 连接方式：P2 口的第 0、1、2 位分别与 74HC595 显示模块的 SER、RCLK、SRCLK 连接
 * 连接方式：P3 口的第 5、6、7 位分别与 DS1302 模块的 SCLK、I/O、RST 连接
 * 调试芯片：STC15F2K60S2-PDIP40 系列 / IAP15F2K61S2，1T 芯片
 * 使用模块：5V 电源、STC15 单片机最小系统、74HC595 显示模块
 * 适用芯片：89、90、STC10、STC11、STC12、STC15 系列
 * 注    意：89 或 90 系列可运行，须修改 Delay10us 延时函数
 ****************************************************************/
```

```c
//--包含要使用到相应功能的头文件--//
#include <reg51.h>
#include <intrins.h>
#define   LED_TYPE   0x00         //定义LED类型，0x00—共阴极，0xff—共阳极
//--函数声明--//
void Led_Let_Set(void);                   //LED清空
void Led_Let(void);                       //LED赋值
void Send_595(unsigned char dat);         //串行移位
void Display(void);                       //显示扫描
void Delay10us( );                        //延时10μs
void Delay_n_10us(unsigned int n);        //延时n个10μs
void Ds1302Write(unsigned char addr,unsigned char dat);   //向DS1302写数据（地址+数据）
unsigned char Ds1302Read(unsigned char addr);             //读取一个地址的数据
void Ds1302Init();                        //初始化DS1302
void Ds1302ReadTime();                    //读取时钟信息
/************     I/O接口定义    ***************/
sbit P_HC595_SER = P2^0;           //串行数据输入
sbit P_HC595_RCLK = P2^1;          //存储寄存器时钟输入
sbit P_HC595_SRCLK = P2^2;         //移位寄存器时钟输入
//---定义DS1302使用的I/O接口---//
sbit DSIO = P3^6;
sbit RST = P3^7;
sbit SCLK = P3^5;
//---定义全局变量及函数---//
unsigned char   LED8[8];               //显示缓冲
unsigned char   display_index;         //显示位索引
unsigned char code t_display[] = {0x3F,0x06,0x5B,0x4F,0x66,0x6D,0x7D,0x07,0x7F,0x6F,0x77,0x00};
                                        //段码
unsigned char code T_COM[] = {0x01,0x02,0x04,0x08,0x10,0x20,0x40,0x80};   //位码
//---DS1302时钟初始化2017年1月1日星期日12点00分00秒---//
//---存储顺序是：秒、分、时、日、月、星期、年，存储格式是用BCD码---//
unsigned char TIME[7] = {0, 0, 0x12, 0x01, 0x01, 0x07, 0x17};
//---DS1302写入和读取时分秒的地址命令---//
//---秒、分、时、日、月、星期、年 最低位读写位---//
unsigned char code READ_RTC_ADDR[7] = {0x81, 0x83, 0x85, 0x87, 0x89, 0x8b, 0x8d};
unsigned char code WRITE_RTC_ADDR[7] = {0x80, 0x82, 0x84, 0x86, 0x88, 0x8a, 0x8c};
/*******************************************************************
* 函 数 名：main
* 函数功能：主函数
* 输    入：无
* 输    出：无
*******************************************************************/
void main(void)
{
    Ds1302Init();
    while(1)
    {
        Ds1302ReadTime();
        Led_Let( );
        Display( );
        Delay_n_10us(10);        //扫描间隔时间设定
```

```
            Led_Let_Set( );            //若扫描时间间隔很大,消隐是必要的
    }
}
/*******************************************************************
* 函 数 名：Delay10us
* 函数功能：延时函数,延时 10μs
* 输    入：无
* 输    出：无
* 来    源：使用 STC-ISP 软件的"延时计算器"功能实现
*******************************************************************/
void Delay10us()                    //11.0592MHz,IAP15F2K61S2-1T 芯片
{
    unsigned char i;
    _nop_();                        //12T 芯片 i = 2, 1T 芯片 i = 25
    i = 25;
    while (--i);
}
/*******************************************************************
* 函 数 名：Delay_n_10us
* 函数功能：延时 n 个 10μs 函数,实参值根据需要设定。若要 1ms,则实参值为 100
* 输    入：有
* 输    出：无
* 来    源：根据功能要求自写程序
*******************************************************************/
void Delay_n_10us(unsigned int n)   //11.0592MHz
{
    unsigned int i;
    for(i = 0;i<n;i++)
        Delay10us();
}
/*******************************************************************
* 函 数 名：Led_Let_Set
* 函数功能：显示空
* 输    入：无
* 输    出：无
* 来    源：根据需要自己写
*******************************************************************/
void Led_Let_Set(void)              //根据标准字库显示空白值(即无显示)
{
    unsigned char k;
    for ( k = 0;k<8;k++)
        LED8[k] = 11;
}
/*******************************************************************
* 函 数 名：Led_Let
* 函数功能：显示扫描函数
* 输    入：无
* 输    出：无
* 来    源：根据需要自己写
*******************************************************************/
void    Led_Let(void)               //根据标准字库显示 Second 值
```

```c
{
    LED8[0] = TIME[2]/16;
    LED8[1] = TIME[2]&0x0f;
    LED8[2] = 11;
    LED8[3] = TIME[1]/16;
    LED8[4] = TIME[1]&0x0f;
    LED8[5] = 11;
    LED8[6] = TIME[0]/16;
    LED8[7] = TIME[0]&0x0f;
}
/*****************************************************************
* 函 数 名：Send_595
* 函数功能：移位寄存
* 输    入：有
* 输    出：无
* 来    源：根据硬件电路实际情况，结合软件功能编写
*****************************************************************/
void Send_595(unsigned char dat)    //串行移位
{
    unsigned char  i;
    for(i = 0; i<8; i++)
    {
        dat <<= 1;
        P_HC595_SER = CY;        //把进位位的内容送到74HC595，即发送74HC595一位串行数据
        P_HC595_SRCLK = 1;       //SER口上的数据移入寄存器，在第9个上升沿，数据从Q7口移出
        P_HC595_SRCLK = 0;       //对寄存器复位清零
    }
}
/*****************************************************************
* 函 数 名：Display
* 函数功能：显示扫描函数
* 输    入：无
* 输    出：无
* 来    源：根据硬件电路实际情况，结合软件功能编写
*****************************************************************/
void Display(void)
{
    Send_595(~LED_TYPE ^ T_COM[display_index]);              //输出位码
    Send_595( LED_TYPE ^ t_display[LED8[display_index]]);    //输出段码
    P_HC595_RCLK = 1;            //寄存器的数据置入锁存器中
    P_HC595_RCLK = 0;            //电路E脚接低，RCLK低电平后数码管上输出相应内容
    if(++display_index >= 8)   display_index = 0;            //8位结束回0
}
/*****************************************************************
* 函 数 名：Ds1302Write
* 函数功能：向DS1302写数据（地址+数据）
* 输    入：addr, dat
* 输    出：无
*****************************************************************/
void Ds1302Write(unsigned char addr, unsigned char dat)
{
```

```c
    unsigned char n;
    RST = 0;
    _nop_( );
    SCLK = 0;                   //先将 SCLK 置低电平
    _nop_( );
    RST = 1;                    //然后将 RST（CE）置高电平
    _nop_( );
    for (n = 0; n<8; n++)       //开始传送 8 位地址命令
    {
        DSIO = addr & 0x01;     //数据从低位开始传送
        addr >>= 1;
        SCLK = 1;               //数据在上升沿时，DS1302 读取数据
        _nop_( );
        SCLK = 0;
        _nop_( );
    }
    for (n = 0; n<8; n++)       //写入 8 位数据
    {
        DSIO = dat & 0x01;
        dat >>= 1;
        SCLK = 1;               //数据在上升沿时，DS1302 读取数据
        _nop_( );
        SCLK = 0;
        _nop_( );
    }
    RST = 0;                    //传送数据结束
    _nop_( );
}
/*******************************************************************
 * 函 数 名：Ds1302Read
 * 函数功能：读取一个地址的数据
 * 输    入：addr
 * 输    出：dat
 *******************************************************************/
unsigned char Ds1302Read(unsigned char addr)
{
    unsigned char n,dat,dat1;
    RST = 0;
    _nop_();
    SCLK = 0;                   //先将 SCLK 置低电平
    _nop_();
    RST = 1;                    //然后将 RST（CE）置高电平
    _nop_();
    for(n = 0; n<8; n++)        //开始传送 8 位地址命令
    {
        DSIO = addr & 0x01;     //数据从低位开始传送
        addr >>= 1;
        SCLK = 1;               //数据在上升沿时，DS1302 读取数据
        _nop_();
        SCLK = 0;               //DS1302 下降沿时，放置数据
        _nop_();
```

```c
            _nop_();
        for(n = 0; n<8; n++)              //读取 8 位数据
        {
            dat1 = DSIO;                  //从最低位开始接收
            dat = (dat>>1)| (dat1<<7);
            SCLK = 1;
            _nop_();
            SCLK = 0;                     //DS1302 下降沿时,放置数据
            _nop_();
        }
        RST = 0;
        _nop_();                          //以下为 DS1302 复位的稳定时间(必须的)
        SCLK = 1;
        _nop_();
        DSIO = 0;
        _nop_();
        DSIO = 1;
        _nop_();
        return dat;
}
/*******************************************************************
* 函 数 名: Ds1302Init
* 函数功能: 初始化 DS1302
* 输    入: 无
* 输    出: 无
*******************************************************************/
void Ds1302Init()
{
    unsigned char n;
    Ds1302Write(0x8E,0X00);               //禁止写保护,就是关闭写保护功能
    for (n = 0; n<7; n++)                 //写入 7 个字节的时钟信号: 分秒时日月周年
    {
        Ds1302Write(WRITE_RTC_ADDR[n],TIME[n]);
    }
    Ds1302Write(0x8E,0x80);               //打开写保护功能
}
/*******************************************************************
* 函 数 名: Ds1302ReadTime
* 函数功能: 读取时钟信息
* 输    入: 无
* 输    出: 无
*******************************************************************/
void Ds1302ReadTime()
{
    unsigned char n;
    for (n = 0; n<7; n++)                 //读取 7 个字节的时钟信号: 分秒时日月周年
    {
        TIME[n] = Ds1302Read(READ_RTC_ADDR[n]);
    }
}
```

2. 硬件实施。

如图 9-21 所示，将 STC15 单片机最小系统模块 P2 口的第 0、1、2 位分别与 74HC595 显示模块的 SER、RCLK、SRCLK 连接；P3 口的第 5、6、7 位分别与 DS1302 模块的 SCLK、I/O、$\overline{\text{RST}}$ 连接。

接通电源，使用 CH340 模块或 232 模块对单片机芯片进行烧写程序。观察实验效果。

图 9-21 数字钟的实物连接图

任务评价

根据实际完成情况，填写项目任务单，如表 9-10 所示。

表 9-10 项目任务单

1. 编程部分　　（□已做　□不必做　□未做）		
① 是否理解 DS1302 芯片的用途	□是	□否
② 是否理解 DS1302 与定时器的差异	□是	□否
你在完成第一部分子任务的时候，遇到了哪些问题？你是如何解决的？		
2. 硬件部分　　（□已做　□不必做　□未做）		
① 检查各模块功能是否完好	□是	□否
② 各模块间接线是否正确	□是	□否
③ 是否完成烧写程序任务	□是	□否
④ 能否找出硬件或软件达不成目标的问题	□是	□否
你在完成第二部分子任务的时候，遇到了哪些问题？你是如何解决的？		
完成情况总结及评价：		
学习效果：　□优　□良　□中　□差		

项目总结

通过本项目的实施，理解了数码管的动态显示原理，掌握了 74HC595 驱动 8 位数码管显示模块的工作原理、元器件的选择、构建相应的硬件电路。通过时钟电路硬件连接与软件调试，了解了 DS1302 芯片的使用方式，掌握了 DS1302 芯片的工作原理与程序编写方法。

从本项目开始，外围设备开始使用典型产品，通过这些常用外围传感器产品的应用，学会从外观的引脚功能、内部电路结构、功能表、时序图等说明，编写程序，实现相应功能。

课后练习

9-1 简述通用多位数码管内部结构及外围各引脚代表的物理意义。

9-2 简述多位数码管动态显示的原理与优点。

9-3 使用网络查找出一些与通用多位数码管引脚意义不一样型号的数码管。

9-4 简述单片机定时/计数器的计数原理。

9-5 简述单片机定时/计数器中断涉及寄存器及各寄存器的相关设置。

9-6 简述单片机定时/计数器工作于定时与计数器时有何异同点。

9-7 定时/计数器的 4 种工作方式各有何特点及适用场合。

9-8 编写一个使用计数器 1 中断、工作方式 1、定时 4ms 的初始化函数。

9-9 编写一个使用计数器 0 中断、工作方式 0，接 P1 口的 1 位数码管每 1s 显示从 0～F 的一位十六进制数的程序。

9-10 某酒厂自动生产流水线上需要每生产 6 瓶酒后执行装箱操作，将生产出的酒自动装箱。试用单片机的计数器实现控制要求。

9-11 编写程序，使用蜂鸣器演奏歌曲《东方红》。

9-12 编写程序，使用蜂鸣器实现整点报时。

9-13 在 8 位数码管中实现流动显示数字或字母功能。

9-14 使用 DS1302 芯片，调试出电子钟的基本功能。

项目 10 温度传感器 DS18B20 的应用

项目描述

温度是工业控制中主要的被控参数之一,特别是在冶金、化工、建材、食品、机械等工业中,具有举足轻重的作用。随着电子技术和微型计算机的迅速发展,微机测量和控制技术得到了迅速和广泛的应用。采用单片机来对温度进行检测与控制,不仅具有控制方便、组态简单和灵活性大等优点,而且可以大幅度提高被控温度的技术指标,从而能够大大提高产品的质量和数量。

数字温度传感器 DS18B20,因其内部集成了 A/D 转换器,使得电路结构简单,而且减少了温度测量转换时的精度损失,使得测量温度更加精确。DS18B20 只用一个引脚即可与单片机进行通信,大大减少了接线的麻烦,使得单片机更加具有扩展性。由于 DS18B20 芯片的小型化,通过单条数据线就可以和主电路连接,故可以把数字温度传感器 DS18B20 做成探头,探入到狭小的地方,增加了实用性。本项目任务有:

任务 1   了解 DS18B20 温度传感器
任务 2   使用数码管显示温度
任务 3   使用 1602LCD 显示温度

任务 1   了解 DS18B20 温度传感器

学习目标

- 了解数字温度传感器 DS18B20 的引脚定义、结构、主要特性、工作原理。
- 正确理解数字温度传感器 DS18B20 的工作时序及控制方法。

任务呈现

温度的检测与控制是工业生产过程中比较典型的应用之一,随着传感器在生产和生活中更加广泛的应用,利用新型单总线式数字温度传感器实现对温度的测试与控制具有重要意义。日常生活中温度传感器的应用如图 10-1 所示。

想一想

(1)温度通过什么器件转换为电信号?
(2)单片机如何获取到相关的温度信息?

 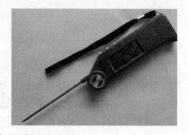

图 10-1　温度传感器的应用

本次任务

通过阅读 DS18B20 的相关资料，理解 DS18B20 的主要特性、工作原理、工作时序及控制方法。

知识链接

一、DS18B20 温度传感器简介

DS18B20 是 DALLAS 公司生产的一线式数字温度传感器，它具有微型化、低功耗、高性能抗干扰能力、封装形式多样等优点，适用于各种狭小空间设备数字测温和控制领域，特别适合用于构成多点温度测控系统。它具有以下特点：

（1）独特的单线接口方式，DS18B20 在与微处理器连接时仅需要一条 I/O 接口线即可实现微处理器与 DS18B20 的双向通信；

（2）测温范围为 −55℃～+125℃，固有测温误差 1℃；

（3）支持多点组网功能，多个 DS18B20 可以并联在唯一的三线上，一般最多并联 8 个，实现多点测温，如果数量过多，会使供电电源电压过低，从而造成信号传输不稳定；

（4）工作电源：3.0～5.5V（可以采用数据线寄生电源）；

（5）在使用中不需要任何外围元器件；

（6）测量结果以 9～12 位数字量方式串行传送。

DS18B20 外观如图 10-2 所示，其引脚说明如表 10-1 所示。

图 10-2　DS18B20 外观

表 10-1　DS18B20 引脚说明

引脚	符号	说明
1	GND	地
2	DQ	数据输入/输出引脚。对于单线操作：漏极开路
3	VDD	电源引脚（可选）

注意：地与电源引脚不可接反，否则会造成传感器的损坏，并出现检测数据总是 85℃ 的故障现象。

二、DS18B20 内部结构

DS18B20 内部结构框图如图 10-3 所示。DS18B20 有三个主要数字部件：（1）64 位光刻 ROM，（2）温度传感器，（3）温度报警触发器 TH 和 TL。

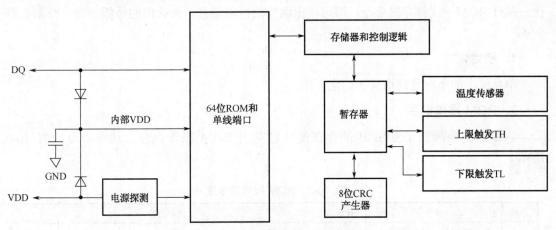

图 10-3　DS18B20 内部结构框图

DS18B20 可通过 VDD 使用外部 5V 电源供电，也可通过寄生电源的方式从单线通信线 DQ 上汲取能量：在信号线处于高电平期间把能量储存在内部电容里，在信号线处于低电平期间消耗电容上的电能工作，直到高电平到来再给寄生电源（电容）充电。采用寄生电源供电方式时无需本地电源即可对 DS18B20 进行测温或读取操作，但由于 DS18B20 的工作电流达到 1mA，特别是当几个 DS18B20 挂在同一根 I/O 线上并需要同时进行温度转换时，供电问题就变得非常尖锐。详细的解决方法可以查阅 DS18B20 数据手册中的相关内容。本项目中 DS18B20 使用外部 5V 电源供电。

光刻 ROM 中的 64 位序列号是出厂前被光刻好的，该序列号可以看作是 DS18B20 的地址序列号，其作用是使每一个 DS18B20 都各不相同，这样就可以实现一根总线上挂接多个 DS18B20 的目的。

暂存器的结构为 8 个字节的存储器。前两个字节中存储所测得的温度信息。第一个字节的内容是温度信息的低 8 位，第二个字节是温度信息的高 8 位，共 16 位。所测得的温度信息用 16 位符号扩展的二进制补码读数形式提供，如表 10-2 所示。

表 10-2　DS18B20 温度数据信息

	Bit 7	Bit 6	Bit 5	Bit 4	Bit 3	Bit 2	Bit 1	Bit 0
低 8 位	2^3	2^2	2^1	2^0	2^{-1}	2^{-2}	2^{-3}	2^{-4}
	Bit 15	Bit 14	Bit 13	Bit 12	Bit 11	Bit 10	Bit 9	Bit 8
高 8 位	S	S	S	S	S	2^6	2^5	2^4

其中 S 为符号位，如果测得的温度大于 0，这 5 位为 0，只要将测得的数值乘以 0.0625 即可得到实际温度；如果温度小于 0，这 5 位为 1，测得的数值需要取反加 1 再乘以 0.0625 即可得到实际温度。例如 +125℃ 的数字输出为 07D0H，-55℃ 的数字输出为 FC90H。

三、DS18B20 工作协议

DS18B20 工作协议如下：初始化—ROM 操作命令—存储器操作命令—处理数据。当系统中只有一路 DS18B20 时一般采用如下步骤：初始化—跳过 ROM—温度变换—延时—初始化—跳过 ROM—读暂存器命令，即可读出温度的检测信息，先读出的是低 8 位，然后是高 8 位。

1．初始化

单总线上的所有处理均从初始化开始。

2．ROM 操作指令

总线主机检测到 DS18B20 的存在便可以发出 ROM 操作命令，这些命令如表 10-3 所示。

表 10-3　ROM 操作指令集

序号	指令	代码	指令功能
1	Read ROM（读 ROM）	33H	读 DS18B20 ROM 中的编码（即读 64 位地址）
2	Match ROM（匹配 ROM）	55H	发出该指令后，接着发出 63 位 ROM 编码，访问单总线上与编码对应的 DS18B20，使之作出响应，为下一步对该 DS18B20 的读写做准备
3	Skip ROM（跳过 ROM）	CCH	忽略 64 位 ROM 地址，直接向 DS18B20 发送温度变换命令，适用于单机工作
4	Search ROM（搜索 ROM）	F0H	用于确定挂接在单总线上的 DS18B20 的个数和识别 64 位 ROM 地址，为操作各期间做准备
5	Alarm search（报警搜索）	ECH	该指令执行后，只有温度超过设定值的上限或下限的 DS18B20 才作出响应

3．存储器操作指令

存储器的操作指令如表 10-4 所示。

表 10-4　存储器操作指令集

序号	指令	代码	指令功能
1	Write Scratchpad（写暂存器）	4EH	该指令向内部暂存器中写入设定的温度上、下限数据，紧跟该指令之后是温度上、下限的两字节的数据
2	Read Scratchpad（读暂存器）	BEH	读内部暂存器中的内容
3	Convert Temperature（温度变换）	44H	启动 DS18B20 进行温度转换，转换时间最长为 500ms（典型为 200ms），结果存入内部的暂存储器中
4	Read Power supply（读电源）	B4H	读 DS18B20 的供电模式，寄生供电时 DS18B20 发送"0"，外接电源供电时 DS18B20 发送"1"

四、DS18B20 工作时序

1．初始化时序

初始化时序图如图 10-4 所示，主机首先发出一个 480～960μs 的低电平脉冲，然后释放总线变为高电平，并在随后的 480μs 内对总线进行检测，如果有低电平出现说明总线上有器件已作应答，若无低电平出现，一直都是高电平说明总线上无器件应答。

作为从器件的 DS18B20 在一上电后就一直在检测总线上是否有 480～960μs 的低电平出现，如果有，在总线转为高电平后，等待 15～60μs，本器件将总线电平拉低 60～240μs 作出响应"存在脉冲"，告诉主机本器件已做好准备，若没有检测到就一直在检测等待。

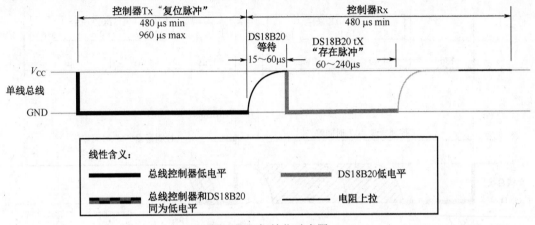

图 10-4 初始化时序图

2. 读、写时序

接下来就是主机发出各种操作指令，但各种操作指令都是向 DS18B20 写 0 和写 1 组成的指令字节，接收数据时也是从 DS18B20 读取 0 或 1 的过程，因此发送操作指令及接收数据归结为主机是如何进行写 0、写 1、读 0 和读 1 的。读、写操作时序图如图 10-5 所示。

写周期最少为 60μs，最长不超过 120μs，写周期一开始主机先把总线拉低 1μs 表示写周期开始，随后若主机需要写 0，则继续拉低电平最少 60μs 直至写周期结束，然后释放总线为高电平；若主机需要写 1，在一开始拉低总线电平 1μs 后就释放总线为高电平，一直到写周期结束。而作为从机的 DS18B20 则在检测到总线被拉低后等待 15μs 然后从 15μs 到 45μs 开始对总线采样，在采样期内总线为高电平则为 1，若采样期内总线为低电平则为 0。

对于读数据操作时序也分为读 0 时序和读 1 时序两个过程，读时序是从主机把单总线拉低之后，在 1μs 之后就得释放单总线为高电平，以让 DS18B20 把数据传输到单总线上。DS18B20 在检测到总线被拉低 1μs 后，便开始送出数据，若是要送出 0 就把总线拉为低电平直到读周期结束；若要送出 1 则释放总线为高电平。主机在一开始拉低总线 1μs 后释放总线，然后在包括前面的拉低总线电平 1μs 在内的 15μs 内完成对总线的采样检测，采样期内总线为低电平则确认为 0，采样期内总线为高电平则确认为 1，完成一个读时序过程，至少需要 60μs 才能完成。

五、DS18B20 使用注意事项

DS18B20 虽然具有测温系统简单、精度高、连接方便、占用 I/O 接口线少等优点，但在实际应用中应注意以下几方面的问题：

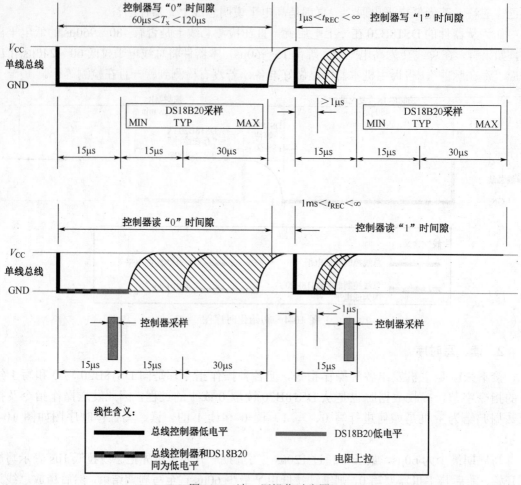

图 10-5 读、写操作时序图

（1）由于 DS18B20 与微处理器间采用单线串行数据传送，因此在对 DS18B20 进行读写编程时，必须严格的保证读写时序，否则将无法读取测温结果。

（2）当单总线上所挂 DS18B20 超过 8 个芯片时，就需要解决微处理器的总线驱动问题，这一点在进行多点测温系统设计时要多加注意。

（3）在 DS18B20 测温程序设计中，向 DS18B20 发送温度转换命令后，程序总要等待 DS18B20 的返回信号，一旦由于某个 DS18B20 接触不好或损坏没有返回信号时，程序将进入死循环。在进行 DS18B20 硬件连接和软件设计时需要给予一定的重视。

任务实施

阅读 DS18B20 的相关内容，归纳并描述以下内容：
1. DS18B20 的引脚排列及对应功能。
2. DS18B20 的内部结构。
3. DS18B20 的工作协议。
4. DS18B20 的初始化及读写时序。

项目 10 温度传感器 DS18B20 的应用

5. 使用 DS18B20 的注意事项。

任务评价

填写项目任务单，如表 10-5 所示。

表 10-5 项目任务单

1. DS18B20 引脚排列及对应功能部分　（□已做　□不必做　□未做）		
① 对引脚排列的描述是否正确	□是	□否
② 对引脚功能的描述是否正确	□是	□否
你在完成第一部分子任务的时候，遇到了哪些问题？你是如何解决的？		
2. DS18B20 的内部结构部分　（□已做　□不必做　□未做）		
① 两种不同供电方式的引脚连接是否正确	□是	□否
② 对内部主要部件及其功能的描述是否正确	□是	□否
你在完成第二部分子任务的时候，遇到了哪些问题？你是如何解决的？		
3. DS18B20 的工作协议部分　（□已做　□不必做　□未做）		
① 对工作协议的描述是否正确	□是	□否
② 是否能从操作指令集中快速查出所需的 ROM 操作指令或存储器操作指令	□是	□否
你在完成第三部分子任务的时候，遇到了哪些问题？你是如何解决的？		
4. DS18B20 初始化及读写工作时序部分　（□已做　□不必做　□未做）		
① 对 DS18B20 初始化操作时序的描述是否正确	□是	□否
② 对 DS18B20 读操作时序的描述是否正确	□是	□否
③ 对 DS18B20 写操作时序的描述是否正确	□是	□否
你在完成第四部分子任务的时候，遇到了哪些问题？你是如何解决的？		
5. 使用 DS18B20 的注意事项部分　（□已做　□不必做　□未做）		
对使用 DS18B20 注意事项的描述是否正确	□是	□否
你在完成第五部分子任务的时候，遇到了哪些问题？你是如何解决的？		
你在完成本任务的时候，遇到了哪些问题？你是如何解决的？		
完成情况总结及评价：		
学习效果：　□优　□良　□中　□差		

任务拓展

利用互联网下载并阅读 DS18B20 的数据手册，对照初始化、读、写时序图编写对应功能的子函数。

任务 2　使用数码管显示温度

学习目标

- 掌握数字温度传感器 DS18B20 与单片机的连接方法。
- 掌握利用 DS18B20 在数码管上动态显示室内温度的编程方法。

任务呈现

DS18B20 测温系统具有测温系统简单、测温精度高、连接方便、占用 I/O 接口线少等优点。本任务在分析传感器与单片机连接接口、协议、显示模块等基础上编写显示温度程序，并通过硬件仿真，调试出合格程序。

想一想

（1）DS18B20 如何与单片机连接？
（2）单片机与 DS18B20 之间的工作协议是如何定义的？

本次任务

掌握 DS18B20 数字温度传感器的工作原理后，编写、调试、下载程序，在数码管上动态显示室内温度。

任务分析

具体任务如下：
1. 如图 10-6 所示是 DS18B20 数字温度传感器的工作原理图。
2. 软件编程：编写程序，调试并加载到仿真电路中实现数码管上温度的动态显示。
3. 下载程序，在实物板上实现温度的检测并在数码管上显示。

程序分析

1. 有关 74HC595 显示模块的 4 个函数：①Led_Let_Set(void)//根据定义数组中 12 号的值，显示空白值（即无显示），②Led_Let(void)//根据定义数组，显示温度值，③Send_595(unsigned char dat)//串行移位，④Display( )//显示扫描函数。

2. 与 DS18B20 传感器相关的有 6 个函数：①Ds18b20Inint( )//初始化传感器，②Ds18b20WriteByte( )//向传感器写入一字节，③Ds18b20ReadByte( )，从传感器中读出一字节，④Ds18b20ChangeTemp( )//对读出温度进行转换，⑤Ds18b20ReadTempCom( )//发送读取温度指令，⑥Ds18b20ReadTemp( )//读取温度。

项目 10 温度传感器 DS18B20 的应用

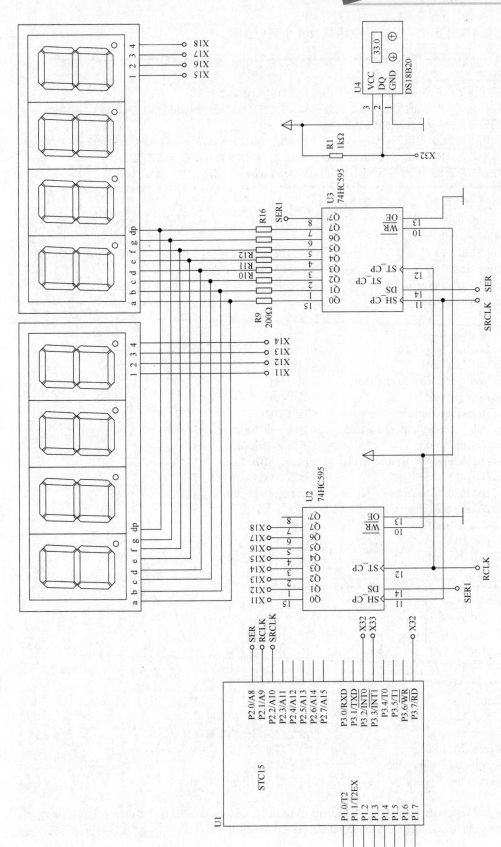

图 10-6 DS18B20 数字温度传感器的工作原理图

3. 其他函数有 5 个。分别是主函数及 4 个延时函数。

```
/*************************************************************
 * 程 序 名：测温
 * 程序说明：使用 DS18B20 测外界温度，单线接口传送数据
 * 连接方式：P2 口的第 0、1、2 位分别与 74HC595 显示模块的 SER、RCLK、SRCLK 连接
 * 调试芯片：STC15F2K60S2-PDIP40
 * 使用模块：5V 电源、STC15 单片机最小系统、74HC595 共阳极显示模块、DS18B20 温度传感器
 * 适用芯片：89、90、STC10、STC11、STC12、STC15 系列，适当修改代码
 * 注    意：89、90 系列可运行，须修改 Delay10us 延时函数
 *************************************************************/
//--包含要使用到相应功能的头文件--//
#include <reg51.h>
#include <intrins.h>
#define LED_TYPE 0xff              //定义 LED 类型， 0x00—共阴极， 0xff—共阳极
#define Timer0_12T( ) AUXR &= ~(1<<7)  //工作在 12T 模式
#define uchar unsigned char
#define uint unsigned int

//--函数声明--//
void Led_Let_Set(void);            //LED 初始显示赋值，显示空（即无显示）
void Led_Let(void);                //LED 赋值
void Send_595(unsigned char dat);  //串行移位
void Display(void);                //显示扫描
void Delay10us(void);              //延时 10μs
void Delay_n_10us(unsigned int n); //延时 n 个 10μs
uchar Ds18b20Init();               //初始化 DS18B20
void Ds18b20WriteByte(uchar com);  //向 DS18B20 写入一个字节
uchar Ds18b20ReadByte();           //读取数据，从最低位开始读取
void Ds18b20ChangTemp();           //让 DS18B20 开始转换温度
void Ds18b20ReadTempCom();         //发送读取温度命令
int Ds18b20ReadTemp();             //读取温度
void init_T0();                    //定时器 0 初始化
void Timer0(void) ;                //定时中断服务函数

/************* I/O 接口定义 *************/
sbit   P_HC595_SER    = P2^1;      //串行数据输入
sbit   P_HC595_RCLK   = P2^2;      //存储寄存器时钟输入
sbit   P_HC595_SRCLK  = P2^3;      //移位寄存器时钟输入
sbit   DS_PORT        = P3^7;      //温度数据输入

/************* 定义变量与数组 *************/
float tp;                          //计算过程中使用的临时变量
int Temp_Main=0;                   //温度传感器上的温度值
unsigned int temp;                 //测量到的温度的整数部分
unsigned char LED8[8];             //显示缓冲
unsigned char display_index;       //显示位索引
unsigned char Time=0;              //定义定时器计时时间

unsigned char code t_display[]={0x3F,0x06,0x5B,0x4F,0x66,0x6D,0x7D,0x07,0x7F,0x6F,0x77,0x00,
0xBF,0x86,0xDB,0xCF,0xE6,0xED,0xFD,0x87,0xFF,0xEF,0x46};                    //段码—共阴极
```

```c
//0x3F—0        0x06—1        0x5B—2        0x4F—3        0x66—4        0x6D—5
//0x7D—6        0x07—7        0x7F—8        0x6F—9        0x77—A        0x00—空
//0xBF—0.       0x86—1.       0xDB—2.       0xCF—3.       0xE6—4.       0xED—5.
//0xFD—6.       0x87—7.       0xFF—8.       0xEF—9.       0x46—(-号)
unsigned char code T_COM[]={0x01,0x02,0x04,0x08,0x10,0x20,0x40,0x80};    //位码

/*******************************************************************
* 函 数 名：Led_Let_Set
* 函数功能：8 个数码管显示空（无显示）
* 输    入：无参数
* 输    出：无返回值
* 来    源：根据需要自己写
********************************************************************/
void Led_Let_Set(void)              //根据标准字库显示空白值（即无显示）
{
    unsigned char k;
    for ( k=0;k<8;k++)
        LED8[k] = 11;
}
/*******************************************************************
* 函 数 名：Led_Let
* 函数功能：根据定义数组，显示温度值
* 输    入：无参数
* 输    出：无返回值
* 来    源：根据需要自己写
********************************************************************/
void Led_Let(void)                  //根据标准字库显示温度值
{
    LED8[1] = Temp_Main / 10000;              //取出万位上的数
    LED8[2] = Temp_Main % 10000 / 1000;       //取出千位上的数
    LED8[3] = (Temp_Main % 1000 / 100) +12 ;  //取出百位上的数并带上小数点
    LED8[4] = Temp_Main % 100 / 10;           //取出十位上的数
    LED8[5] = Temp_Main % 10;                 //取出个位上的数
}
/*******************************************************************
* 函 数 名：Send_595
* 函数功能：移位寄存
* 输    入：有参数
* 输    出：无返回值
* 来    源：根据硬件电路实际情况，结合软件功能编写
********************************************************************/
void Send_595(unsigned char dat)   //串行移位
{
    unsigned char  i;
    for(i=0; i<8; i++)
    {
        dat <<= 1;              //数据左移 1 位
        P_HC595_SER    = CY;    //把进位位的内容送到 74HC595，即发送 74HC595 一位串行数据
        P_HC595_SRCLK = 1;      //SER 口上的数据移入寄存器，在第 9 个上升沿，数据从 Q7 口移出
        P_HC595_SRCLK = 0;      //对寄存器复位清零
    }
```

```c
}
/*****************************************************************
 * 函 数 名：Display
 * 函数功能：显示扫描函数
 * 输    入：无参数
 * 输    出：无返回值
 * 来    源：根据硬件电路实际情况，结合软件功能编写
 *****************************************************************/
void Display(void)
{
    Send_595(~LED_TYPE ^ T_COM[display_index]);          //输出位码
    Send_595( LED_TYPE ^ t_display[LED8[display_index]]);  //输出段码
    P_HC595_RCLK = 1;              //寄存器的数据置入锁存器中
    P_HC595_RCLK = 0;              //电路 E 脚接低，RCLK 低电平后数码管上输出相应内容
    if(++display_index >= 8) display_index = 0;          //8 位结束回 0
}
/*****************************************************************
 * 函 数 名：main
 * 函数功能：主函数
 * 输    入：无参数
 * 输    出：无返回值
 *****************************************************************/
void main()
{
    init_T0();                  //定时器初始化
    display_index = 0;
    while(1)
    {
        if(Time == 10)          //10*50=500ms，0.5s 测一次温度
        {
            Temp_Main=Ds18b20ReadTemp();   //获得温度传感器上的值
            if(Temp_Main< 0)              //当温度值为负数
            {
                LED8[0] = 12;             //显示负号
                temp=temp-1;  //因为读取的温度是实际温度的补码，所以减 1，再取反求出原码
                Temp_Main=~Temp_Main;
                tp=Temp_Main;
                Temp_Main=tp*0.0625*100+0.5;
                //保留两个小数点，值×100+0.5 是四舍五入，因为 C 语言浮点数转换为整型的
                //时候把小数点后面的数自动去掉，不管是否大于 0.5，而+0.5 之后大于 0.5 的就
                //是进 1 了，小于 0.5 的就算加上 0.5，还是在小数点后面。
            }
            else
            {
                LED8[0] = 11;     //显示空
                tp=Temp_Main;     //因为数据处理有小数点所以将温度赋给一个浮点型变量
                                  //如果温度是正的，那么正数的原码就是补码本身
                Temp_Main=tp*0.0625*100+0.5;
            }
            Time=0;
        }
```

项目 10 温度传感器 DS18B20 的应用

```c
            Led_Let( );
            Display( );
            Led_Let_Set( );        //若扫描时间间隔很大，消隐是必要的
    }
}
/***************************************************************
* 函 数 名：Delay10us
* 函数功能：延时函数，延时 10μs
* 输    入：无参数
* 输    出：无返回值
* 来    源：使用 STC-ISP 软件的"延时计算器"功能实现
****************************************************************/
void Delay10us()        //@11.0592MHz
{
    unsigned char i;
    _nop_();            //12T 芯片 i=2，1T 芯片 i=25
    i = 25;
    while (--i);
}
/***************************************************************
* 函 数 名：Delay_n_10us
* 函数功能：延时 n 个 10μs 函数，实参值根据需要设定。若要延时 1ms，则实参值为 100
* 输    入：有参数
* 输    出：无返回值
* 来    源：根据功能要求自写程序
****************************************************************/
void   Delay_n_10us(unsigned int n)        //@11.0592MHz
{
    unsigned int i;
    for(i=0;i<n;i++)
        Delay10us();
}
/***************************************************************
* 函 数 名：Ds18B20Init
* 函数功能：初始化
* 输    入：无参数
* 输    出：初始化成功返回 1，失败返回 0
****************************************************************/
uchar Ds18b20Init()
{
    uchar i;
    DS_PORT = 0;           //送出低电平复位信号
    Delay_n_10us(48);      //延时至少 480~960μs
    DS_PORT = 1;           //然后拉高总线，如果 DS18B20 作出反应将会在 15~60μs 后总线拉低
    i = 0;
    while(DS_PORT)         //等待 DS18B20 拉低总线
    {
        Delay_n_10us(60);
        i++;
        if(i>5)            //等待>480μs
        {
```

```c
        return 0;           //初始化失败
    }
    }
    return 1;               //初始化成功
}
/*******************************************************************
* 函 数 名：Ds18b20WriteByte
* 函数功能：向 DS18B20 写入一个字节
* 输    入：有参数
* 输    出：无返回值
*******************************************************************/
void    Ds18b20WriteByte(uchar dat)
{
    uint  j;
    for(j=0; j<8; j++)
    {
        DS_PORT = 0;            //每写入一位数据之前先把总线拉低 1μs
        _nop_();_nop_();_nop_();
        DS_PORT = dat & 0x01;   //然后写入一个数据，从最低位开始
        Delay_n_10us(6);        //延时 60μs，持续时间最少 60μs
        DS_PORT = 1;            //然后释放总线，至少 1μs 给总线恢复时间才能接着写入第二个数值
        dat >>= 1;
    }
}
/*******************************************************************
* 函 数 名：Ds18b20ReadByte
* 函数功能：读取一个字节
* 输    入：无参数
* 输    出：无返回值
*******************************************************************/
uchar   Ds18b20ReadByte()
{
    uchar byte, bi;
    uint j;
    for(j=8; j>0; j--)
    {
        DS_PORT = 0;            //先将总线拉低 1μs
        _nop_();_nop_();_nop_();
        DS_PORT = 1;            //然后释放总线
        Delay10us();            //延时 10μs 等待数据稳定
        bi = DS_PORT;           //读取数据，从最低位开始读取
        byte = (byte >> 1) | (bi << 7);
        /*将 byte 左移一位，然后和右移 7 位后的 bi 进行与运算，注意移动之后移掉的那位补 0。*/
        Delay_n_10us(5);        //读取完之后等待 48μs 再接着读取下一个数
    }
    return byte;
}
/*******************************************************************
* 函 数 名：Ds18b20ChangTemp
* 函数功能：让 DS18B20 开始转换温度
* 输    入：无参数
```

项目 10 温度传感器 DS18B20 的应用

```
*   输    出：无返回值
*********************************************************************/
void    Ds18b20ChangTemp()
{
    Ds18b20Init();
    Ds18b20WriteByte(0xcc);        //跳过 ROM 操作命令
    Ds18b20WriteByte(0x44);        //温度转换命令
}
/*********************************************************************
*   函 数 名：Ds18b20ReadTempCom
*   函数功能：发送读取温度命令
*   输    入：有参数
*   输    出：无返回值
*********************************************************************/
void    Ds18b20ReadTempCom()
{
    Ds18b20Init();
    Ds18b20WriteByte(0xcc);        //跳过 ROM 操作命令
    Ds18b20WriteByte(0xbe);        //发送读取温度命令
}
/*********************************************************************
*   函 数 名：Ds18b20ReadTemp
*   函数功能：读取温度
*   输    入：无参数
*   输    出：有返回值
*********************************************************************/
int    Ds18b20ReadTemp()
{
    int temp = 0;
    uchar tmh, tml;
    Ds18b20ChangTemp();            //先写入转换命令
    Ds18b20ReadTempCom();          //然后等待转换完后发送读取温度命令
    tml = Ds18b20ReadByte();       //读取温度值共 16 位，先读低字节
    tmh = Ds18b20ReadByte();       //再读高字节
    temp = tmh;
    temp <<= 8;
    temp |= tml;
    return temp;
}
/*********************************************************************
*   函 数 名：init_T0
*   函数功能：定时器 0 初始化
*   输    入：无
*   输    出：无
*********************************************************************/
void    init_T0()
{
    TMOD =0x01;                    //选择工作方式 1，16 位不重装定时器
    TH0=(65536-50000)/256;         //设置初值
    TL0=(65536-50000)%256;
    EA=1;                          //开总中断
```

```
        ET0=1;                              //定时器0中断允许
        TR0=1;                              //开始计数
}
/*******************************************************************
*  函 数 名：Timer0
*  函数功能：定时器中断服务程序
*  输   入：无
*  输   出：无
*******************************************************************/
void Timer0(void) interrupt 1
{
        Time++;                             //50ms 计一次
}
```

任务实施

1. 如图 10-7 所示是 DS18B20 与单片机最小系统连接调试的实物图。

图 10-7　DS18B20 与单片机最小系统连接调试的实物图

2. 软件实施。

（1）使用 Keil C51 软件输入、调试、编译上面已分析过的程序，并生成 HEX 文件。

（2）将生成的 HEX 格式文件载入 Proteus 软件中，启动仿真，DS18B20 的温度数据即可在数码管上显示。

（3）正确进行单片机最小系统模块、数码管显示模块及 DS18B20 温度检测模块的连接，编写、调试、下载程序，在实物板的数码管上动态显示室内温度。

任务评价

1. 仿真电路检测，关键点如下：

（1）正确调用所需元器件。

（2）正确绘制仿真电路原理图。

2．程序检测。

主要注意以下问题：程序输入、调试、编译无错误，可通过软、硬件仿真，判断程序中是否有编程错误。

填写项目任务单如表 10-6 所示。

表 10-6　项目任务单

1．仿真电路部分　　（□已做　□不必做　□未做）		
① 检查所使用元器件是否符合本次任务的要求	□是	□否
② 检查电路连接是否正确	□是	□否
你在完成第一部分子任务的时候，遇到了哪些问题？你是如何解决的？		
2．程序部分　　（□已做　□不必做　□未做）		
① 检查所使用软件是否可用	□是	□否
② 程序输入是否正常	□是	□否
③ 程序出错后能否进行调试	□是	□否
④ 软、硬件仿真能否顺序完成	□是	□否
你在完成第二部分子任务的时候，遇到了哪些问题？你是如何解决的？		
完成情况总结及评价：		
学习效果：　　□优　　□良　　□中　　□差		

知识链接

DS18B20 与单片机连接如图 10-8 所示，单总线器件只有一根数据线，系统中的数据交换、控制都在这根线上完成，单总线上外接一个上拉电阻，以保证总线空闲时，状态为高电平。

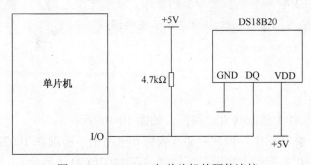

图 10-8　DS18B20 与单片机的硬件连接

任务3 使用1602LCD显示温度

学习目标

- 了解1602LCD字符型液晶显示器的外形、引脚、特点、使用注意点。
- 会使用1602LCD字符型液晶显示器显示温度。

任务呈现

液晶显示器（LCD）具有工作电压低、微功耗、显示信息量大和接口方便等优点，现在已被广泛应用于计算机和数字式仪表等领域，成为测量结果显示和人机对话的重要工具。日常生活中常见的液晶显示器的应用如图10-9所示。

图10-9 液晶显示器的应用

想一想

（1）使用LCD显示温度时显示内容包含哪些字符？
（2）单片机是如何把需要显示的内容显示在LCD上的？

本次任务

了解1602LCD字符型液晶显示器的外形、引脚定义、特点、使用注意事项后，编写、调试、下载程序，在数码管上动态显示室内温度。

任务分析

具体任务如下：
1. 在Proteus软件中绘制仿真电路图，如图10-10所示。
2. 软件编程：编写程序，调试并加载到仿真电路中，实现在1602LCD上显示温度。
3. 下载程序，在实物板上实现温度检测并在1602LCD上显示。

项目 10 温度传感器 DS18B20 的应用

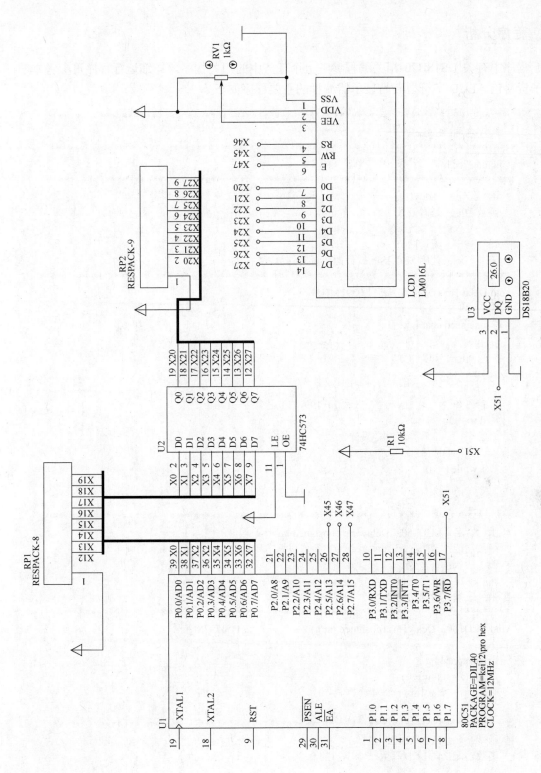

图 10-10 使用 1602LCD 显示温度仿真电路图

程序分析

程序中有关 DS18B20 相关编程参考上个任务中的相关程序。详细运行程序可参考本书电子资料包。LCD 字符型液晶显示器编程的主要程序如下。

```c
/******************************************************************
* 程序名称：Lcd.c
******************************************************************/
#include"lcd.h"
/******************************************************************
* 函 数 名：Delay1ms
* 函数功能：延时函数
* 输    入：无参数
* 输    出：无返回值
* 来    源：使用 STC-ISP 软件的"延时计算器"功能实现
******************************************************************/
void Delay1ms()         //@11.0592MHz
{
    unsigned char i, j;
    _nop_();
    _nop_();
    _nop_();
    i = 11;             //12T 芯片 i = 2，1T 芯片 i = 11
    j = 190;            //12T 芯片 j = 199，1T 芯片 i = 190
    do
    {
        while (--j);
    } while (--i);
}


/******************************************************************
* 函 数 名：LCD1602_Delay1ms (unsigned int n)
* 函数功能：延时 n 个 1ms 函数，实参值根据需要设定。若要延时 5ms，则实参值为 5
* 输    入：有参数
* 输    出：无返回值
* 来    源：根据功能要求自写程序
******************************************************************/
void LCD1602_Delay1ms (unsigned int n)      //@11.0592MHz
{
    unsigned int i;
    for(i = 0;i<n;i++)
        Delay1ms();
}
/******************************************************************
* 函 数 名：LcdWriteCom
* 函数功能：向 LCD 写入一个字节的命令
* 输    入：一个字符
* 输    出：无
******************************************************************/
```

项目 10 温度传感器DS18B20的应用

```c
#ifndef    LCD1602_4PINS           //当没有定义这个LCD1602_4PINS时
void LcdWriteCom(uchar com)        //写入命令
{
    LCD1602_E = 0;                 //使能
    LCD1602_RS = 0;                //选择发送命令
    LCD1602_RW = 0;                //选择写入
    LCD1602_DATAPINS = com;        //放入命令
    LCD1602_Delay1ms(1);           //等待数据稳定
    LCD1602_E = 1;                 //写入时序
    LCD1602_Delay1ms(5);           //保持时间
    LCD1602_E = 0;
}
#else
void LcdWriteCom(uchar com)        //写入命令
{
    LCD1602_E = 0;                 //使能清零
    LCD1602_RS = 0;                //选择写入命令
    LCD1602_RW = 0;                //选择写入
    LCD1602_DATAPINS = com;        //由于4位的接线是接到P0口的高4位,所以传送高4位不用改
    LCD1602_Delay1ms(1);
    LCD1602_E = 1;                 //写入时序
    LCD1602_Delay1ms(5);
    LCD1602_E = 0;
    LCD1602_DATAPINS = com << 4;   //发送低4位
    LCD1602_Delay1ms(1);
    LCD1602_E = 1;                 //写入时序
    LCD1602_Delay1ms(5);
    LCD1602_E = 0;
}
#endif

/*******************************************************************
* 函 数 名：LcdWriteData
* 函数功能：向LCD写入一个字节的数据
* 输    入：一个字符
* 输    出：无
*******************************************************************/
#ifndef    LCD1602_4PINS
void LcdWriteData(uchar dat)       //写入数据
{
    LCD1602_E = 0;                 //使能清零
    LCD1602_RS = 1;                //选择输入数据
    LCD1602_RW = 0;                //选择写入
    LCD1602_DATAPINS = dat;        //写入数据
    LCD1602_Delay1ms(1);
    LCD1602_E = 1;                 //写入时序
    LCD1602_Delay1ms(5);           //保持时间
    LCD1602_E = 0;
}
#else
void LcdWriteData(uchar dat)       //写入数据
```

```c
    {
        LCD1602_E = 0;                      //使能清零
        LCD1602_RS = 1;                     //选择写入数据
        LCD1602_RW = 0;                     //选择写入
        LCD1602_DATAPINS = dat;             //由于4位的接线是接到P0口的高4位,所以传送高4位不用改
        LCD1602_Delay1ms(1);
        LCD1602_E = 1;                      //写入时序
        LCD1602_Delay1ms(5);
        LCD1602_E = 0;
        LCD1602_DATAPINS = dat << 4;        //写入低4位
        LCD1602_Delay1ms(1);
        LCD1602_E = 1;                      //写入时序
        LCD1602_Delay1ms(5);
        LCD1602_E = 0;
    }
#endif

/************************************************************************
* 函 数 名：LcdInit()
* 函数功能：初始化LCD屏
* 输    入：无
* 输    出：无
************************************************************************/
#ifndef  LCD1602_4PINS
void LcdInit()                     //LCD初始化子程序
{
    LcdWriteCom(0x38);             //开显示
    LcdWriteCom(0x0c);             //开显示不显示光标
    LcdWriteCom(0x06);             //写一个指针加1
    LcdWriteCom(0x01);             //清屏
    LcdWriteCom(0x80);             //设置数据指针起点
}
#else
void LcdInit()                     //LCD初始化子程序
{
    LcdWriteCom(0x32);             //将8位总线转为4位总线
    LcdWriteCom(0x28);             //在4位线下的初始化
    LcdWriteCom(0x0c);             //开显示不显示光标
    LcdWriteCom(0x06);             //写一个指针加1
    LcdWriteCom(0x01);             //清屏
    LcdWriteCom(0x80);             //设置数据指针起点
}
#endif
/************************************************************************
* 程 序 名：DS18B20温度显示试验
* 程序说明：1602LCD显示温度值
************************************************************************/
#include<reg51.h>
#include"lcd.h"
#include"temp.h"
uchar CNCHAR[6] = "摄氏度";
```

项目 温度传感器 DS18B20 的应用

```c
void LcdDisplay(int);
void UsartConfiguration();

/*******************************************************************
* 函 数 名: main
* 函数功能: 主函数
* 输    入: 无参数
* 输    出: 无返回值
*******************************************************************/
void main()
{
    UsartConfiguration();
    LcdInit();                      //初始化 1602LCD
    LcdWriteCom(0x88);              //写地址 80 表示初始地址
    LcdWriteData('C');
    while(1)
    {
        LcdDisplay(Ds18b20ReadTemp());
    }
}


/*******************************************************************
* 函 数 名: LcdDisplay
* 函数功能: LCD 显示读取到的温度
* 输    入: 无参数
* 输    出: 无返回值
*******************************************************************/
void LcdDisplay(int temp)                //LCD 显示
{
    unsigned char i, datas[] = {0, 0, 0, 0, 0};    //定义数组
    float tp;
    if(temp< 0)                       //当温度值为负数
    {
        LcdWriteCom(0x80);            //写地址 80 表示初始地址
        SBUF = '-';                   //将接收到的数据放入到发送寄存器
        while(!TI);                   //等待发送数据完成
        TI = 0;                       //清除发送完成标志位
        LcdWriteData('-');            //显示负
        temp = temp-1;                //因为读取的温度是实际温度的补码,所以减 1,再取反求出原码
        temp = ~temp;
        tp = temp;
        temp = tp*0.0625*100+0.5;
        //留两个小数点就*100, +0.5 是四舍五入,因为 C 语言浮点数转换为整型的时候把小数点
        //后面的数自动去掉,不管是否大于 0.5, +0.5 之后大于 0.5 的就是进 1 了,小于 0.5 的
        //就算加上 0.5,还是在小数点后面。
    }
    else
    {
        LcdWriteCom(0x80);            //写地址 80 表示初始地址
        LcdWriteData('+');            //显示正
        SBUF = '+';                   //将接收到的数据放入到发送寄存器
```

```c
        while(!TI);                    //等待发送数据完成
        TI = 0;                        //清除发送完成标志位
        tp = temp;                     //因为数据处理有小数点所以将温度赋给一个浮点型变量
                                       //如果温度是正的,那么正数的原码就是补码本身
        temp = tp*0.0625*100+0.5;
    }
    datas[0] = temp / 10000;
    datas[1] = temp % 10000 / 1000;
    datas[2] = temp % 1000 / 100;
    datas[3] = temp % 100 / 10;
    datas[4] = temp % 10;

    LcdWriteCom(0x82);                 //写地址 80表示初始地址
    LcdWriteData('0'+datas[0]);        //百位
    SBUF = '0'+datas[0];               //将接收到的数据放入发送寄存器
    while (!TI);                       //等待发送数据完成
    TI = 0;

    LcdWriteCom(0x83);                 //写地址 80表示初始地址
    LcdWriteData('0'+datas[1]);        //十位
    SBUF = '0'+datas[1];               //将接收到的数据放入发送寄存器
    while (!TI);                       //等待发送数据完成
    TI = 0;

    LcdWriteCom(0x84);                 //写地址 80表示初始地址
    LcdWriteData('0'+datas[2]);        //个位
    SBUF = '0'+datas[2];               //将接收到的数据放入发送寄存器
    while (!TI);                       //等待发送数据完成
    TI = 0;

    LcdWriteCom(0x85);                 //写地址 80表示初始地址
    LcdWriteData('.');                 //显示 '.'
    SBUF = '.';                        //将接收到的数据放入发送寄存器
    while (!TI);                       //等待发送数据完成
    TI = 0;

    LcdWriteCom(0x86);                 //写地址 80表示初始地址
    LcdWriteData('0'+datas[3]);        //显示小数点
    SBUF = '0'+datas[3];               //将接收到的数据放入发送寄存器
    while (!TI);                       //等待发送数据完成
    TI = 0;

    LcdWriteCom(0x87);                 //写地址 80表示初始地址
    LcdWriteData('0'+datas[4]);        //显示小数点
    SBUF = '0'+datas[4];               //将接收到的数据放入发送寄存器
    while (!TI);                       //等待发送数据完成
    TI = 0;
    for(i = 0; i<6; i++)
    {
        SBUF = CNCHAR[i];              //将接收到的数据放入发送寄存器
        while (!TI);                   //等待发送数据完成
```

```
            TI = 0;
        }
}

/*******************************************************************
* 函 数 名：UsartConfiguration()
* 函数功能：设置串口
* 输    入：无参数
* 输    出：无返回值
*******************************************************************/
void UsartConfiguration()
{
    SCON = 0X50;            //设置为工作方式 1
    TMOD = 0X20;            //设置计数器工作方式 2
    PCON = 0X80;            //波特率加倍
    TH1 = 0XF3;             //计数器初始值设置，注意波特率是 4800
    TL1 = 0XF3;
    TR1 = 1;                //打开计数器
}
```

知识链接

液晶显示器简称 LCD。它是利用液晶经过处理后能改变光线传输方向的特性实现显示信息的。液晶显示器按其功能可分为三类：笔段式液晶显示器、字符点阵式液晶显示器和图形点阵式液晶显示器。前两种可显示数字、字符和符号等，而图形点阵式液晶显示器还可以显示汉字和任意图形，达到图文并茂的效果。

目前市面上常用的有 16 字×1 行、16 字×2 行、20 字×2 行和 40 字×2 行等字符液晶显示模块。这些 LCD 虽然显示字数各不相同，但都具有相同的输入/输出界面。本任务将以 16 字×2 行字符型液晶显示模块 RT-1602C 为例，详细介绍字符型液晶显示模块的应用。

一、字符型液晶显示模块 RT-1602C

字符型液晶显示模块 RT-1602C 的外观与引脚如图 10-11 所示。

图 10-11 字符型液晶显示模块 RT-1602C 的外观与引脚

RT-1602C 采用标准的 16 引脚接口，各引脚情况如表 10-7 所示。

表 10-7 引脚说明

编号	符号	引脚说明	编号	符号	引脚说明
1	VSS	电源地	9	D2	Data I/O
2	VDD	电源正极	10	D3	Data I/O
3	VL	液晶显示偏压信号	11	D4	Data I/O
4	RS	数据/命令选择端（H/L）	12	D5	Data I/O
5	R/W	读/写选择端（H/L）	13	D6	Data I/O
6	E	使能信号	14	D7	Data I/O
7	D0	Data I/O	15	BLA	背光源正极
8	D1	Data I/O	16	BLK	背光源负极

二、控制器接口说明（HD44780 及兼容芯片）

1. 基本操作时序如表 10-8 所示

表 10-8 基本操作时序

基本操作	输入	输出
读状态	RS = L，RW = H，E = H	D0~D7 = 状态字
写指令	RS = L，RW = L，D0~D7 = 指令码，E = 高脉冲	无
读数据	RS = H，RW = H，E = H	D0~D7 = 数据
写数据	RS = H，RW = L，D0~D7 = 数据，E = 高脉冲	无

2. 状态字说明，如表 10-9 所示

表 10-9 状态字说明

SAT7	SAT6	SAT5	SAT4	SAT3	SAT2	SAT1	SAT0
D7	D6	D5	D4	D3	D2	D1	D0

SAT0~SAT6：当前数据地址指针的数值。

SAT7：读写操作使能，其中 SAT7＝1，禁止；SAT7＝0，允许。

注意：对控制器每次进行读写操作之前，都必须进行读写检测，确保 SAT7 为 0。

3. RAM 地址映射图

控制器内部自带 80 个字节的显示缓冲区（DDRAM），分两行，地址分别为 00H~27H，40H~67H，如图 10-12 所示。

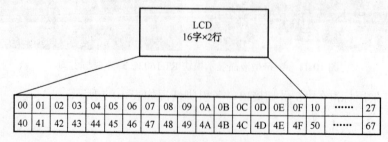

图 10-12 RAM 地址映射图

4. 指令说明

常用指令格式如表 10-10 所示。

表 10-10 常用指令格式

分类	指令码								功能
显示模式设置	0	0	1	1	1	0	0	0	设置 16×2 显示，5×7 点阵，8 位数据接口
显示开/关及光标设置	0	0	0	0	1	D	C	B	D＝1 开显示；D＝0 关显示； C＝1 显示光标，C＝0 不显示光标； B＝1 光标闪烁；B＝0 光标不显示
	0	0	0	0	0	1	N	S	N＝1 当读或写一个字符后地址指针加 1，且光标加 1； N＝0 当读或写一个字符后地址指针减 1，且光标减 1； S＝1 当写一个字符，整屏显示左移(N＝1)或右移(N＝0)，以得到光标不移动而屏幕移动的效果； S＝0 当写入一个字符，整屏显示不移动
数据指针设置	80H+地址码（0~27H，40H~67H）								设置数据地址指针
其他设置	01H								显示清屏：光标复位到地址 00H 位置，所有显示清空
	02H								光标复位：光标返回到地址 00H 位置

5. 初始化过程（复位过程）

（1）延时 15ms。

（2）写指令 38H（不检测忙信号）。

（3）延时 5ms。

（4）写指令 38H（不检测忙信号）。

（5）延时 5ms。

（6）写指令 38H（不检测忙信号）。

（以后每次写指令、读/写数据操作之前均需检测忙信号）。

（7）写指令 38H：显示模式设置。

（8）写指令 08H：显示关闭。

（9）写指令 01H：显示清屏。

（10）写指令 06H：显示光标移动设置。

（11）写指令 0CH：显示开及光标设置。

三、与单片机的连接方式

1602LCD 与单片机的连接方式参考图 10-13 所示。

任务实施

1. 在 Proteus 软件中绘制仿真电路图，如图 10-9 所示。

2. 软件实施。

（1）使用 Keil C51 软件输入、调试、编译上面已分析过的程序，并生成 HEX 文件。

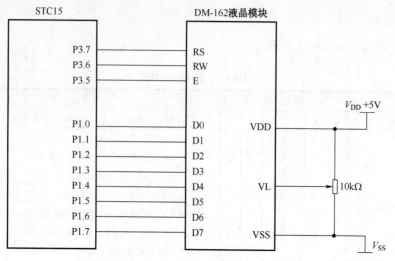

图 10-13 1602LCD 与单片机的参考连接

（2）将生成的 HEX 格式文件载入 Proteus 软件中，启动仿真，DS18B20 的温度数据即可在 1602LCD 上显示。

（3）正确进行单片机最小系统模块实物板、1602LCD 显示模块及 DS18B20 温度检测模块的连接，编写、调试、下载程序，在实物板的 1602LCD 上动态显示室内温度。

任务评价

1．仿真电路检测，关键点如下：
（1）正确调用所需元器件。
（2）正确绘制仿真电路原理图。
2．程序检测。

主要注意以下问题：程序输入、调试、编译无错误，可通过软、硬件仿真，判断程序中是否有编程错误。项目任务单如表 10-11 所示。

表 10-11 项目任务单

1．仿真电路部分　　（□已做　□不必做　□未做）		
① 检查所使用元器件是否符合本次任务的要求	□是	□否
② 检查电路连接是否正确	□是	□否
你在完成第一部分子任务的时候，遇到了哪些问题？你是如何解决的？		
2．程序部分　　（□已做　□不必做　□未做）		
① 检查所使用软件是否可用	□是	□否
② 程序输入是否正常	□是	□否
③ 程序出错后能否调试	□是	□否
④ 软、硬件仿真能否顺序完成	□是	□否
你在完成第二部分子任务的时候，遇到了哪些问题？你是如何解决的？		

续表

完成情况总结及评价：
学习效果： □优　□良　□中　□差

任务拓展

利用互联网下载并阅读 1602LCD 的数据手册。

项目总结

通过本项目的实施，掌握了数字温度传感器 DS18B20 的外形、结构、主要特性、工作原理；了解了 1602LCD 字符型液晶显示器的外形、结构、主要特性、工作原理；学会了使用数字温度传感器 DS18B20、多位数码管、1602LCD 字符型液晶显示器显示温度。

通过动手实践进一步熟悉了如何解决软件、硬件出错问题，软件编译程序过程中程序语法错误、外接被控元器件与主机时序不吻合，功能不能实现等问题。

课后练习

10-1　描述 DS18B20 的引脚及对应功能。

10-2　描述 DS18B20 的复位操作时序。

10-3　DS18B20 的分辨率为多少位？

10-4　DS18B20 的温度数据如何区分正负温度？

10-5　单片机如何实现对 DS18B20 的写 0 操作？

10-6　画出 DS18B20 采用寄生电源供电时与单片机的连接电路。

10-7　简述 DS18B20 的工作流程协议。

10-8　描述 1602LCD 的引脚及对应功能。

10-9　简述 1602LCD 的基本操作时序。

10-10　画出 1602LCD 与单片机的连接电路。

10-11　编写程序，使用单片机控制 1602LCD 显示一个"A"字。

10-12　编写程序，使用单片机控制 1602LCD 显示字符串"I LOVE MCU"。

10-13　编写程序，使用单片机最小系统模块、8 位共阴极数码管模块、DS18B20 模块、电源模块调试出温度显示功能。

10-14　编写程序，使用单片机最小系统模块、1602LCD 模块、DS18B20 模块、电源模块调试出温度显示功能。

项目 11 ADC/DAC 模数转换的应用

项目描述

随着现代科学技术的迅猛发展，数字系统已广泛应用于各领域及日常生活。但是在工业检测控制和日常生活中许多物理量都是连续变化的模拟量，如温度、压力、流量、速度等，这些模拟量可以通过传感器或换能器转换成与之对应的电压、电流或频率等电信号。为了实现数字系统对这些电信号进行检测、运算和控制，就需要一个模拟量与数字量之间的转换过程，简称为 AD 转换，完成这种转换的电路称为模数转换器（Analog to Digital Converter），简称 ADC；反之，将数字量转换成模拟量，简称 DA 转换，完成这种转换的电路称为数模转换器（Digital to Analog Converter），简称 DAC。本项目的主要任务是了解 I^2C 总线接口基础知识、模数转换的基础知识，了解 PCF8591 功能、外形、使用方法，掌握使用 PCF8591、EEPROM 芯片编程、调试及使用 STC15 系列芯片内部 AD 功能模块等。本项目任务有：

任务 1　PCF8591 的应用

任务 2　STC15 内部 AD 模块的应用

任务 1　PCF8591 的应用

学习目标

- 了解串行 I^2C 总线接口基础知识、模数转换的基础知识。
- 了解 PCF8591 芯片的功能、外形、使用方法。
- 掌握如何使用 PCF8591 芯片进行编程与调试。

任务呈现

选择单片机作为控制核心器件，一般情况下需要对外围设备检测到的数据进行加工，有的是模拟信号，有的是数字信号，单片机是一个数字集成处理芯片，它需要相应的电路将模拟量数据转换成数字数据进行处理。PCF8591 是常见的符合 I^2C 总线接口标准的 ADC/DAC 转换芯片，在本任务中将介绍 I^2C 总线接口基础知识、ADC/DAC 相关知识，PCF8591 的功能、引脚功能、使用方法等。

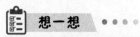

ADC/DAC 转换有哪些具体的应用场合？

项目 11 ADC/DAC 模数转换的应用

本次任务

了解 PCF8591 的功能、外形、使用方法等，编写、调试程序，使用 PCF8591 进行 AD 转换。

任务分析

具体任务如下：

1. 在面包板上根据电路图插装出 PCF8591 ADC/DAC 转换模块或在 Proteus 软件中绘制仿真电路图进行仿真。仿真电路图如图 11-1 所示。

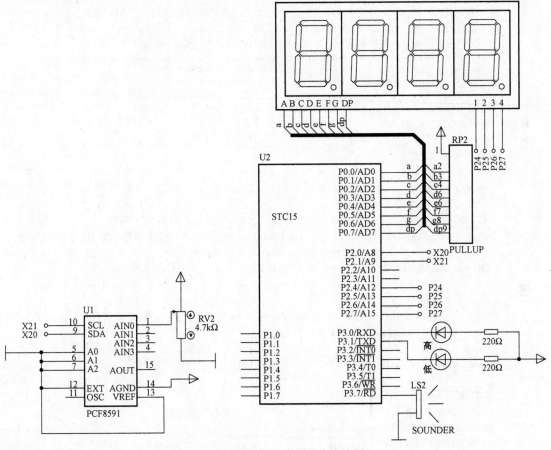

图 11-1　PCF8591 应用仿真电路图

2. 软件编程：编写程序，使用数码管显示 PCF8591 转换模块读取到的电压值。

程序分析

一、PCF8591 AD 转换程序

（1）根据任务分析，将 PCF8591 模拟输入端所接电位器上的电压进行 AD 转换，通过

247

单片机运算得到电压值后在数码管上显示。

（2）单片机采用 I²C 总线与 PCF8591 进行通信，为了让程序更有条理，把 I²C 总线通信协议部分写在了头文件 i2c.h 中。

（3）PCF8591 芯片中的数值 1 的含义是 5/256V，所以将 AD 转换的结果乘以 0.01953 即为对应的电压值。

程序如下：

```
/*****************************************************************
* 程 序 名：AD 显示试验，使用 PCF8591 实现模拟电阻、光敏、热敏转换成数字量
* 程序说明：使用数码管显示 AD 读取到的电位器的电压值
* 连接方式：见图 11-1，使用 P2 口的 4、5、6、7 低电平使数码管显示
* 调试芯片：STC15F2K60S2-PDIP40
* 使用模块：5V 电源、STC15 单片机最小系统、595 共阳极显示模块、AD 模块
* 适用芯片：89、90、STC10、STC11、STC12、STC15 系列
* 注    意：89 或 90 系列可运行，须修改 Delay10us 延时函数
*****************************************************************/
#include<reg51.h>
#include"i2c.h"
//--定义使用的 I/O 接口--//
#define GPIO_DIG P0
sbit x_p4 = P2^4;
sbit x_p5 = P2^5;
sbit x_p6 = P2^6;
sbit x_p7 = P2^7;
//--定义 PCF8591 的读写地址--//
//E²PROM 器件类型识别码为 1001，即为 9，0x90 为写数据，0x91 为读数据
#define    WRITEADDR 0x90 //写地址 1001 0000，前四位为 PCF8591 器件类型识别符，接下来三
                         //位硬件接地，为片选，只有一片 8591，全为 0，最后一位为 0 表示写
#define    READADDR  0x91           //读地址

//--定义全局变量--//
unsigned char code DIG_CODE[17] = {0x3f,0x06,0x5b,0x4f,0x66,0x6d,0x7d,0x07,
0x7f,0x6f,0x77,0x7c,0x39,0x5e,0x79,0x71};
//0、1、2、3、4、5、6、7、8、9、A、b、C、d、E、F 的显示码
unsigned char DisplayData[8];           //用来存放要显示的 8 位数的值

//--声明全局函数--//
void DigDisplay();                      //动态显示函数
void Pcf8591SendByte(unsigned char channel);   //写入一个控制命令
unsigned char Pcf8591ReadByte();        //读取一个转换值
void Pcf8591DaConversion(unsigned char value);  //输出模拟量

/*****************************************************************
* 函 数 名：main
* 函数功能：主函数
* 输    入：无参数
* 输    出：无返回值
*****************************************************************/
void main()
{
```

```c
    unsigned int adNum;
    float value;

    while(1)
    {
        //--显示电位器电压--//
        Pcf8591SendByte(0);                       //发送电位器转换命令

        adNum = Pcf8591ReadByte()*2;              //读取转换结果

        //--8591 每读取到一个 1 就表示 5/256V,所以要转化为电压值就乘以 0.01953--//
        value = adNum / 2 * 0.01953;              //转为电压值
        adNum = value * 100;                      //保留两位小数

        DisplayData[0] = DIG_CODE[adNum / 1000];              //发送显示数据
        DisplayData[1] = DIG_CODE[adNum % 1000 / 100] | 0x80; //与 0x80 或,是加小数点
        DisplayData[2] = DIG_CODE[adNum % 100 / 10];
        DisplayData[3] = DIG_CODE[adNum % 10];

        DigDisplay();
        //--DA 输出--//
        Pcf8591DaConversion(adNum/2);             //DAC 数模转换
    }
}
/*******************************************************************
* 函 数 名 : Pcf8591SendByte
* 函数功能 : 写入一个控制命令
* 输    入 : 有参数
* 输    出 : 无返回值
*******************************************************************/
void Pcf8591SendByte(unsigned char channel)
{
    I2C_Start();
    I2C_SendByte(WRITEADDR, 1);        //发送写器件地址
    I2C_SendByte(0x40|channel, 0);     //发送控制寄存器
    I2C_Stop();
}
/*******************************************************************
* 函 数 名 : Pcf8591ReadByte
* 函数功能 : 读取一个转换值
* 输    入 : 无参数
* 输    出 : 有返回值
*******************************************************************/
unsigned char Pcf8591ReadByte()
{
    unsigned char dat;
    I2C_Start();
    I2C_SendByte(READADDR, 1);         //发送读器件地址
    dat = I2C_ReadByte();              //读取数据
    I2C_Stop();                        //结束总线
    return dat;
```

```c
}
/******************************************************************
* 函 数 名：Pcf8591DaConversion
* 函数功能：PCF8591 的输出端输出模拟量
* 输    入：有参数
* 输    出：无返回值
******************************************************************/
void Pcf8591DaConversion(unsigned char value)
{
    I2C_Start();
    I2C_SendByte(WRITEADDR, 1);      //发送写器件地址
    I2C_SendByte(0x40, 1);           //开启 DA 写到控制寄存器
    I2C_SendByte(value, 0);          //发送转换数值
    I2C_Stop();
}
/******************************************************************
* 函 数 名：DigDisplay
* 函数功能：使用数码管显示
* 输    入：无参数
* 输    出：无返回值
******************************************************************/
void DigDisplay()
{
    unsigned char i;
    unsigned int j;
    for(i = 0;i<4;i++)
    {
        switch(i)                    //位选，选择点亮的数码管
        {
            case(0):
                x_p4 = 0;x_p5 = 1;x_p6 = 1;x_p7 = 1; break;    //显示第 0 位
            case(1):
                x_p4 = 1;x_p5 = 0;x_p6 = 1;x_p7 = 1; break;    //显示第 1 位
            case(2):
                x_p4 = 1;x_p5 = 1;x_p6 = 0;x_p7 = 1; break;    //显示第 2 位
            case(3):
                x_p4 = 1;x_p5 = 1;x_p6 = 1;x_p7 = 0; break;    //显示第 3 位
        }
        GPIO_DIG = DisplayData[i];   //发送段码###
        j = 50;                      //扫描间隔时间设定
        while(j--);
        GPIO_DIG = 0x00;             //消隐
    }
}
```

二、I²C 总线协议程序

I²C 协议中的常用操作：①void I2C_Start( ) 起始；②void I2C_Stop( ) 停止；③uchar I2C_SendByte(uchar dat, uchar ack) 发送一个字节；④uchar I2C_ReadByte( ) 读取一个字节。

程序如下：

```c
#include "i2c.h"
/*******************************************************************
* 函 数 名：I2C_Delay10us
* 函数功能：延时 10μs
* 输    入：无参数
* 输    出：无返回值
*******************************************************************/
void I2C_Delay10us( )
{
    unsigned char i;
    _nop_( );
    i = 25;                    //1T 芯片 i = 25，12T 芯片 i = 2
    while (--i);
}
/*******************************************************************
* 函 数 名：I2C_Start
* 函数功能：起始信号，在 I2C_SCL 时钟信号为高电平期间 I2C_SDA 信号产生一个下降沿
* 输    入：无参数
* 输    出：无返回值
* 备    注：起始之后 I2C_SDA 和 I2C_SCL 都为 0
*******************************************************************/
void I2C_Start( )              //在 SCL 高电平时，SDA 下降脉冲开始
{
    I2C_SDA = 1;               //先让数据信号为高电平
    I2C_Delay10us( );
    I2C_SCL = 1;               //再让时钟为高电平
    I2C_Delay10us( );          //建立时间是 I2C_SDA，保持时间>4.7μs
    I2C_SDA = 0;               //将数据信号拉为低电平，在时钟为高电平时出现一个下降沿，
                               //准备开始传输数据
    I2C_Delay10us( );          //保持时间>4μs
    I2C_SCL = 0;
    I2C_Delay10us( );
}
/*******************************************************************
* 函 数 名：I2C_Stop
* 函数功能：终止信号：在 I2C_SCL 时钟信号为高电平期间，I2C_SDA 信号产生一个上升沿
* 输    入：无参数
* 输    出：无返回值
* 备    注：结束之后保持 I2C_SDA 和 I2C_SCL 都为 1；表示总线空闲
*******************************************************************/
void I2C_Stop( )               //在 I2C_SCL 高电平时，I2C_SDA 上升沿脉冲终止
{
    I2C_SDA = 0;
    I2C_Delay10us( );
    I2C_SCL = 1;
    I2C_Delay10us( );          //建立时间大于 4.7μs
    I2C_SDA = 1;
    I2C_Delay10us( );
}
/*******************************************************************
* 函 数 名：I2CSendByte(uchar num)
```

* 函数功能：通过 I2C 发送一个字节。在 I2C_SCL 时钟信号高电平期间，保持发送信号 I2C_SDA
              保持稳定
* 输   入：num，ack
* 输   出：0 或 1。发送成功返回 1，发送失败返回 0
* 备   注：发送完一个字节 I2C_SCL = 0，需要应答则应答设置为 1，否则为 0
***/
uchar I2C_SendByte(uchar dat, uchar ack)
{
    uchar a = 0,b = 0;   //最大 255，一个机器周期为 1μs，最大延时为 255μs

    for(a = 0; a<8; a++)   //要发送 8 位，从最高位开始
    {
        I2C_SDA = dat >> 7;   //起始信号之后 I2C_SCL = 0，所以可以直接改变 I2C_SDA 信号
        dat = dat << 1;
        I2C_Delay10us( );
        I2C_SCL = 1;
        I2C_Delay10us( );   //建立时间大于 4.7μs
        I2C_SCL = 0;
        I2C_Delay10us( );   //时间大于 4μs
    }

    I2C_SDA = 1;
    I2C_Delay10us( );
    I2C_SCL = 1;
    while(I2C_SDA && (ack ==1))   //等待应答，也就是等待从设备把 I2C_SDA 拉低
    {
        b++;
        if(b > 200)   //如果超过 200μs 没有应答发送失败，或者为非应答，表示接收结束
        {
            I2C_SCL = 0;
            I2C_Delay10us( );
            return 0;
        }
    }
    I2C_SCL = 0;
    I2C_Delay10us( );
    return 1;
}
/***
* 函 数 名：I2C_ReadByte( )
* 函数功能：使用 I2C 读取一个字节
* 输   入：无参数
* 输   出：有返回值
* 备   注：接收完一个字节 I2C_SCL = 0
***/
uchar I2C_ReadByte()
{
    uchar a = 0,dat = 0;
    I2C_SDA = 1;   //起始和发送一个字节之后 I2C_SCL 都是 0
    I2C_Delay10us( );
    for(a = 0; a<8; a++)   //接收 8 个字节

```
                {
                    I2C_SCL = 1;
                    I2C_Delay10us( );
                    dat <<= 1;
                    dat |= I2C_SDA;
                    I2C_Delay10us( );
                    I2C_SCL = 0;
                    I2C_Delay10us( );
                }
                return dat;
        }
```

知识链接

一、PCF8591 简介

PCF8591 是一个单片集成、单独供电、低功耗、8-bit CMOS 数据获取器件，具有 4 个模拟输入、1 个模拟输出和 1 个串行 I^{2}C 总线接口。PCF8591 的 3 个地址引脚 A0、A1 和 A2 可用于硬件地址编程，允许在同一个 I^{2}C 总线上接入 8 个 PCF8591 器件，而无需额外的硬件。在 PCF8591 器件上输入/输出的地址、控制和数据信号都是通过双线双向 I^{2}C 总线以串行的方式进行传输的。PCF8591 实物图如图 11-2 所示。

（a）SOP 封装　　　　　　　　（b）DIP 封装

图 11-2　PCF8591 实物图

PCF8591 具有以下特点：
（1）单独供电；
（2）PCF8591 的工作电压范围为 2.5～6V；
（3）低待机电流；
（4）通过 I^{2}C 总线串行输入/输出；
（5）PCF8591 通过 3 个硬件地址引脚寻址；
（6）PCF8591 的采样率由 I^{2}C 总线速率决定；
（7）4 个模拟输入可编程为单端型或差分输入；
（8）自动增量频道选择；
（9）模拟电压范围为 V_{SS} 到 V_{DD}；
（10）内置跟踪保持电路；
（11）8-bit 逐次逼近 AD 转换器；
（12）通过 1 路模拟输出实现 DAC 增益。

1. PCF8591 引脚功能及内部结构

PCF8591 引脚定义如图 11-3 所示。

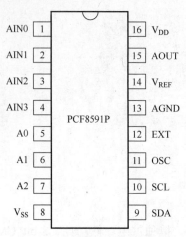

图 11-3 PCF8591 引脚图

各引脚功能如表 11-1 所示。

表 11-1 PCF8591 引脚功能

引脚序号	引脚	引脚功能
1	AIN0	模拟量输入通道
2	AIN1	
3	AIN2	
4	AIN3	
5	A0	器件地址选择
6	A1	
7	A2	
8	V_{SS}	电源电压负
9	SDA	I^2C 总线数据信号
10	SCL	I^2C 总线时钟信号
11	OSC	内部振荡信号输出/外部振荡信号输入
12	EXT	内部/外部振荡器切换
13	AGND	模拟信号地
14	V_{REF}	参考电压输入
15	AOUT	模拟量输出
16	V_{DD}	电源电压正

PCF8591 内部结构框图如图 11-4 所示。

项目 11　ADC/DAC 模数转换的应用

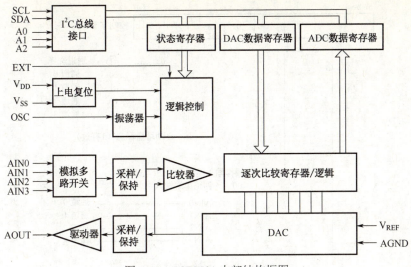

图 11-4　PCF8591 内部结构框图

2．功能描述

（1）器件地址

I^2C 总线系统通过发送有效地址到 PCF8591 来激活该器件，该地址包括固定部分和可编程部分。可编程部分必须根据地址引脚 A0、A1 和 A2 来设置。在 I^2C 总线协议中地址必须是起始条件，作为第一个字节发送。地址字节的最后一位用于设置随后的数据传输方向的读写位，如图 11-5 所示。

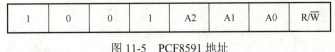

图 11-5　PCF8591 地址

（2）控制字节

发送到 PCF8591 的第二个字节将被存储在控制寄存器中，用于控制器件功能，字节各位定义如图 11-6 所示。其中如果自动增量（auto-increment）标志置 1，则每次 AD 转换后通道号将自动增加 1。

（3）DA 转换

发送给 PCF8591 的第三个字节被存储到 DAC 数据寄存器，并使用片上 DA 转换器转换成对应的模拟电压。

（4）AD 转换

AD 转换器采用逐次逼近转换技术，一个 AD 转换周期总是开始于发送一个有效器件地址给 PCF8591 之后，AD 转换周期在应答时钟脉冲的后沿触发，所选通道的输入电压采样保存到芯片并被转换为对应的 8 位二进制码，转换结果被保存在 ADC 数据寄存器等待传输。如果自动增量标志被置 1，将自动选择下一通道。在读周期传输的第一个字节即为前一个读周期的转换结果代码。最高 AD 转换速率取决于实际的 I^2C 总线速度。

（5）参考电压

进行 DA 和 AD 转换，必须提供稳定的参考电压（引脚 V_{REF} 及 AGND）和电源电压。

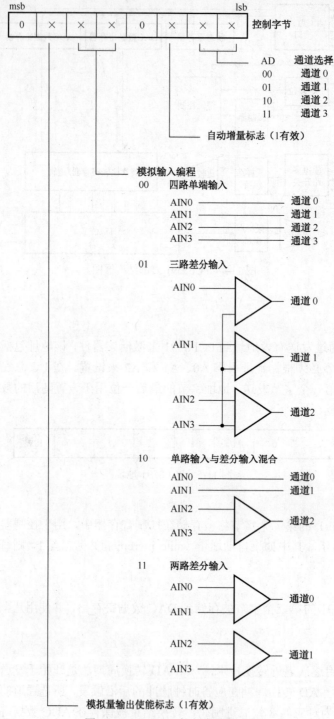

图 11-6　PCF8591 控制字节的定义

(6) 振荡器

片上振荡器产生 AD 转换周期和刷新自动清零缓冲放大器所需的时钟信号。在使用这个振荡器时 EXT 引脚必须连接到 V_{SS}。如果 EXT 引脚被送到 V_{DD}，OSC 引脚将切换到高阻态以允许用户连接外部时钟信号至 OSC 引脚。

二、I²C 总线

1. I²C 总线特点

I²C（Inter-Integrated Circuit）总线产生于 80 年代，是一种由 PHILIPS 公司开发的两线式串行总线，用于连接单片机及其外围设备。I²C 总线最主要的优点是其简单性和有效性，其占用的空间非常小，减少了电路板的空间和芯片引脚的数量，降低了互联成本。

2. I²C 总线的基本概念

I²C 总线通过两线——串行数据线 SDA 和串行时钟线 SCL 与各个器件之间进行连接，每个器件都有一个唯一的地址识别码，而且都可以作为发送器或接收器（由器件的功能决定），除了发送器和接收器外器件在执行数据传输时也可以被看作是主机或从机（I²C 总线术语描述如表 11-2 所示），主机负责初始化总线的数据传输，并产生传输所需的时钟信号，此时任何被寻址的器件都被认为是从机。

表 11-2 I²C 总线术语描述

发送器	发送数据到总线的器件
接收器	从总线接收数据的器件
主机	初始化发送，产生时钟信号和终止发送的器件
从机	被主机寻址的器件

I²C 总线在传送数据过程中共有三种类型的信号，分别是：开始信号、结束信号和应答信号。

开始信号：SCL 为高电平时，SDA 由高电平向低电平跳变，开始传送数据。

结束信号：SCL 为高电平时，SDA 由低电平向高电平跳变，结束传送数据。

所以在时钟线 SCL 为高电平时，数据线 SDA 上的数据必须保持稳定才能有效传输，否则任何高低电平的变化都将被视为开始或结束信号，如图 11-7 所示。

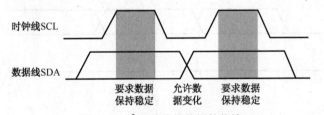

图 11-7 I²C 总线位数据的传输

应答信号：接收数据的器件在接收到 8bit 数据后，向发送数据的器件发出特定的低电平脉冲，表示已收到数据。单片机向受控单元发出一个信号后，等待受控单元发出一个应答信号，单片机接收到应答信号后，根据实际情况作出是否继续传递信号的判断。

3. I²C 总线协议

（1）初始化操作

初始化时，单片机使 SCL 串行时钟，SDA 串行数据引脚均输出高电平，为数据传输的开始做好准备。

（2）起始与停止

起始与停止时序如图 11-8 所示。

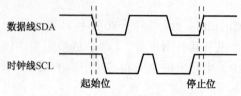

图 11-8 起始与停止时序

起始信号：时钟线保持高电平期间数据线电平从高到低的跳变作为 I²C 总线的起始信号。

停止信号：时钟线保持高电平期间数据线电平从低到高的跳变作为 I²C 总线的停止信号。

（3）器件寻址

主器件通过发送一个起始信号启动发送过程然后发送它所要寻址的从器件的地址，8 位从器件地址的高 4 位固定为"1001"，接下来的 3 位 A2、A1、A0 为器件的地址位，用来定义哪个器件被主器件访问，最后一位 R/$\overline{W}$ 告诉从机下一字节数据是要读还是写，0 为写入，1 为读取。只有一个 PCF8591 被总线寻址时，A2、A1、A0 三个地址输入脚可连接到 V_{SS}，此时单片机向存储器发送 0x90 代表写，发送 0x91 代表读。

（4）应答信号

I²C 总线数据传送时每成功地传送一个字节数据后接收器都必须产生一个应答信号，应答的器件在第 9 个时钟周期时将 SDA 线拉低表示其已收到一个 8 位数据。所以单片机在发送一个 8 位数据后只需释放 SDA 线，并监视 SDA 线是否被拉低即可知道接收器是否有应答。应答时序如图 11-9 所示。

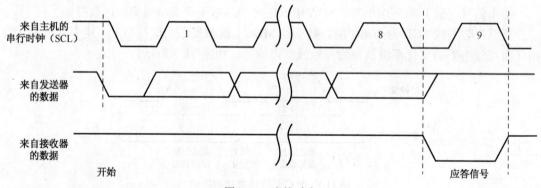

图 11-9 应答时序

（5）写模式的总线协议（DA 转换）

在开始信号后必须发送一个有效的硬件地址至 PCF8591。读写位定义了随后单个或多个字节数据传输的方向。开始、停止和应答位的格式如图 11-10 所示。在写模式中数据传输通过下一轮数据传输的停止信号或开始信号来结束。

（6）读模式的总线协议（AD 转换）

读模式的总线协议如图 11-11 所示。

项目 11 ADC/DAC 模数转换的应用

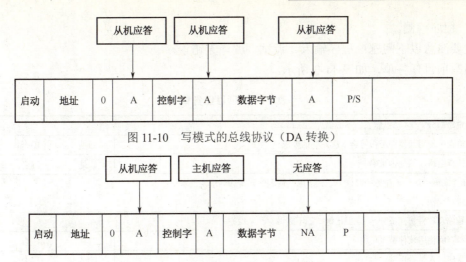

图 11-10 写模式的总线协议（DA 转换）

图 11-11 读模式的总线协议（AD 转换）

任务实施

1. 硬件实施。

ADC/DAC—PCF8591 模块可以通过淘宝购得，如图 11-12（a）所示。本次测试使用 STC15 单片机最小系统、PCF8591 模块、595 显示模块、电源模块，如图 11-12（b）所示。

（a）

（b）

图 11-12 PCF8591 模块及 ADC/DAC 测试实物图

2. 软件实施。

（1）使用 Keil C51 软件分别输入、调试、编译已分析过的程序，并生成 HEX 文件。

（2）利用生成的 HEX 文件，在仿真软件或实物板上，实现使用数码管显示 PCF8591 芯片的 AD 转换模块读取到电位器上的电压值。

任务评价

1. 电路部分检测，关键点如下：

（1）正确选择并连接所需元器件。

（2）正确绘制仿真电路原理图。

2. 程序检测。

主要注意以下问题：程序输入、调试、编译无错误。

填写项目任务单，如表 11-3 所示。

表 11-3 项目任务单

1. 电路部分　　（□已做　□不必做　□未做）		
① 检查所使用元器件是否符合本次任务的要求	□是	□否
② 检查电路连接是否正确	□是	□否
你在完成第一部分子任务的时候，遇到了哪些问题？你是如何解决的？		
2. 程序及软件仿真部分　　（□已做　□不必做　□未做）		
① 检查所使用软件是否可用	□是	□否
② 程序输入是否正常	□是	□否
③ 程序出错后能否调试	□是	□否
④ 软件功能能否实现	□是	□否
你在完成第二部分子任务的时候，遇到了哪些问题？你是如何解决的？		
完成情况总结及评价：		
学习效果：　□优　□良　□中　□差		

任务拓展

EEPROM 是"Electrically Erasable Programmable Read-only"（电可擦写可编程只读存储器）的缩写，EEPROM 的一种特殊形式是闪存，可以使用主芯片供电电压来擦写和重编程。EEPROM 在正常情况下和 EPROM 一样，可以在掉电的情况下保存数据，所不同的是它可以在线的情况下方便完成数据的擦除和写入，这使 EEPROM 被广泛应用于汽车、电信、医疗、水表、电表、工业控制等领域，主要用于存储个人数据和配置/调整数据。EEPROM 又分并行 EEPROM 和串行 EEPROM，并行 EEPROM 器件虽然有很快的读写速度，但要使用很多的电路引脚。串行 EEPROM 器件功能上和并行 EEPROM 基本相同，提供更少的引脚数、更小的封装、更低的电压和更低的功耗，是现在使用的非易失性存储器中灵活性最高的类型。串行 EEPROM 按总线进行分类，常用的有 I^2C 总线、SPI 总线、Microwire 总线。本任务拓展以 I^2C 总线介绍 24C 系列 EEPROM 芯片连接单片机的编程实例。

如图 11-13 所示为 24C08 工作原理图，A0、A1、A2 接地，代表只有一个芯片，对它们进行不同的电压配置，可以控制 8 片 24CXX 进行工作。

如图 11-14 所示为测试外置 24C08 芯片工作实物图。使用 24C08 模块、8 位共阴极数码管显示模块（使用 STC15 强推挽驱动）、STC15 单片机最小系统、电源等模块。

项目 11　ADC/DAC 模数转换的应用

图 11-13　24C08 工作原理图

图 11-14　测试外置 24C08 芯片工作实物图

```
/*******************************************************************
* 程 序 名：EEPROM 一位读写
* 程序说明：通电后数码管从 00 开始计数，每过 1 秒加 1，直到 99。计数过程中，你可以关闭电
             源，然后再开启电源，可以看到数值并没有从 00 开始计数，而是从你关闭电源前的
             数值开始，按键 K 将显示数据清零
* 连接方式：P2 口接 8 位共阴极数码管的段码脚，P1 口接位码脚，按钮 K 接 P0.0
* 调试芯片：STC15F2K60S2-PDIP40 系列/IAP15F2K61S2，1T 芯片
* 使用模块：5V 电源、STC15 单片机最小系统、8 位共阴极数码管显示模块
* 适用芯片：89、90、STC10、STC11、STC12、STC15 系列
* 注　　意：STC89、STC90 可运行，须修改 Delay5us 延时函数
********************************************************************/
// EEPROM 的读写地址，EEPROM 器件类型识别码为 1010，即为 A，0xA0 为写数据，0xA1 为读
//数据。写地址 1010 0000，读地址 1010 0001，前四位为 EEPROM 器件类型识别符，接下来三位
//硬件接地，为片选，只有一片 EEPROM 器件，三位全为 0，最后一位为 0 表示写，最后一位为 1
//表示读。
//--包含要使用到相应功能的头文件--//
#include <config.h>          //STC15 标识头文件，定义主时钟及调用 STC15Fxxxx.h
#include <intrins.h>
//--宏定义--//
#define uchar unsigned char
//--定义全局变量--//
unsigned    char code t_display[11] = {0x3F,0x06,0x5B,0x4F,0x66,0x6D,0x7D,0x07,0x7F,0x6F};
//共阴极 0～9 段码
unsigned char code    T_COM[8] = {0xfe,0xfd,0xfb,0xf7,0xef,0xdf,0xbf,0x7f};      //位码
unsigned char sec = 0;       //定义计数值，每过 1s，sec 加 1
unsigned int count;          //定时中断次数
```

```c
bit write = 0;                    //写 24C08 的标志
sbit SCL = P3^4;                  // 24C08 SCL
sbit SDA = P3^5;                  // 24C08 SDA
sbit K5 = P0^0;                   //清 0 按键
```
/***
* 函 数 名：Delay5us
* 函数功能：延时函数，延时 5μs
* 输   入：无
* 输   出：无
* 来   源：使用 STC-ISP 软件的"延时计算器"功能实现
***/
```c
void Delay5us( )               //@11.0592MHz，5μs
{
    unsigned char i;           //若使用 12T 芯片，直接写一个空函数，实现 5μs 延时
    _nop_( );
    i = 11;
    while (--i);
}
```
/***
* 函 数 名：Delay_n_5us
* 函数功能：延时 n 个 5μs 函数，实参值根据需要设定。若要 1ms，则实参值为 200
* 输   入：有参数
* 输   出：无返回值
* 来   源：根据功能要求自写程序
***/
```c
void Delay_n_5us(unsigned int n)   //@11.0592MHz
{
    unsigned int i;
    for(i = 0;i<n;i++)
        Delay5us( );
}
```
/***
* 函 数 名：start
* 函数功能：开始信号函数
* 输   入：无参数
* 输   出：无返回值
***/
```c
void Start( )    //起始信号：在 I2C_SCL 时钟信号为高电平期间，I2C_SDA 信号产生一个下降沿
{
    SDA = 1;
    Delay5us( );
    SCL = 1;
    Delay5us( );
    SDA = 0;
    Delay5us( );
}
```
/***
* 函 数 名：Stop
* 函数功能：停止信号函数
* 输   入：无参数
* 输   出：无返回值

项目 11 ADC/DAC 模数转换的应用

```
*******************************************************************/
void Stop( )    //终止信号：在 I2C_SCL 时钟信号为高电平期间，I2C_SDA 信号产生一个上升沿
{
    SDA = 0;
    Delay5us( );
    SCL = 1;
    Delay5us( );
    SDA = 1;
    Delay5us( );
}
/*******************************************************************
* 函 数 名：Respons
* 函数功能：应答函数
* 输    入：无参数
* 输    出：无返回值
*******************************************************************/
void Respons( )             //应答
{
    uchar i;
    SCL = 1;
    Delay5us( );
    while((SDA == 1)&&(i<250))   i++;
    SCL = 0;
    Delay5us( );
}

/*******************************************************************
* 函 数 名：Init_24c08
* 函数功能：初始化 24C08 函数
* 输    入：无参数
* 输    出：无返回值
*******************************************************************/
void Init_24c08( )          //初始化 24C08
{
    SDA = 1;
    Delay5us( );
    SCL = 1;
    Delay5us( );
}
/*******************************************************************
* 函 数 名：Write_Byte
* 函数功能：写一个字节函数
* 输    入：无参数
* 输    出：无返回值
*******************************************************************/
void Write_Byte(uchar date)
{
    uchar i,temp;
    temp = date;
    for(i = 0;i<8;i++)
    {
```

```c
            temp = temp<<1;
            SCL = 0;
            Delay5us( );
            SDA = CY;
            Delay5us( );
            SCL = 1;
            Delay5us( );
        }
        SCL = 0;
        Delay5us( );
        SDA = 1;
        Delay5us( );
    }
    /**************************************************************************
    * 函 数 名：Read_Byte
    * 函数功能：读一个字节函数
    * 输    入：无参数
    * 输    出：返回一个无符号字符值
    **************************************************************************/
    uchar Read_Byte( )
    {
        uchar i,k;
        SCL = 0;
        Delay5us( );
        SDA = 1;                //起始和发送一个字节之后 I2C_SCL 都是 0
        Delay5us( );
        for(i = 0;i<8;i++)      //接收 8 个字节
        {
            SCL = 1;
            Delay5us( );
            k = (k<<1)|SDA;
            SCL = 0;
            Delay5us( );
        }
        return k;
    }
    /**************************************************************************
    * 函 数 名：Write_24c08
    * 函数功能：给指定地址中写入数据函数
    * 输    入：有两个无符号字符参数
    * 输    出：无返回值
    **************************************************************************/
    void Write_24c08(uchar address,uchar shuju)   //给指定地址中写入数据
    {
        Start();
        Write_Byte(0xa0);       //24C08 地址为 0xa0，最低位为 0 写，1 读
        Respons( );
        Write_Byte(address);
        Respons( );
        Write_Byte(shuju);
        Respons( );
```

```c
        Stop( );
}
/***************************************************************************
 * 函 数 名: Read_24c08
 * 函数功能: 从 24C08 指定地址中读出数据函数
 * 输    入: 有一个无符号字符参数
 * 输    出: 无返回值
***************************************************************************/
uchar Read_24c08(uchar address)     //从 24C08 指定地址中读出数据
{
    uchar date;
    Start( );
    Write_Byte(0xa0);
    Respons( );
    Write_Byte(address);
    Respons( );
    Start( );
    Write_Byte(0xa1);
    Respons( );
    date = Read_Byte( );
    Stop( );
    return date;
}
/***************************************************************************
 * 函 数 名: Led_Show
 * 函数功能: LED 显示函数
 * 输    入: 无参数
 * 输    出: 无返回值
***************************************************************************/
void Led_Show( )                    //LED 显示函数
{
    P2 = t_display[sec/10];         //十位数
    P1 = T_COM[6];                  //选通十位进行显示
    Delay_n_5us(500);
    P2 = t_display[sec%10];         //个位数
    P1 = T_COM[7];                  //选通个位进行显示
    Delay_n_5us(500);
}
/***************************************************************************
 * 函 数 名: main
 * 函数功能: 主函数
 * 输    入: 无参数
 * 输    出: 无返回值
***************************************************************************/
void main(void)
{
    //P2 口接 8 位共阴极数码管段码,需强推挽输出,P1 口接位码
    P2M1 = 0x00;              //P2M1.n, P2M0.n  = 00—>准双向口, 01—>强推挽输出
    P2M0 = 0XFF;              //                = 10—>高阻输入, 11—>开漏
    TMOD = 0x01;              //定时器工作在方式 1
    ET0 = 1;                  //打开定时器 0 中断
```

```c
            EA = 1;                         //打开总中断
            Init_24c08();                   //初始化 24C08
            sec = Read_24c08(2);            //读出保存的数据赋于 sec
            TH0 = (65536-50000)/256;        //对 TH0 TL0 赋值
            TL0 = (65536-50000)%256;        //使定时器 0.05s 中断一次
            TR0 = 1;                        //启动定时器 0,开始计时
            while(1)
            {
                Led_Show();
                if(write == 1)              //判断计时器是否计时 1s
                {
                    write = 0;              //清零
                    Write_24c08(2,sec);     //向 24C08 的地址 2 中写入数据 sec
                }
                if(K5 == 0)
                {
                    Delay_n_5us(500);
                    if(K5 == 0)
                        sec = 0;
                }
            }
        }
        /*******************************************************************
        * 函 数 名:Timer0
        * 函数功能:定时中断服务函数
        * 输   入:无参数
        * 输   出:无返回值
        *******************************************************************/
        void Timer0(void)   interrupt 1 using 0    //定时中断服务函数
        {
            TH0 = (65536-50000)/256;        //对 TH0 TL0 赋值
            TL0 = (65536-50000)%256;        //重装计数初值
            count++;                        //每过 50ms,count 加 1
            if(count == 20)                 //计满 20 次(1s)时
            {
                count = 0;                  //重新再计
                sec++;
                write = 1;                  //1s 写一次 24C08
                if(sec == 100)              //定时 100s,再从零开始计时
                    sec = 0;
            }
        }
```

任务 2　STC15 内部 AD 模块的应用

学习目标

- 掌握 STC15 芯片中自带 AD 模块的使用。

项目 11 ADC/DAC 模数转换的应用

任务呈现

使用 PCF8591 芯片进行 AD 转换，需要搭建外围检测电路，且需使用 I²C 协议与单片机通信，占用较多单片机资源，AD 转换是 8 位，精度较低；部分型号 STC15 系列单片机自带 AD 转换模块，因为是单片机内部集成，无须外围器件，只需要一根信号线即可实现 AD 转换功能，AD 转换是 10 位的，精度较高，缺点是占用单片机资源较多。

想一想

综合比较，使用 PCF8591 与使用 STC15 系列单片机内部 AD 模块哪一种更有优势？

本次任务

学习 STC15 芯片内部自带 AD 转换模块的应用。

任务分析

具体任务如下：

1. 从 STC 官网（www.STCMCU.com 和 www.GXWMCU.com）下载最新 STC15F2K60S2 中文数据手册（PDF 格式）并阅读其中关于 AD 转换器的部分。STC 单片机数据手册的 PDF 阅读是不加密的，若打开时 PDF 阅读器提示"输入密码"，升级 PDF 阅读器到新版本即可。（推荐使用 FOXIT V5.0 以上或 SumatraPDF 阅读器）。

2. 软件编程：参考 STC15F2K60S2 系列 AD 转换测试程序，利用 Keil 编写并调试程序，实现利用 STC15 系列单片机内部自带 AD 转换模块进行 AD 转换。

程序分析

一、AD 转换测试程序（ADC 中断方式）

程序如下：

```
/*-------------------------------------------------------------------*/
/* --- STC MCU Limited ----------------------------------------------*/
/* --- STC15F4K60S4 系列 AD 转换中断方式举例-------------------------*/
/* --- Mobile: (86) 13922805190 -------------------------------------*/
/* --- Fax: 86-755-82905966 -----------------------------------------*/
/* --- Tel: 86-755-82948412 -----------------------------------------*/
/* --- Web: www.STCMCU.com ------------------------------------------*/
/* 如果要在程序中使用此代码，请在程序中注明使用了宏晶科技的资料及程序 */
/*-------------------------------------------------------------------*/

//本示例在 Keil 开发环境下请选择 Intel 的 8058 芯片型号进行编译
//假定测试芯片的工作频率为 18.432MHz

#include "reg51.h"
```

```c
#include "intrins.h"

#define FOSC    18432000L
#define BAUD    9600

typedef unsigned char BYTE;
typedef unsigned int WORD;

#define URMD 0          //0：使用定时器 2 作为波特率发生器
                        //1：使用定时器 1 的模式 0（16 位自动重载模式）作为波特率发生器
                        //2：使用定时器 1 的模式 2（8 位自动重载模式）作为波特率发生器

sfr T2H = 0xd6;         //定时器 2 高 8 位
sfr T2L = 0xd7;         //定时器 2 低 8 位

sfr AUXR = 0x8e;        //辅助寄存器

sfr ADC_CONTR = 0xBC;   //ADC 控制寄存器
sfr ADC_RES = 0xBD;     //ADC 高 8 位结果
sfr ADC_LOW2 = 0xBE;    //ADC 低 2 位结果
sfr P1ASF = 0x9D;       //P1 口第 2 功能控制寄存器

#define ADC_POWER 0x80      //ADC 电源控制位
#define ADC_FLAG 0x10       //ADC 完成标志
#define ADC_START 0x08      //ADC 起始控制位
#define ADC_SPEEDLL 0x00    //540 个时钟
#define ADC_SPEEDL 0x20     //360 个时钟
#define ADC_SPEEDH 0x40     //180 个时钟
#define ADC_SPEEDHH 0x60    //90 个时钟

void InitUart( );
void SendData(BYTE dat);
void Delay(WORD n);
void InitADC( );

BYTE ch = 0;        //ADC 通道号

void main( )
{
    InitUart( );    //初始化串口
    InitADC( );     //初始化 ADC
    IE = 0xa0;      //使能 ADC 中断
//开始 AD 转换
    while (1);
}

/*---------------------------
ADC 中断服务程序
---------------------------*/
void adc_isr( ) interrupt 5 using 1
{
```

```
        ADC_CONTR & = !ADC_FLAG;         //清除 ADC 中断标志

        SendData(ch);                    //显示通道号
        SendData(ADC_RES);               //读取高 8 位结果并发送到串口

        SendData(ADC_LOW2);              //显示低 2 位结果

        if (++ch > 7)ch = 0;             //切换到下一个通道
        ADC_CONTR = ADC_POWER | ADC_SPEEDLL | ADC_START | ch;
}

/*--------------------------
初始化 ADC
--------------------------*/
void InitADC( )
{
    P1ASF = 0xff;                //设置 P1 口为 AD 口
    ADC_RES = 0;                 //清除结果寄存器
    ADC_CONTR = ADC_POWER | ADC_SPEEDLL | ADC_START | ch;
    Delay(2);                    //ADC 上电并延时
}

/*--------------------------
初始化串口
--------------------------*/
void InitUart( )
{
    SCON = 0x5a;                 //设置串口为 8 位可变波特率
#if URMD = = 0
    T2L = 0xd8;                  //设置波特率重载值
    T2H = 0xff;                  //115200 bps（65536-18432000/4/115200）
    AUXR = 0x14;                 //T2 为 1T 模式，并启动定时器 2
    AUXR | = 0x01;               //选择定时器 2 为串口 1 的波特率发生器
#elif URMD = = 1
    AUXR = 0x40;                 //定时器 1 为 1T 模式
    TMOD = 0x00;                 //定时器 1 为模式 0（16 位自动重载）
    TL1 = 0xd8;                  //设置波特率重载值
    TH1 = 0xff;                  //115200 bps（65536-18432000/4/115200）
    TR1 = 1;                     //定时器 1 开始启动
#else
    TMOD = 0x20;                 //设置定时器 1 为 8 位自动重载模式
    AUXR = 0x40;                 //定时器 1 为 1T 模式
    TH1 = TL1 = 0xfb;            //115200 bps（256-18432000/32/115200）
    TR1 = 1;
#endif
}

/*--------------------------
发送串口数据
--------------------------*/
void SendData(BYTE dat)
```

```c
{
    while (!TI);        //等待前一个数据发送完成
    TI = 0;             //清除发送标志
    SBUF = dat;         //发送当前数据
}

/*--------------------------
软件延时
--------------------------*/
void Delay(WORD n)
{
    WORD x;
    while (n--)
    {
        x = 5000;
        while (x--);
    }
}
```

二、AD 转换测试程序(ADC 查询方式)

程序如下：

```c
/*---------------------------------------------------------------------*/
/* --- STC MCU Limited ------------------------------------------------*/
/* --- STC15F4K60S4 系列 AD 转换查询方式举例 ---------------------------*/
/* --- Mobile：(86)13922805190 ----------------------------------------*/
/* --- Fax: 86-755-82905966 -------------------------------------------*/
/* --- Tel: 86-755-82948412 -------------------------------------------*/
/* --- Web: www.STCMCU.com --------------------------------------------*/
/* 如果要在程序中使用此代码，请在程序中注明使用了宏晶科技的资料及程序   */
/*---------------------------------------------------------------------*/

//本示例在 Keil 开发环境下请选择 Intel 的 8058 芯片型号进行编译
//假定测试芯片的工作频率为 18.432MHz

#include "reg51.h"
#include "intrins.h"

#define FOSC    18432000L
#define BAUD    9600

typedef unsigned char BYTE;
typedef unsigned int WORD;

#define  URMD  0     //0：使用定时器 2 作为波特率发生器
                     //1：使用定时器 1 的模式 0（16 位自动重载模式）作为波特率发生器
                     //2：使用定时器 1 的模式 2（8 位自动重载模式）作为波特率发生器

sfr T2H = 0xd6;      //定时器 2 高 8 位
sfr T2L = 0xd7;      //定时器 2 低 8 位
```

```c
sfr AUXR = 0x8e;                    //辅助寄存器

sfr ADC_CONTR = 0xBC;               //ADC 控制寄存器
sfr ADC_RES = 0xBD;                 //ADC 高 8 位结果
sfr ADC_LOW2 = 0xBE;                //ADC 低 2 位结果
sfr P1ASF = 0x9D;                   //P1 口第 2 功能控制寄存器

#define ADC_POWER 0x80              //ADC 电源控制位
#define ADC_FLAG 0x10               //ADC 完成标志
#define ADC_START 0x08              //ADC 起始控制位
#define ADC_SPEEDLL 0x00            //540 个时钟
#define ADC_SPEEDL 0x20             //360 个时钟
#define ADC_SPEEDH 0x40             //180 个时钟
#define ADC_SPEEDHH 0x60            //90 个时钟

void InitUart( );
void InitADC( );
void SendData(BYTE dat);
BYTE GetADCResult(BYTE ch);
void Delay(WORD n);
void ShowResult(BYTE ch);

void main( )
{
    InitUart( );            //初始化串口
    InitADC( );             //初始化 ADC
    while (1)
    {
        ShowResult(0);      //显示通道 0
        ShowResult(1);      //显示通道 1
        ShowResult(2);      //显示通道 2
        ShowResult(3);      //显示通道 3
        ShowResult(4);      //显示通道 4
        ShowResult(5);      //显示通道 5
        ShowResult(6);      //显示通道 6
        ShowResult(7);      //显示通道 7
    }
}

/*--------------------------
发送 ADC 结果到 PC
--------------------------*/
void ShowResult(BYTE ch)
{
    SendData(ch);                       //显示通道号
    SendData(GetADCResult(ch));         //显示 ADC 高 8 位结果
//  SendData(ADC_LOW2);                 //显示低 2 位结果
}
/*--------------------------
读取 ADC 结果
--------------------------*/
```

```c
BYTE GetADCResult(BYTE ch)
{
    ADC_CONTR = ADC_POWER | ADC_SPEEDLL | ch | ADC_START;
    _nop_( );               //等待 4 个 NOP
    _nop_( );
    _nop_( );
    _nop_( );
    while (!(ADC_CONTR & ADC_FLAG));        //等待 ADC 转换完成
    ADC_CONTR & = ~ADC_FLAG;                //关闭 ADC

    return ADC_RES;         //返回 ADC 结果
}

/*--------------------------
初始化串口
--------------------------*/
void InitUart()
{
    SCON = 0x5a;            //设置串口为 8 位可变波特率
#if URMD == 0
    T2L = 0xd8;             //设置波特率重载值
    T2H = 0xff;             //115200 bps（65536-18432000/4/115200）
    AUXR = 0x14;            //T2 为 1T 模式，并启动定时器 2
    AUXR |= 0x01;           //选择定时器 2 为串口 1 的波特率发生器
#elif URMD == 1
    AUXR = 0x40;            //定时器 1 为 1T 模式
    TMOD = 0x00;            //定时器 1 为模式 0（16 位自动重载）
    TL1 = 0xd8;             //设置波特率重载值
    TH1 = 0xff;             //115200 bps（65536-18432000/4/115200）
    TR1 = 1;                //定时器 1 开始启动
#else
    TMOD = 0x20;            //设置定时器 1 为 8 位自动重载模式
    AUXR = 0x40;            //定时器 1 为 1T 模式
    TH1 = TL1 = 0xfb;       //115200 bps（256-18432000/32/115200）
    TR1 = 1;
#endif
}
/*--------------------------
初始化 ADC
--------------------------*/
void InitADC( )
{
    P1ASF = 0xff;           //设置 P1 口为 AD 口
    ADC_RES = 0;            //清除结果寄存器
    ADC_CONTR = ADC_POWER | ADC_SPEEDLL;
    Delay(2);               //ADC 上电并延时
}

/*--------------------------
发送串口数据
--------------------------*/
```

```
void SendData(BYTE dat)
{
    while (!TI);        //等待前一个数据发送完成
    TI = 0;             //清除发送标志
    SBUF = dat;         //发送当前数据
}

/*--------------------------
软件延时
--------------------------*/
void Delay(WORD n)
{
    WORD x;

    while (n--)
    {
        x = 5000;
        while (x--);
    }
}
```

知识链接

部分 STC15 系列单片机其内部集成了 8 路 10 位高速 AD 转换器，如 STC15W4K60S4 系列、STC15F2K60S2 系列、STC15W408AS 系列和 STC15F408AD 系列等。

一、AD 转换器的结构

STC15 系列单片机 ADC 的结构如图 11-15 所示。

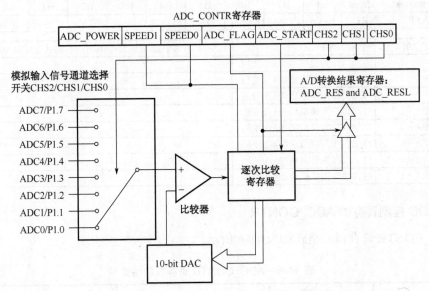

图 11-15　STC15 系列单片机 ADC 结构框图

STC15 系列单片机 ADC 由多路选择开关、比较器、逐次比较寄存器、10 位 DAC、转

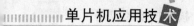

换结果寄存器（ADC_RES 和 ADC_RESL）以及 ADC_CONTR 寄存器构成。

二、与 AD 转换相关的寄存器

与 STC15 系列单片机 AD 转换相关的寄存器如表 11-4 所示。

表 11-4　STC15 系列单片机 AD 转换相关的寄存器

符号	描述	地址	位地址及其符号								复位值
			MSB							LSB	
P1ASF	P1 Analog Function Configure register	9DH	P17ASF	P16ASF	P15ASF	P14ASF	P13ASF	P12ASF	P11ASF	P10ASF	0000 0000B
ADC_CONTR	ADC Control Register	BCH	ADC_POWER	SPEED1	SPEED0	ADC_FLAG	ADC_START	CHS2	CHS1	CHS0	0000 0000B
ADC_RES	ADC Result high	BDH									0000 0000B
ADC_RESL	ADC Result low	BEH									0000 0000B
CLK_DIV PCON2	时钟分频寄存器	97H	MCKO_S1	MCKO_S0	ADRJ	Tx_Rx	MCLKO_2	CLKS2	CLKS1	CLKS0	0000 0000B
IE	Interrupt Enable	A8H	EA	ELVD	EADC	ES	ET1	EX1	ET0	EX0	0000 0000B
IP	Interrupt Priority Low	B8H	PPCA	PLVD	PADC	PS	PT1	PX1	PT0	PX0	0000 0000B

1. P1 口模拟功能控制寄存器 P1ASF

STC15 系列单片机的 AD 转换口在 P1 口，共有 8 路 10 位高速 AD 转换，速度可达到 30 万次每秒。上电复位后 P1 口为弱上拉型 I/O 接口，用户可以通过软件设置将 8 路中的任意一路设置为 AD 转换，不需要作 AD 转换的 P1 口可继续作为 I/O 接口使用（建议只作为输入）。需要作为 AD 使用的接口需将 P1ASF 特殊功能寄存器中的相应位置 1，将相应的接口设置为模拟功能。P1ASF 寄存器的格式如表 11-5 所示。

表 11-5　P1ASF 寄存器的格式

P1ASF：P1 口模拟功能控制寄存器(该寄存器是只写寄存器,读无效)

SFR name	Address	bit	B7	B6	B5	B4	B3	B2	B1	B0
P1ASF	9DH	name	P17ASF	P16ASF	P15ASF	P14ASF	P13ASF	P12ASF	P11ASF	P10ASF

P1ASF[7:0]	P1.x 的功能	其中 P1ASF 寄存器地址为：[9DH]（不能够进行位寻址）
P1ASF.0 = 1	P1.0 口作为模拟功能 A/D 使用	
P1ASF.1 = 1	P1.1 口作为模拟功能 A/D 使用	
P1ASF.2 = 1	P1.2 口作为模拟功能 A/D 使用	
P1ASF.3 = 1	P1.3 口作为模拟功能 A/D 使用	
P1ASF.4 = 1	P1.4 口作为模拟功能 A/D 使用	
P1ASF.5 = 1	P1.5 口作为模拟功能 A/D 使用	
P1ASF.6 = 1	P1.6 口作为模拟功能 A/D 使用	
P1ASF.7 = 1	P1.7 口作为模拟功能 A/D 使用	

2. ADC 控制寄存器 ADC_CONTR

ADC_CONTR 寄存器的格式如表 11-6 所示。

表 11-6　ADC_CONTR 寄存器的格式

SFR name	Address	bit	B7	B6	B5	B4	B3	B2	B1	B0
ADC_CONTR	BCH	name	ADC_POWER	SPEED1	SPEED0	ADC_FLAG	ADC_START	CHS2	CHS1	CHS0

其中各位含义如下：

（1）ADC_POWER：ADC 电源。

0：关闭 AD 转换器电源；

1：打开 AD 转换器电源。

空闲模式时将 ADC 电源关闭可降低功耗。初次打开内部 AD 转换电源后需适当延时，等内部电源稳定后再启动 AD 转换。

（2）SPEED1/SPEED0：模数转换器转换速度控制位，其配置如表 11-7 所示。

表 11-7　SPEED1/SPEED0 的配置

SPEED1	SPEED0	AD 转换所需时间
1	1	90 个时钟周期转换一次，CPU 工作频率为 21MHz 时，AD 转换速度约 300kHz
1	0	180 个时钟周期转换一次
0	1	360 个时钟周期转换一次
0	0	540 个时钟周期转换一次

（3）ADC_FLAG：模数转换器转换结束标志位，当 AD 转换完成后，被置 1，要由软件清零。

（4）ADC_START：模数转换器转换启动控制位，设置为"1"时，开始转换，转换结束后为"0"。

（5）CHS2/CHS1/CHS0：模拟输入通道选择，其配置如表 11-8 所示。

表 11-8　CHS2/CHS1/CHS0 的配置

CHS2	CHS1	CHS0	模拟输入通道选择
0	0	0	选择 P1.0 作为 AD 输入使用
0	0	1	选择 P1.1 作为 AD 输入使用
0	1	0	选择 P1.2 作为 AD 输入使用
0	1	1	选择 P1.3 作为 AD 输入使用
1	0	0	选择 P1.4 作为 AD 输入使用
1	0	1	选择 P1.5 作为 AD 输入使用
1	1	0	选择 P1.6 作为 AD 输入使用
1	1	1	选择 P1.7 作为 AD 输入使用

3. ADC 转换结果调整寄存器位（ADRJ），ADC 转换结果寄存器 ADC_RES、ADC_RESL

（1）当 ADRJ = 0 时，AD 转换结果寄存器格式如图 11-16 所示。

ADC_RES[7:0] | ADC_B9 | ADC_B8 | ADC_B7 | ADC_B6 | ADC_B5 | ADC_B4 | ADC_B3 | ADC_B2 |
　　　　　　　| -　　 | -　　 | -　　 | -　　 | -　　 | -　　 | ADC_B1 | ADC_B0 | ADC_RESL[1:0]

图 11-16　ADRJ = 0 时 AD 转换结果寄存器格式

如果取 10 位结果，转换结果的计算公式为

$$(ADC\_RES[7:0], ADC\_RESL[1:0]) = 1024 \times \frac{V_{in}}{V_{cc}}$$

如果取 8 位结果，转换结果的计算公式为

$$(ADC\_RES[7:0]) = 256 \times \frac{V_{in}}{V_{cc}}$$

其中 V_{in} 为模拟输入通道输入电压，V_{cc} 为单片机实际工作电压，使用单片机工作电压作为模拟参考电压。

（2）当 ADRJ = 1 时，AD 转换结果寄存器格式如图 11-17 所示。

						ADC_B9	ADC_B8	ADC_RES[1:0]
ADC_B7	ADC_B6	ADC_B5	ADC_B4	ADC_B3	ADC_B2	ADC_B1	ADC_B0	ADC_RESL[7:0]

图 11-17　ADRJ = 1 时 AD 转换结果寄存器格式

如果取 10 位结果，转换结果的计算公式为

$$(ADC\_RES[1:0], ADC\_RESL[7:0]) = 1024 \times \frac{V_{in}}{V_{cc}}$$

4．中断允许寄存器 IE

（1）EA：CPU 的中断开放标志。

EA = 1，CPU 开放中断；EA = 0，CPU 屏蔽所有的中断申请。

（2）EADC：AD 转换中断允许位。

EADC = 1，允许 AD 转换中断；EADC = 0，禁止 AD 转换中断。

5．中断优先级控制寄存器 IP

PADC = 0，AD 转换中断为最低优先级，中断优先级为 0；PADC = 1，AD 转换中断为最高优先级，中断优先级为 1。

任务实施

1．从 STC 官网（www.STCMCU.com 和 www.GXWMCU.com）下载最新 STC15F2K60S2 中文数据手册（PDF）并阅读其中关于 AD 转换器的部分。

2．做一个电压分压模块。如图 11-18（a）、（c）所示是通过电阻进行电压分压的原理图，如图 11-18（b）、（d）所示是通过电阻进行电压分压的实物图。图 11-18（a）中 R7 为限流电阻，按 SW1，将 V_{CC} 电压提供给 P1.4 口，按 SW2，将 $5/6 V_{CC}$ 的电压提供给 P1.4 口，依次按不同的按钮，在 P1.4 口可得到不同的电压值。

本次测试使用 STC15 单片机最小系统、电压分压模块、595 显示模块、电源模块。如图 11-19 所示。

项目 11 ADC/DAC 模数转换的应用

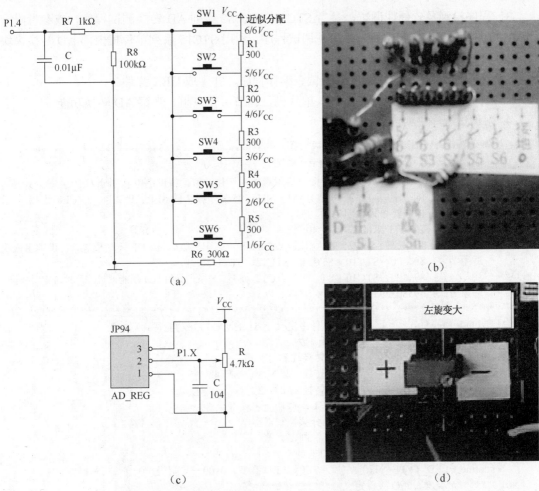

图 11-18 电压分压原理图及实物图

图 11-19 测试 STC15 内部 AD 功能的连接实物图

3. 程序检测及软硬件调试，参考 STC15F2K60S2 系列 AD 转换测试程序，或参考附录程序，按图 11-19 连接各模块，编写并调试程序，利用 STC15 系列单片机内部 AD 转换模块实现 AD 转换功能。

（1）使用 Keil C51 软件输入、调试、编译程序，并生成 HEX 文件。

（2）将生成的 HEX 格式文件载入单片机，调节可变电阻，观察 AD 转换功能。

4. 附调试程序主要内容。

```c
/***************************************************************
* 实 验 名：AD 中断法测模拟量数据
* 实验说明：芯片具有 AD 功能，读出模拟量随时变化的值，将供电电压划分为 1024 等分处理
* 连接方式：P4 口的第 1、2、4 位分别与 74HC595 显示模块的 SER、RCLK、SRCLK 连接
            P1.1 接可调电阻的滑动端
* 调试芯片：STC15F2K60S2-PDIP40
* 使用模块：5V 电源、STC15 单片机最小系统、8 位共阳极数码管 PNP 驱动模块、可调电阻模块
* 适用芯片：89、90、STC10、STC11、STC12、STC15 系列
* 注    意：89、90、STC10、STC11、STC12、STC15 系列具有 AD 功能，且注意地址定义不同
* 联系方式：595803293@qq.com  孙月红
***************************************************************/
#include <reg51.h>              //此文件中定义了 51 的一些特殊功能寄存器
#include <intrins.h>            //常用函数头文件
sfr ADC_CONTR = 0xBC;           //AD 转换控制寄存器
sfr ADC_RES = 0xBD;             //AD 转换结果高 8 位
sfr ADC_RESL = 0xBE;            //AD 转换结果低 2 位
sfr P1ASF = 0x9D;               //端口 1 模拟功能配置寄存器
sfr CLK_DIV = 0x97;             //时钟分频控制寄存器
//sfr IE = 0xA8;                //中断控制寄存器
sfr P4 = 0xC0;                  //P4 口地址
#define  LED_TYPE  0xff         //定义 LED 类型，0x00—共阴极，0xff—共阳极
/************  I/O 接口定义 ****************/
sbit EADC = IE^5;
sbit P_HC595_SER = P4^1;        //串行数据输入
sbit P_HC595_RCLK = P4^2;       //存储寄存器时钟输入
sbit P_HC595_SRCLK = P4^4;      //移位寄存器时钟输入
/************  定义变量与数组 ****************/
unsigned char data adc_datah;   //定义保存 AD 转换高 2 位结果
unsigned char data adc_datal;   //定义保存 AD 转换低 8 位结果
unsigned char code t_display[] = {0x3F,0x06,0x5B,0x4F,0x66,0x6D,0x7D,0x07,0x7F,0x6F,0x00};
//共阴极段码
//                                  0    1    2    3    4    5    6    7    8    9   空
unsigned char code T_COM[] = {0x01,0x02,0x04,0x08,0x10,0x20,0x40,0x80}; //位码
unsigned char LED8[8];          //显示缓冲
unsigned char display_index;    //显示位索引
/***************************************************************
* 函 数 名：Led_Let_Set
* 函数功能：8 个数码管显示空（没显示）
* 来    源：根据需要自己写
***************************************************************/
void Led_Let_Set(void)          //根据标准字库显示空白值（即无显示）
{
    unsigned char k;
```

```c
        for (k = 0;k<8;k++)
            LED8[k] = 11;
}
/**************************************************************************
* 函 数 名：Led_Let
* 函数功能：显示扫描函数
* 来    源：根据需要自己写
**************************************************************************/
void Led_Let(void)        //--显示电位器电压--//
{
    unsigned int temp;
    temp = adc_datah*256+adc_datal;
    LED8[0] = adc_datah/10;              //高位十位
    LED8[1] = adc_datah%10;              //高位个位
    LED8[2] = 10;                        //空
    LED8[3] = 10;                        //空
    LED8[4] = temp/1000;                 //低位千位
    LED8[5] = (temp%1000)/100;           //低位百位
    LED8[6] = ((temp%1000)%100)/10;      //低位十位
    LED8[7] = ((temp%1000)%100)%10;      //低位个位
}
/**************************************************************************
* 函 数 名：Send_595
* 函数功能：移位寄存
* 输    入：有
* 输    出：无
* 来    源：根据硬件电路实际情况，结合软件功能编写
**************************************************************************/
void Send_595(unsigned char dat)       //串行移位
{
    unsigned char  i;
    for(i = 0; i<8; i++)
    {
        dat <<= 1;                     //数据左移1位
        P_HC595_SER   = CY;            //把进位位的内容送到595，即发送74HC595一位串行数据
        P_HC595_SRCLK = 1;             //SER口上的数据移入寄存器，在第9个上升沿，数据从Q7口移出
        P_HC595_SRCLK = 0;             //对寄存器复位清零
    }
}
/**************************************************************************
* 函 数 名：Display
* 函数功能：显示扫描函数
* 输    入：无
* 输    出：无
* 来    源：根据硬件电路实际情况，结合软件功能编写
**************************************************************************/
void Display(void)
{
    Send_595(~LED_TYPE ^ T_COM[display_index]);            //输出位码
    Send_595( LED_TYPE ^ t_display[LED8[display_index]]);  //输出段码
    P_HC595_RCLK = 1;                                      //寄存器的数据置入锁存器中
```

```c
        P_HC595_RCLK = 0;                   //电路 E 脚接低，RCLK 低电平后数码管上输出相应内容
        if(++display_index >= 8)    display_index = 0;           //8 位结束回 0
}
/*****************************************************************
* 函 数 名：main
* 函数功能：主函数
*****************************************************************/
void main(void)
{
    unsigned long i;
    display_index = 0;
    Led_Let_Set( );                 //若扫描时间间隔很小，消隐是必要的
    P1ASF = 0x02;                   //设置 P1.1 为模拟量输入功能
    ADC_CONTR = 0x81;  //打开 AD 转换电源，设置输入通道（打开 ADC 转换电源及选择 1 通道）
    for(i = 0;i<10000;i++);
    CLK_DIV |= 0x20;                //(ADRJ)=1，设置 AD 转换结果的存储格式
    ADC_CONTR = 0x89;               //启动 AD 转换
    EADC = 1;                       //AD 中断允许
    EA = 1;                         //打开总中断
    while(1);
}
void ADC_Int_Run (void)interrupt 5
{
    ADC_CONTR = 0x81;               //将 ADC_FLAG 清零
    adc_datah = ADC_RES & 0x03;     //保存 AD 转换结果高 2 位
    adc_datal = ADC_RESL;           //保存 AD 转换结果低 8 位
    Led_Let( );
    Display( );
    ADC_CONTR = 0x89;               //重新启动 AD 转换
}
```

任务评价

1. 数据手册阅读，关键点如下：
（1）内部 AD 转换器的结构。
（2）AD 转换相关寄存器的配置。
2. 程序检测及软硬件调试。

主要注意如下问题：程序输入、编译、调试有无错误，各模块连接是否正确。

填写项目任务单，如表 11-9 所示。

表 11-9　项目任务单

1. 数据手册阅读部分　　（□已做　□不必做　□未做）		
① 对 AD 转换器的结构、特点的描述是否正确	□是	□否
② 对 AD 转换相关寄存器配置的描述是否正确	□是	□否
你在完成第一部分子任务的时候，遇到了哪些问题？你是如何解决的？		

项目 11 ADC/DAC 模数转换的应用

续表

2. 程序检测及软硬件调试部分　　（□已做　□不必做　□未做）		
① 检查所使用软件是否可用	□是	□否
② 程序输入是否正常	□是	□否
③ 单片机最小系统、模拟量输入电路及显示电路模块连接是否正确	□是	□否
④ 程序出错后能否调试	□是	□否
⑤ 软件功能能否实现	□是	□否
你在完成第二部分子任务的时候，遇到了哪些问题？你是如何解决的？		
完成情况总结及评价：		
学习效果：　　□优　　□良　　□中　　□差		

项目总结

通过本项目的实施，了解了串行 I²C 总线接口基础知识、模数转换的基础知识，了解了 PCF8591 功能、引脚定义、使用方法等，掌握了 PCF8591 芯片编程、EEPROM 芯片编程、STC15 系列芯片内部 AD 功能应用等。

通过对单片机最小系统、模拟量输入电路及显示电路模块等进行连接，编程、调试出满足功能的程序，进一步熟悉了程序编写与调试、硬件连接等操作。通过对 PCF8591 及 STC15 系列芯片内部 AD 模块的学习，进一步强化了对元器件数据手册（datasheet）的阅读能力及时序分析能力。

课后练习

11-1　为什么要使用总线进行各个器件之间的连接？

11-2　I²C 总线通过哪几根线实现各个器件之间的连接？

11-3　I²C 总线在位数据传输过程中有什么要求？

11-4　简述 I²C 总线协议对"开始"与"停止"的时序要求。

11-5　什么是 ADC 和 DAC？

11-6　描述 PCF8591 的引脚及对应功能。

11-7　使用 PCF8591 进行 AD 转换，要求使用通道 0、单端输入，控制字节如何配置？

11-8　使用 STC51 系列单片机内部 AD 转换器进行 AD 转换，要求：模拟电压信号从 P1.0 输入，转换结果取 10 位，相关寄存器如何配置？

11-9　如何获得各个型号单片机的数据手册？

11-10　EEPROM 芯片有哪些特点？

11-11　掉电后 EEPROM 芯片中的数据是否会丢失？

11-12　简述使用 STC15 系列单片机内部 AD 转换器时需要对哪些寄存器进行配置。

项目 12　电动机控制的应用

项目描述

电动机是一种旋转式电动器件，可将电能转变为机械能。机床、水泵，需要电动机带动；电力机车、电梯，需要电动机牵引；家庭生活中的电扇、洗衣机，甚至各种电动玩具都离不开电动机，电动机已经应用在现代社会生活中的各个方面。

直流电动机具有调速性能好、启动容易、能够载重启动、易于控制、可靠性高等优点，所以目前直流电动机的应用非常广泛，如电车、电气轨道牵引、高炉送料、吊车等；步进电动机由于不需要 AD 转换，能够直接将数字脉冲信号转化成角位移，所以一直被认为是最理想的数控机床执行元件，被广泛应用在数控机床制造领域及其他机械上，如自动送料机、打印机和绘图仪等。通过本项目的学习了解直流电动机、步进电动机控制基本原理，掌握对直流电动机正转、反转、停止、加速、减速等各种操作的编程及对步进电动机正转、反转、停止等操作的编程。本项目任务有：

任务1　直流电动机控制的应用

任务2　步进电动机控制的应用

任务1　直流电动机控制的应用

学习目标

- 了解经典控制电路：H 桥电路。
- 了解直流电动机控制的基本原理。
- 掌握对直流电动机正转、反转、停止、加速、减速等各种操作的编程。

任务呈现

直流电动机是将直流电能转换为机械能的电动机。因其良好的调速性能在电力拖动中得到广泛应用。直流电动机在生活中的应用如图 12-1 所示。

图 12-1　直流电动机在生活中的应用

项目 12 电动机控制的应用

想一想

（1）直流电动机是如何实现调速的？
（2）单片机能直接驱动直流电动机吗？

本次任务

学习直流电动机的工作原理与运行控制的基本原理，实现对直流电动机正转、反转、停止、加速、减速等操作的编程。

任务分析

具体任务如下：

1. 在 Proteus 软件中绘制仿真电路图，如图 12-2 所示。

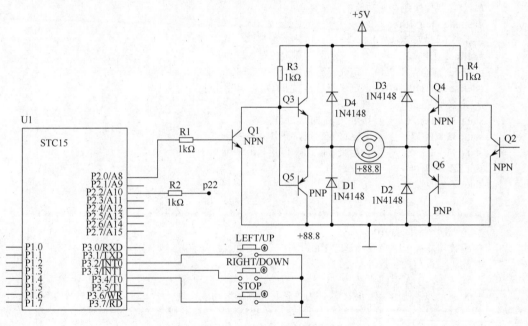

图 12-2　直流电动机控制运行原理图

2. 软件编程：编写程序，实现直流电动机正转、反转、停止、加速、减速等各种操作。

程序分析

一、直流电动机正转、反转、停止控制程序

（1）根据任务分析，程序需实现对直流电动机正转、反转及停止的控制。
（2）根据 H 桥电路的驱动原理及图 12-2，直流电动机的控制时序分析如表 12-1 所示。

表 12-1 直流电动机正转、反转及停止控制时序

操　作	正　转	反　转	停　止
控制要求	P2.0 = 0	P2.0 = 1	P2.0 = 0
	P2.2 = 1	P2.2 = 0	P2.2 = 0

程序如下：

```c
/******************************************************************
*  程 序 名：直流电动机控制
*  程序说明：使用按键实现直流电动机的正转、反转与停止
*  连接方式：P2.0 口、P2.2 口与直流电动机控制端连接，P3.2～P3.4 口与独立按键模块连接
*  调试芯片：STC15F2K60S2-PDIP40 系列/ IAP15F2K61S2，1T 芯片
*  使用模块：5V 电源、通用 C51 单片机最小系统、直流电动机控制模块、独立按键模块
*  适用芯片：STC89C51、STC90C51、STC10、STC11、STC12、STC15 系列
*  注   意：STC89C51、90C51 系列可运行，须修改 Delay10us 延时函数
******************************************************************/
//--包含要使用到相应功能的头文件--//
#include <reg51.h>
//--定义符号常量--//
#define  UP    20         //定义符号常量 UP 与 20 相同
#define  DOWN  30         //定义符号常量 DOWN 与 30 相同
#define  STOP  40         //定义符号常量 STOP 与 40 相同
//--定义变量--//
sbit p32 = P3^2;          //定义 p32 口，反转
sbit p33 = P3^3;          //定义 p33 口，正转
sbit p34 = P3^4;          //定义 p34 口，停止
sbit ZZ = P2^0;           //控制端 1
sbit FZ = P2^2;           //控制端 2

/******************************************************************
*  函 数 名：Delay10us
*  函数功能：延时函数，延时 10μs
*  输   入：无参数
*  输   出：无返回值
*  来   源：使用 STC-ISP 软件的"延时计算器"功能实现
******************************************************************/
void Delay10us( )         //@11.0592MHz
{
    unsigned char i;

    i = 25;               //1T 芯片 i = 25，12T 芯片 i = 2
    while (--i);
}

/******************************************************************
*  函 数 名：Delay_n_10us
*  函数功能：延时 n 个 10μs
*  输   入：有参数
*  输   出：无返回值
*  来   源：根据功能要求自写程序
```

```c
*********************************************************************/
void Delay_n_10us(unsigned int n)       //@11.0592MHz
{
    unsigned int i;
    for(i = 0 ; i<n ; i++)
        Delay10us( );
}
/*********************************************************************
*  函 数 名：main
*  函数功能：主函数
*  输   入：无参数
*  输   出：无返回值
*********************************************************************/
main()
{
    unsigned char temp;
    FZ = 0;
    ZZ = 0;
    while(1)
    {
        Delay_n_10us(1000);
        if(p32 = = 0)
            temp = UP;         //控制反转
        if(p33 = = 0)
            temp = DOWN;       //控制正转
        if(p34 = = 0)
            temp = STOP;       //控制停止
        switch(temp)
        {
            case DOWN:          //控制正转
                ZZ = 0;
                FZ = 1;
                break;
            case UP:            //控制反转
                ZZ = 1;
                FZ = 0;
                break;
            case STOP:          //控制停止
                ZZ = 0;
                FZ = 0;
                break;
        }
    }
}
```

二、直流电动机加减速控制程序

（1）根据任务要求，通过 P3.2 与 P3.3 上的两个独立按键完成对直流电动机加速、减速的控制。

（2）根据直流电动机调速控制方法的分析，采用定频调宽的方式，往 P2.0 输出一个 PWM

脉冲，控制脉冲周期固定为 100。

（3）通过变量 ZKB1 控制周期内低电平的持续时间，变量 ZKB2 控制周期内高电平的持续时间。改变 ZKB1、ZKB2 实现对占空比的控制，达到调速的目的。

程序如下：

```c
/******************************************************************
* 程 序 名：直流电动机控制
* 程序说明：使用按键实现直流电动机的加速、减速
* 连接方式：P2.0 口、P2.2 口与直流电动机控制端连接，P3.2 口、P3.3 口与独立按键模块连接
* 调试芯片：STC15F2K60S2-PDIP40 系列 / IAP15F2K61S2，1T 芯片
* 使用模块：5V 电源、通用 C51 单片机最小系统、直流电动机控制模块、独立按键模块
* 适用芯片：STC89C51、STC90C51、STC10、STC11、STC12、STC15 系列
* 注    意：STC89C51、STC90C51 系列可运行，须修改 Delay10ms 延时函数
******************************************************************/
//--包含要使用到相应功能的头文件--//
#include <reg51.h>

//--定义变量--//
sbit p32 = P3^2;         //定义 p3.2 口，加速
sbit p33 = P3^3;         //定义 p3.3 口，减速

sbit P20 = P2^0;         //控制端 1
sbit P22 = P2^2;         //控制端 2

#define UP   20          //定义符号常量 UP 与 20 相同
#define DOWN 30           //定义符号常量 DOWN 与 30 相同

#define V_TH0  0xff
#define V_TL0  0xf6
#define V_TMOD 0x01

void init_sys(void);              /*系统初始化函数*/
void Delay10ms(void);

unsigned char ZKB1,ZKB2;


/******************************************************************
* 函 数 名：Delay10ms
* 函数功能：延时函数，延时 10ms
* 输    入：无参数
* 输    出：无返回值
* 来    源：使用 STC-ISP 软件的"延时计算器"功能实现
******************************************************************/
void Delay10ms( )    //@11.0592MHz
{
    unsigned char i, j;

    i = 108;         //12T 芯片 i = 18，1T 芯片 i = 108
    j = 145;         //12T 芯片 j = 235，1T 芯片 j = 145
    do
```

项目 12 电动机控制的应用

```c
            {
                while (--j);
            } while (--i);
        }

/*************************************************************************
* 函 数 名：Delay_n_10ms
* 函数功能：延时 n 个 10ms
* 输    入：有参数
* 输    出：无返回值
* 注    意：形参定义类型为 unsigned char，则实参最小值为 0，最大值为 255
* 来    源：根据功能要求自写程序
**************************************************************************/
void Delay_n_10ms(unsigned int n)     //@11.0592MHz
{
    unsigned int i;
    for(i = 0;i<n;i++)
        Delay10ms( );
}
/*************************************************************************
* 函 数 名：init_sys
* 函数功能：定时器初始化
* 输    入：有
* 输    出：无
**************************************************************************/
void init_sys(void)            /*系统初始化函数*/
{
    TMOD = V_TMOD;
    TH0 = V_TH0;
    TL0 = V_TL0;
    TR0 = 1;
    ET0 = 1;
    EA = 1;
}
/*************************************************************************
* 函 数 名：timer0
* 函数功能：中断函数
* 输    入：有参数
* 输    出：无返回值
**************************************************************************/
void timer0(void) interrupt 1 using 2
{
    static unsigned char click = 0;         /*中断次数计数器变量*/
    TH0 = V_TH0;                            /*恢复定时器初始值*/
    TL0 = V_TL0;
    ++click;
    if (click> = 100)click = 0;

    if (click< = ZKB1)   /*当小于占空比值时输出低电平，高于时是高电平，实现占空比的调整*/
        P20 = 0;
    else
```

```c
            P20 = 1;
}

/************************************************************************
* 函 数 名：main
* 函数功能：主函数
* 输    入：无参数
* 输    出：无返回值
************************************************************************/
main( )
{
    unsigned char temp;
    init_sys( );
    ZKB1 = 40;                  /*占空比初始值设定*/
    ZKB2 = 60;                  /*占空比初始值设定*/
    while(1)
    {
        Delay_n_10ms(1);
        if(p32 == 0)
            temp = UP;          //控制加速
        if(p33 == 0)
            temp = DOWN;        //控制减速

        if (ZKB1>99)ZKB1 = 1;
        if (ZKB1<1)ZKB1 = 99;

        switch(temp)
        {
            case DOWN :         //控制减速
                ZKB1- = 5;
                ZKB2 = 100-ZKB1;
                break;
            case UP :           //控制加速
                ZKB1+ = 5;
                ZKB2 = 100-ZKB1;
                break;
        }
    }
}
```

知识链接

一、直流电动机简介

电动机是使电能转换为机械能的机械，直流电动机把直流电能变为机械能。普通直流电动机实物如图 12-3 所示。

图 12-3　普通直流电动机实物图

直流电动机具有以下优点：
（1）调速范围广，易于平滑调节；
（2）过载、启动、制动转矩大；
（3）易于控制，可靠性高；
（4）调速时的能量损耗较小。

二、直流电动机的基本工作原理

直流电动机的工作原理如图 12-4 所示。

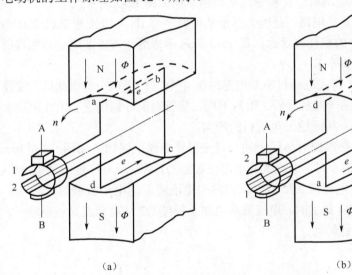

图 12-4　直流电动机的工作原理图

如图 12-4（a）所示，当电刷 A、B 接在电压为 U 的直流电源上时，若电刷 A 是正电位，B 是负电位，在 N 极范围内的导体 ab 中的电流是从 a 流向 b，在 S 极范围内的导体 cd 中的电流是从 c 流向 d。载流导体在磁场中要受到电磁力的作用，因此，ab 和 cd 两导体都要受到电磁力的作用。根据磁场方向和导体中的电流方向，利用电动机左手定则判断，ab 边受力的方向是向左，而 cd 边则是向右。由于磁场是均匀的，导体中流过的又是相同的电流，所以，ab 边和 cd 边所受电磁力的大小相等。这样，线圈上就受到了电磁力的作用而按逆时针方向转动了。

当线圈转到磁极的中性面上时，线圈中的电流等于零，电磁力等于零，但是由于惯性作用，线圈继续转动。

线圈转过半周之后，如图 12-4（b）所示，虽然 ab 与 cd 的位置调换了，ab 边转到 S 极范围内，cd 边转到 N 极范围内，但是，由于换向片和电刷的作用，转到 N 极下的 cd 边中的电流方向也变了，是从 d 流向 c，在 S 极下的 ab 边中的电流则是从 b 流向 a。因此，电磁力的方向仍然不变，线圈仍然受力按逆时针方向转动。可见，分别处在 N、S 极范围内的导体中的电流方向总是不变的，因此，线圈两个边的受力方向也不变。这样，线圈就可以按照受力方向不停地旋转了，通过齿轮或皮带等机构的传动，便可以带动其他工作机械。

在实际的直流电动机中，并不只有一个线圈，而是由许多个线圈牢固地嵌在转子铁芯槽中，当导体中通过电流，在磁场中因受力而转动，就带动整个转子旋转。这就是直流电动机的基本工作原理。

三、直流电动机的驱动

由于电动机启动及运行时需要较大的电流，所以用单片机控制直流电动机时，需要驱动电路来为直流电动机提供足够大的驱动电流。使用不同的直流电动机，其驱动电流就不同，要根据实际需求选择合适的驱动电路，常见的有以下几种驱动电路：H 桥驱动电路、电动机专用驱动模块（如 L298）、达林顿驱动器等。本任务中，Proteus 软件仿真时将使用三极管搭建 H 桥电路来驱动直流电动机。H 桥驱动电路示意图如图 12-5 所示。

电路得名于"H 桥驱动电路"是因为其形状酷似字母 H。4 个三极管组成 H 的 4 条垂直腿，而电动机就是 H 中的横杠（注意：图 12-5 只是示意图，而不是完整的电路图，其中三极管的驱动电路没有画出来）。

如图 12-5 所示，H 桥式电动机驱动电路包括 4 个三极管和一个电动机。要使电动机运转，必须导通对角线上的一对三极管。根据不同三极管对的导通情况，电流可能会从左至右或从右至左流过电动机，从而控制电动机的转向。

要使电动机运转，必须使对角线上的一对三极管导通。例如，如图 12-6 所示，当 Q1 和 Q4 导通，Q3 和 Q2 截止时，电流就从电源正极经 Q1 从左至右穿过电动机，然后再经 Q4 回到电源负极。按图中电流箭头所示，该流向的电流将驱动电动机顺时针转动。同理，当 Q3 和 Q2 导通，Q1 和 Q4 截止时，电流就从电源正极经 Q3 从右至左穿过电动机，该流向的电流将驱动电动机逆时针转动。

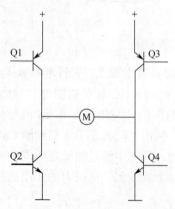
图 12-5　H 桥驱动电路示意图

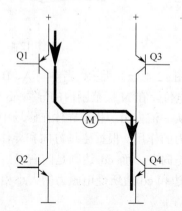
图 12-6　H 桥电路驱动电动机顺时针转动

项目 12 电动机控制的应用

为了避免电动机反电动势的危害,需要在晶体管两端接上保护二极管,如图 12-7 所示。电动机线圈在电路开闭瞬间产生的反向电动势甚至会高过电源电压,对晶体管和电路会有很大的影响甚至损坏元件。

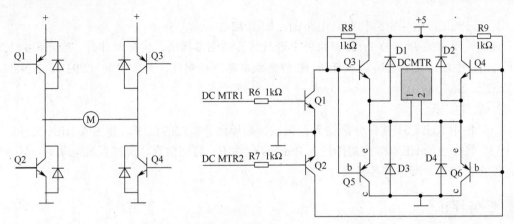

图 12-7 含保护二极管的 H 桥驱动电路原理图

实际使用的时候,除可用分立元件制作 H 桥外,市面上有很多封装好的 H 桥集成电路,接上电源、电动机和控制信号就可以使用,在额定的电压和电流内使用非常方便可靠。比如常用的 L293D、L298N、TA7257P、SN754410 等。

四、直流电动机的调速控制

采用 H 桥驱动电路,用单片机控制晶体管使之工作在占空比可调的开关状态,可精确调整电动机转速。这种电路由于工作在管子的饱和截止模式下,效率非常高,可以简单地实现转速和方向的控制,稳定性也极佳,是一种广泛采用的 PWM 调速技术。

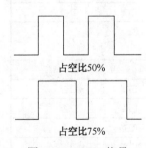

图 12-8 PWM 信号

PWM 是英文 Pulse Width Modulation(脉冲宽度调制)的缩写,按一定规律改变脉冲宽度,以调节输出量和波形的一种调制方式,在控制系统中最常用的是矩形波 PWM 信号,在控制时需要调节 PWM 波的占空比。如图 12-8 所示,占空比是指高电平持续的时间在一个周期时间内的百分比。控制电动机的转速时,占空比越大,速度越快,如果全为高电平,即占空比为 100%时,速度达到最快。

PWM 调速工作方式分为单极性工作制和双极性工作制,单极性工作制是指单片机控制口一端置低电平,另一端输出 PWM 信号,两控制口的输出切换和对 PWM 的占空比调节决定电动机的转向和转速;双极性工作制是在一个脉冲周期内,单片机两控制口各输出一个控制信号,两信号高低电平相反,两信号的高电平时差决定电动机的转向和转速,由于单极性工作制中的交流成分比双极性工作制的小,其电流的最大波动也比双极性工作制的小,所以本任务中的 PWM 调速工作方式选用单极性工作制。

常见的 PWM 调脉宽方式有三种:定频调宽、定宽调频和调宽调频。本任务采用了定频调宽方式,采用这种方式,电动机在运转时比较稳定;并且在采用单片机产生 PWM 脉冲的软件实现上比较方便。

任务实施

1. 在 Proteus 软件中绘制仿真电路图，如图 12-2 所示。

注意： 图 12-2 所示为 Proteus 软件中进行仿真的电路画法，实际制作时，除可用分立元件制作 H 桥外，也可选购封装好的 H 桥集成电路进行制作，如常用的 L293D、L298N、TA7257P、SN754410 等。

2. 软件实施。

（1）使用 Keil C51 软件分别输入、调试、编译已分析过的程序，并生成 HEX 文件。

（2）将生成的 HEX 格式文件载入 Proteus 软件中，启动仿真，调试直流电动机正转、反转、停止、加速、减速等各种操作。

任务评价

1. 仿真电路检测，关键点如下：
（1）正确调用所需元器件。
（2）正确绘制仿真电路原理图。
2. 程序检测。

主要注意以下问题：程序输入、调试、编译无错误。

填写项目任务单，如表 12-2 所示。

表 12-2 项目任务单

1. 仿真电路部分　　（□已做　□不必做　□未做）		
① 检查所使用元器件是否符合本次任务的要求	□是	□否
② 检查电路连接是否正确	□是	□否
你在完成第一部分子任务的时候，遇到了哪些问题？你是如何解决的？		
2. 程序及软件仿真部分　　（□已做　□不必做　□未做）		
① 检查所使用软件是否可用	□是	□否
② 程序输入是否正常	□是	□否
③ 程序出错后能否调试	□是	□否
④ 软件仿真能否顺序完成	□是	□否
你在完成第二部分子任务的时候，遇到了哪些问题？你是如何解决的？		
完成情况总结及评价：		
学习效果：　□优　□良　□中　□差		

任务拓展

利用互联网查找采用专用驱动芯片进行直流电动机驱动的解决方案。采购元器件进行直

项目 12　电动机控制的应用

流电动机驱动模块的制作。编写、链接、调试程序，在实物板上实现对直流电动机的控制。

任务 2　步进电动机控制的应用

 学习目标

- 了解步进电动机控制的基本原理。
- 掌握控制步进电动机转动的编程方法。

 任务呈现

传统电动机作为机电能量转换装置，在人类的生产和生活进入电气化过程中起着关键的作用。可是在人类社会进入自动化时代的今天，传统电动机的功能已不能满足工厂自动化和办公自动化等各种运动控制系统的要求。为适应这些要求，发展了一系列新的具备控制功能的电动机系统，其中较有自己特点，且应用十分广泛的一类便是步进电动机。步进电动机在生活中的应用如图 12-9 所示。

图 12-9　步进电动机在生活中的应用

 想一想

（1）步进电动机有哪些特点？
（2）单片机能直接驱动步进电动机吗？

本次任务

学习步进电动机控制的基本原理，编写程序控制步进电动机转动。

 任务分析

具体任务如下：

1. 在 Proteus 软件中绘制仿真电路图，如图 12-10 所示。

293

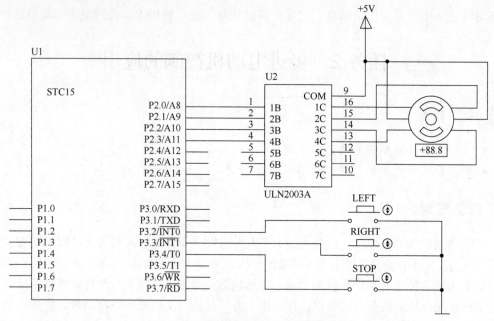

图 12-10 步进电动机控制运用原理图

2．软件编程：编写程序，在仿真软件及实物板上实现步进电动机单四拍及单、双八拍工作方式的控制。

程序分析

一、采用单四拍方式实现步进电动机正转、反转与停止控制

（1）根据任务分析，使用 P3.2、P3.3 与 P3.4 口上的独立按键实现对步进电动机的正转、反转与停止控制。

（2）采用单四拍（A-B-C-D）方式，P2 口低四位接 ULN2003A 的 1B、2B、3B、4B 引脚。

（3）调节脉冲信号的频率便可以改变步进电动机的转速，如

```
case DOWN:                      //控制反转
    P2 = 0X01;                  //A 相得电
    Delay_n_10us( 100 );        //调节转速，频率大于 600Hz，目前为 1000Hz
    P2 = 0X02;                  //B 相得电
    Delay_n_10us( 100 );
    P2 = 0X04;                  //C 相得电
    Delay_n_10us( 100 );
    P2 = 0X08;                  //D 相得电
    Delay_n_10us( 100 );
    break;
```

改变"Delay_n_10us(100)"的延时时间参数，电动机反转时转速即发生改变，而改变各相脉冲的先后次序，即可以改变电动机的旋转方向。电动转动力矩不够，请使用强推挽输出。

程序如下：

项目 12 电动机控制的应用

```
/***************************************************************
* 程 序 名：单四拍步进电动机控制
* 程序说明：使用按键实现步进电动机的正转、反转与停止控制
* 连接方式：P2.0～P2.3 口与 ULN2003 模块连接，P3.2～P3.4 口与独立按键模块连接
* 调试芯片：STC15F2K60S2-PDIP40 系列/ IAP15F2K61S2，1T 芯片
* 使用模块：5V 电源、通用 C51 单片机最小系统、ULN2003 模块、独立按键模块
* 适用芯片：STC 89C51、STC 90C51、STC10、STC11、STC12、STC15 系列
* 注    意：STC89C51、90C51 系列可运行，须修改 Delay10ms 延时函数
***************************************************************/
//--包含要使用到相应功能的头文件--//
#include <reg51.h>
//--定义变量--//
sbit p32 = P3^2;
sbit p33 = P3^3;
sbit p34 = P3^4;
#define  UP    20
#define  DOWN  30
#define  STOP  40

/***************************************************************
* 函 数 名：Delay10us
* 函数功能：延时函数，延时 10μs
* 输    入：无参数
* 输    出：无返回值
* 来    源：使用 STC-ISP 软件的"延时计算器"功能实现
***************************************************************/
void Delay10us()            //@11.0592MHz
{
    unsigned char i;
    i = 25;                 //1T 芯片 i = 25，12T 芯片 i = 2
    while (--i);
}

/***************************************************************
* 函 数 名：Delay_n_10us
* 函数功能：延时 n 个 10μs
* 输    入：有参数
* 输    出：无返回值
* 来    源：根据功能要求自写程序
***************************************************************/
void Delay_n_10us(unsigned int n)    //@11.0592MHz
{
    unsigned int i;
    for(i = 0 ; i<n ; i++)
        Delay10us( );
}

/***************************************************************
* 函 数 名：main
* 函数功能：主函数
* 输    入：无参数
```

* 输   出：无返回值
***/
```c
main()
{
    unsigned char temp;
    while(1)
    {
        if(p32 == 0)
        {
            temp = UP;              //控制正转
            P2 = 0X00;              //若反转变正转，先停止反转
            Delay_n_10us( 100 );    //调节转速，频率1000Hz，大于空载牵入频率600Hz
        }
        if(p33 == 0)
        {
            temp = DOWN;            //控制反转
            P2 = 0X00;
            Delay_n_10us( 100 );
        }
        if(p34 == 0)
        {
            temp = STOP;            //控制停止
        }
        switch(temp)
        {
            case DOWN:
                P2 = 0X01;          //控制反转
                Delay_n_10us( 100 );
                P2 = 0X02;
                Delay_n_10us( 100 );
                P2 = 0X04;
                Delay_n_10us( 100 );
                P2 = 0X08;
                Delay_n_10us( 100 );
                break;
            case UP:                //控制正转
                P2 = 0X08;
                Delay_n_10us( 100 );
                P2 = 0X04;
                Delay_n_10us( 100 );
                P2 = 0X02;
                Delay_n_10us( 100 );
                P2 = 0X01;
                Delay_n_10us( 100 );
                break;
            case  STOP:             //控制停止
                P2 = 0X00;
                break;
        }
    }
}
```

二、采用单、双八拍方式实现步进电动机正转、反转与停止控制

（1）根据任务分析，采用 P3.2、P3.3、P3.4 口上的独立按键完成对步进电动机正转、反转、停止的控制。

（2）采用单、双八拍（A-AB-B-BC-C-CD-D-DA-A）方式进行控制。

（3）改变各相脉冲的先后次序，即可以改变电动机的旋转方向。

```
/********************************************************************
 * 程 序 名：双相四拍步进电机控制
 * 程序说明：使用按键实现步进电机的正转、反转与停止控制
 * 连接方式：P1.0～P1.3 口与 ULN2003 模块连接，P3.2～P3.4 口与独立按键模块连接
 * 调试芯片：STC15F2K60S2-PDIP40 系列/ IAP15F2K61S2，1T 芯片
 * 使用模块：5V 电源、STC15 单片机最小系统模块、ULN2003 模块、独立按键模块
 * 适用芯片：STC 89C51、STC 90C51、STC10、STC11、STC12、STC15 系列
 * 注   意：STC89C51、90C51 系列可运行，须修改 Delay10us 延时函数
********************************************************************/
//--包含要使用到相应功能的头文件--//
#include <reg51.h>
//--定义变量--//
sbit P32 = P3^2;
sbit P33 = P3^3;
sbit P34 = P3^4;
unsigned char code FFW[8] = {0x01,0x03,0x02,0x06,0x04,0x0c,0x08,0x09}; //四相八拍正转编码
unsigned char code REV[8] = {0x09,0x08,0x0c,0x04,0x06,0x02,0x03,0x01}; //四相八拍反转编码
/********************************************************************
 * 函 数 名：Delay10us
 * 函数功能：延时函数，延时 10μs
 * 来   源：使用 STC-ISP 软件的"延时计算器"功能实现
********************************************************************/
void Delay10us( )        //@11.0592MHz
{
    unsigned char i;
    i = 25;              //1T 芯片 i = 25，12T 芯片 i = 2
    while (--i);
}
/********************************************************************
 * 函 数 名：Delay_n_10us
 * 函数功能：延时 n 个 10us
********************************************************************/
void Delay_n_10us(unsigned int n)     //@11.0592MHz
{
    unsigned int i;
    for(i = 0 ; i<n ; i++)
        Delay10us( );
}
/********************************************************************
 * 函 数 名：Motor_Ffw
 * 函数功能：步进电动机正转 1 圈
********************************************************************/
void  Motor_Ffw( )
```

```c
{
    unsigned char i, j;
    for (j = 0; j<8; j++)              //电动机转1圈,根据表12-3中的步距角计算得到的8
    {
        if(P34 = = 0)
            break;                     //退出此循环程序
        for (i = 0; i<8; i++)          //一个循环转45度
        {
            P1 = FFW[i];               //取正转数据拍序
            Delay_n_10us(150);         //调节转速,频率大于600Hz
        }
    }
}
/***************************************************************
* 函 数 名: Motor_Rev
* 函数功能: 步进电动机反转1圈
***************************************************************/
void   Motor_Rev( )
{
    unsigned char i, j;
    for (j = 0; j<8; j++)              //电动机转1圈,8是根据表12-3步距角计算得来的
    {
        if(P34 = = 0)
            break;                     //退出此循环程序
        for (i = 0; i<8; i++)          //一个循环转45度
        {
            P1 = REV[i];               //取反转数据拍序
            Delay_n_10us(150);         //调节转速,频率=666Hz
        }
    }
}
/***************************************************************
* 函 数 名: main
* 函数功能: 主函数
***************************************************************/
main()
{
    unsigned char i;
    while(1)
    {
        if(P32 = = 0)
        {
            for(i = 0;i<64;i++)        //外轴正转1圈,64是根据表12-3减速比得来的
            {
                Motor_Ffw( );          //电动机正转1圈
                if(P34 = = 0)
                    break;             //退出此循环程序
            }
        }
        else if(P33 = = 0)
        {
```

```
                    for(i = 0;i<64;i++)        //外轴反转 1 圈
                    {
                        Motor_Rev( );          //电动机反转 1 圈
                        if(P34 = = 0)
                        break;                 //退出此循环程序
                    }
                }
                else
                    P1 = 0xf0;                 //线圈失电,电动机停止工作
            }
        }
```

知识链接

一、步进电动机简介

步进电动机是将电脉冲信号转变为角位移或线位移的开环控制元件。在非超载的情况下,电动机的转速、停止的位置只取决于脉冲信号的频率和脉冲数,而不受负载变化的影响,当步进驱动器接收到一个脉冲信号,就驱动步进电动机按设定的方向转动一个固定的角度,即"步距角",它的旋转是以固定的角度一步一步运行的。可以通过控制脉冲个数来控制角位移量,从而达到准确定位的目的;同时可以通过控制脉冲频率来控制电动机转动的速度和加速度,从而达到调速的目的。步进电动机实物图如图 12-11 所示。

图 12-11　步进电动机实物图

常见的步进电动机有三种:永磁式(PM),反应式(VR)和混合式(HB)。永磁式一般转矩和体积较小;反应式可实现大转矩输出,但噪声和振动都很大,在欧美等发达国家 80 年代已被淘汰;混合式是指混合了永磁式和反应式的优点,应用最为广泛。

步进电动机基本参数如下:

(1)相数:产生不同对极 N、S 磁场的激磁线圈对数。

(2)拍数:完成一个磁场周期性变化所需的脉冲数或指电动机转过一个齿距角所需的脉冲数,以四相电动机为例,有四相四拍运行方式,四相八拍运行方式等。

(3)步距角:对应一个脉冲信号,电动机转子转过的角位移,用 θ 表示。θ = 360 度/(转子齿数×运行拍数),以常规二、四相,转子齿为 50 齿的电动机为例。四拍运行时步距角为 θ = 360 度/(50×4) = 1.8 度(俗称整步),八拍运行时步距角为 θ = 360 度/(50×8) = 0.9 度(俗称半步)。

二、步进电动机的与单片机的连接

如图 12-12 所示是步进电动机与单片机的连接原理图,图 12-13 所示是点阵驱动、H 桥驱动、ULN2003 驱动实物图。

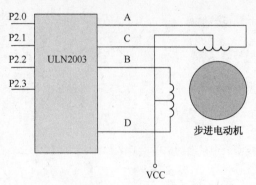 

图 12-12　四相步进电动机与单片机的连接原理图　　图 12-13　点阵驱动、H 桥驱动、ULN2003 驱动实物图

在大型仪器仪表系统中，经常要用到伺服电动机、步进电动机、各种电磁阀、泵等驱动电压高且功率较大的器件。ULN2000 系列就是美国 Texas Instruments 公司、Sprague 公司开发的高压大电流达林顿晶体管阵列产品。ULN2003 由 7 组达林顿晶体管阵列和相应的电阻网络及钳位二极管网络构成，具有同时驱动 7 组负载的能力，是单片双极型大功率高速集成电路。ULN2003 引脚排列及功能框图如图 12-14 所示。

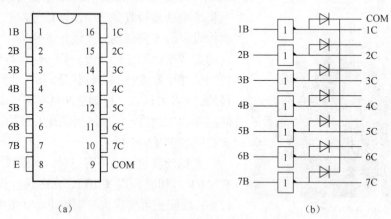

图 12-14　ULN2003 引脚排列及功能框图

ULN2003 是倒相驱动芯片，引脚 1～7 作为输入，接单片机 I/O 引脚，引脚 8 接地，引脚 16～10 作为输出，引脚 9 通常接 12V 电源。其基本工作原理：如果 1 脚输入高电平 1，则 16 脚输出低电平 0，如果 1 脚输入低电平 0，则 16 脚输出高电平 1，其他引脚依次类推。

三、步进电动机的控制

步进电动机的驱动原理：通过对每相线圈中电流的顺序切换来使电动机作步进式旋转。切换是通过单片机输出脉冲信号来实现的。所以调节脉冲信号的频率便可以改变步进电动机的转速，改变各相脉冲的先后次序，可以改变电动机的旋转方向。步进电动机的转速应由慢到快逐步加速。

电动机驱动方式可以采用双四拍（DA-AB-BC-CD-DA）方式，也可以采用单四拍（A-B-C-D-A）方式，或单、双八拍（DA-A-AB-B-BC-C-CD-D-DA）方式。各种工作方式时序图如图 12-15 所示（高电平有效）。

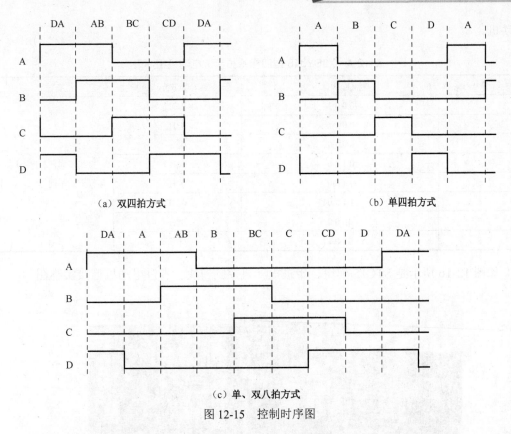

(a) 双四拍方式　　　　　　　　(b) 单四拍方式

(c) 单、双八拍方式

图 12-15　控制时序图

图 12-15 中示意的脉冲信号是高电平有效,但实际控制时由于电动机线圈的公共端接在 VCC 上,所以控制脉冲是低电平有效。单片机输出的脉冲信号经 ULN2003 倒相驱动后,向步进电动机输出脉冲信号序列。

下面以 28BYJ48 型四相八拍步进电动机为例,列举参数、相序、实物连接等。

图 12-11 所示是 28BYJ48 型四相八拍步进电动机的实物参考图,表 12-3 是该步进电动机的主要技术参数。

表 12-3　28BYJ48 型四相八拍步进电动机主要技术参数

相数	4	电压	5V DC
电流	92mA	电阻	50Ω±7%
步距角	5.625°/64	启动转距	≥34.3N·m
空载输出频率	≥900Hz	空载启动频率	≥600Hz
减速比	1:64		
接线指示	A(蓝)、B(粉)、C(黄)、D(橙)、E(红,中点接+5V)		

按表 12-3 接线,八拍(A-AB-B-BC-C-CD-D-DA-A)相序如表 12-4 所示。

28BYJ48 型四相八拍步进电动机的步距角是 5.625°,即电动机完成一个八拍,转过 45°,电动机运行 8 个八拍,里面电动机转一周。该步进电动机是减速步进电动机,减速比是 1:64,里面电动机转 64 周,外面主轴才转一圈。经测试,主轴最大转速不超过 14 圈/分钟,如果设定节拍太快,步进电动机就不转动了,还有一点异响。这个型号的电动机最适合用于学习,真正工业控制使用的步进电动机,需要根据负载实际情况选择合适转速、扭矩的步进电动机。

表 12-4　28BYJ48 型四相八拍步进电动机相序表

序号	DCBA	十六进制	备注
1	0001	01H	
2	0011	03H	
3	0010	02H	
4	0110	06H	接线不同，相序不同，运行方式不同
5	0100	04H	
6	1100	0CH	
7	1000	08H	
8	1001	09H	

如图 12-16 所示是 STC15 模块、步进电动机控制模块、步进电动机连接实物图。

图 12-16　STC15 模块与步进电动机控制模块连接实物图

任务实施

1．在 Proteus 软件中绘制仿真电路图，如图 12-10 所示。

2．软件实施。

（1）使用 Keil C51 软件分别输入、调试、编译已分析过的程序，并生成 HEX 文件；

（2）将生成的 HEX 格式文件载入 Proteus 软件中，启动仿真，调试步进电动机正转、反转、停止等各种操作。

3．硬件实施。

将步进电动机与驱动模块、独立按键模块、单片机最小系统模块按照电路图进行正确的连接，调试、编译上面已分析过的程序，在实物板上实现对步进电动机的控制。

任务评价

1．仿真电路检测，关键点如下：

（1）正确调用所需元器件。

项目 12 电动机控制的应用

（2）正确绘制仿真电路原理图。

2．程序检测及软硬件调试。

主要注意如下问题：程序输入、调试、编译有无错误，各模块连接是否正确。

填写项目任务单，如表 12-5 所示。

表 12-5 项目任务单

1. 仿真电路部分　　（□已做　□不必做　□未做）		
① 检查所使用元器件是否符合本次任务的要求	□是	□否
② 检查电路连接是否正确	□是	□否
你在完成第一部分子任务的时候，遇到了哪些问题？你是如何解决的？		
2. 程序及软件仿真部分　　（□已做　□不必做　□未做）		
① 检查所使用软件是否可用	□是	□否
② 程序输入是否正常	□是	□否
③ 程序出错后能否调试	□是	□否
④ 软件仿真能否顺序完成	□是	□否
你在完成第二部分子任务的时候，遇到了哪些问题？你是如何解决的？		
3. 硬件实施部分　　（□已做　□不必做　□未做）		
① 检查各模块连接是否正确	□是	□否
② 程序下载是否正常	□是	□否
③ 程序出错后能否调试	□是	□否
④ 电动机控制功能是否实现	□是	□否
你在完成第三部分子任务的时候，遇到了哪些问题？你是如何解决的？		
完成情况总结及评价：		
学习效果：　□优　□良　□中　□差		

项目总结

通过本项目的实施，了解了直流电动机控制的基本原理，了解了步进电动机的工作原理，掌握了对直流电动机正转、反转、停止、加速、减速，对步进电动机正转、反转、停止等操作的编程。同时加深了对单片机中断、定时器等功能的掌握。

通过对单片机最小系统、直流电动机控制模块、步进电动机控制模块、中断键盘模块等进行连接，编程、调试出满足功能的程序，进一步熟悉了如何解决软件、硬件出错问题，软件编译程序过程中程序语法错误、功能不能实现等问题。提高了排除硬、软件故障的能力。

课后练习

12-1 简述直流电动机的基本工作原理。

12-2 简述直流电动机 H 桥驱动电路的基本原理。

12-3 简述什么是 PWM 信号。

12-4 如何实现直流电动机的加速运转？

12-5 步进电动机基本参数有哪些？

12-6 请描述步进电动机步距角的含义。

12-7 步进电动机常见的驱动方式有哪几种？

12-8 如何改变步进电动机的转速？

12-9 如何实现步进电动机的正转、反转控制？

12-10 请描述 ULN2003 芯片的作用。

12-11 直流电动机与步进电动机各有什么特点？

12-12 根据图 12-10 编写程序，要求按住按键 LEFT 的时候，步进电动机正转，松开后停止；按住按键 RIGHT 的时候，步进电动机反转，松开后停止。

项目 13 单片机综合应用分析

项目描述

仪表、汽车电子系统、工业控制单元、办公自动化设备、金融电子系统、舰船、个人信息终端及通信等产品，已成为现代电子系统中最重要的智能化工具，这些设备的核心元件都是单片机。"全国信息技术应用水平大赛"、"全国职业院校技能大赛"中都设置"单片机系统设计"竞赛项目。单片机也广泛应用于日常生活中，如电饭煲、豆浆机、电子秤、手机等，现以日常生活中的微波炉为例讲解单片机的综合应用，微波炉控制具体包括时间设定、时间多种显示、按键设置、传感器应用、电机控制、程序编写等任务。

学习目标

- 正确理解综合项目的功能构成。
- 正确选用模块与传感器构建硬件电路。
- 能在选用好的硬件基础上开发功能程序。

任务呈现

微波炉控制器

如图 13-1 所示是一个微波炉的示意图。

左侧部分的门控开关、温度传感器、物品检测传感器、微波继电器、物品转盘及转盘电动机等安装在微波炉内部；右侧部分的"显示 1"、"显示 2"及 4×4 个按键为微波炉的操作显示面板。其中：

（1）"显示 1"是 8 位数码管显示。

（2）"显示 2"是 32×16 点阵显示。

（3）⓪～⑨是十个数字按键，Ⓜ和Ⓢ是时间分和秒的设置按键，"/"是设置数值的个位与十位的选择按键，"R"、"P"、"T"分别是微波炉的运行按键、暂停按键和停止按键。这 4×4 个按键用 YL-236 装置上的 4×4 行列键盘代替。

（4）转盘电动机用亚龙 YL-236 单片机控制功能实训装置上电动机模块的单相交流电动机代替，门控开关用指令元件模块的开关 K1、物品检测传感器用指令元件模块的按钮 SB1 代替，温度传感器用指令元件模块的按钮 SB2 代替。

微波炉控制器是通过操作 16 个按键来控制微波炉工作的。

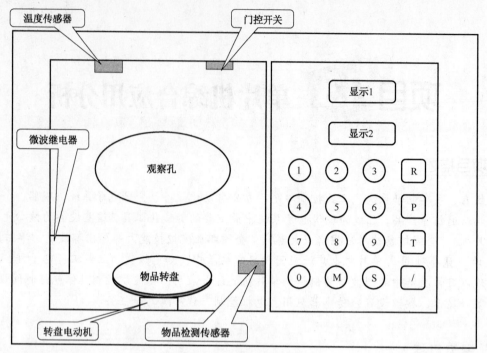

图 13-1 微波炉的示意图

微波炉控制器的控制要求如下。

1. 初始状态

控制器接通电源后，"显示1"的 DS7、DS6 和 DS5 显示"000"，表示当前微波炉内的起始温度为"000"。

门控开关检测微波炉门是否被打开，"K1"置"开"的位置时，表示微波炉门被打开。此时对应的 LED 灯点亮，"显示2"从左到右显示汉字"门开"；"K1"置"关"的位置时，表示微波炉门被关闭，对应的 LED 灯熄灭。

物品检测传感器检测物品转盘上是否有需要加热的物品。当微波炉门关闭，若物品转盘上没有需要加热的物品（按钮 SB1 触点断开），则"显示2"从左到右显示汉字"等待"；若物品转盘上有需要加热的物品（按下按钮 SB1，触点闭合），则"显示2"从左到右显示汉字"时间"，"显示1"的 DS4、DS3、DS2 和 DS1 显示数字"00.00"，表示设置时间的"分钟.秒"。微波炉转盘电动机处于停止状态。

2. 工作过程

（1）设定加热时间

时间"分钟"的设定：按下按键Ⓜ后，再按下数字键⓪～⑨则可设定分钟的十位；十位确定后，先按下"/"按键切换到分钟的个位设定，再按下数字键⓪～⑨则可设定分钟的个位并且"显示1"的 DS4、DS3、DS2 和 DS1 显示设定的数值，数值的范围是 0～99。

时间"秒"的设定：按下按键Ⓢ后，再按下数字键⓪～⑨则可设定时间秒的十位；十位确定后，先按下"/"按键切换到秒的个位设定，再按下数字键⓪～⑨则可设定分钟的个位并且"显示1"的 DS4、DS3、DS2 和 DS1 显示设定的数值，数值的范围是 0～59。

项目 13 单片机综合应用分析

注意：按键Ⓜ和按键Ⓢ没有先后顺序，即哪一个先按下，哪一个就先设定，并且可以反复交替按下。即先按下按键Ⓜ再按下按键Ⓢ之后，还可再次按下按键Ⓜ重新设定时间的分钟。

（2）微波炉工作

当设定加热时间后，在微波炉门关闭、物品转盘中有需要加热的物品的情况下，按下运行按键"R"，微波炉转盘电动机开始转动，微波继电器得电，对转盘中的物品加热。"显示1"上设定的时间开始进行累计减"1"的倒计时，"显示2"上从左到右显示汉字"加热"。

微波炉开始工作后，温度传感器每检测到一次信号（按一次按钮SB2），表示微波炉内温度增加 30℃。当微波炉内温度上升到 90℃时，微波继电器失电，停止对物品加热且"显示1"的 DS7、DS6 和 DS5 显示"090"。在停止加热后温度传感器每检测到一次信号，表示微波炉内温度降低 30℃。当微波炉内温度降低到 30℃时，微波继电器得电，又对转盘上的物品加热，此时"显示1"的 DS7、DS6 和 DS5 显示"030"。

当时间累计减到"00.00"时，微波炉停止工作，"显示2"上从左到右显示汉字"停止"，并且报警电路的蜂鸣器发出提示声音。

按下按键"T"，蜂鸣器提示声音停止并回到初始状态。

在设定时间内打开微波炉门或按下按键"P"，则微波炉暂停工作。此时转盘电动机停止转动、微波继电器失电、定时时间暂停倒计时，"显示2"上从左到右显示汉字"暂停"。若关上微波炉门或再次按下按键"R"，则转盘电机恢复转动、微波继电器得电继续对物品加热、"显示2"上从左到右显示汉字"加热"，"显示1"从暂停时刻继续倒计时，完成加热过程，回到时间累计减到"00.00"的状态。

设备清单

表 13-1 是完成任务的单片机控制装置设备清单。

表 13-1 单片机控制装置设备清单

序号	模块名称	主要元件	数量	单位
1	最小系统	集成 STC 系列、AT 系列芯片，下载接口	1	块
2	电源模块	提供 DC±5V, 1.0A；DC±12V, 1.0A；DC 24V, 1.5A 电源	1	块
3	仿真器模块	IAP15F2K61S2 芯片、ME-52HU	1	个
4	显示模块	128×64 液晶显示屏，16×32 点阵，LED 共阴极、8 位共阳极数码显示，8 个发光二极管	1	块
5	继电器模块	6 路继电器	1	块
6	指令模块	SP2 键盘接口，4×4 矩阵键盘，8 个独立按键，8 个开关	1	块
7	ADC/DAC 模块	集成 DIP/ADC0809，集成 DIP/DAC0832，0～5V 模拟电压输出，8 等级 LED 电平指示，有源时钟发生器	1	块
8	交、直流电动机控制模块	220V 交流电动机（带减速器、皮带轮），24V 直流伺服电动机（带减速器、皮带轮），光电开关计数输出	1	块
9	步进电动机控制模块	步进电动机 1 台，位移机构 1 套	1	块
10	传感器配接模块	4 路传感器输入接口，16 路光电隔离接口	1	块

续表

序号	模块名称	主要元件	数量	单位
11	扩展模块	集成8255芯片，集成74LS245芯片	1	块
12	温度传感器模块	DS18B20、LM35	1	块
13	金属传感器	接近开关	1	支
14	智能物料搬运装置	YL-G001	1	台
15	下载工具	STC-ISP-15XX-V6.XX 或 SL-USBISP-A 或 YL-ISP	1	只
16	计算机	计算机主机、显示器	1	台
17	连接电路工具	螺丝刀、剥线钳、电工钳、尖嘴钳、电烙铁等	1	套
18	检查工具	万用表	1	个
19	安装工具	活动扳手，内、外六角扳手	1	套

功能分析

现将微波炉控制器进行原理分析。根据图13-1功能分析，设计出如图13-2所示功能图，由STC15单片机最小系统模块、显示模块、选用合适的传感器及交流电动机、传感器及交流电动机驱动模块、矩阵键盘模块构成。

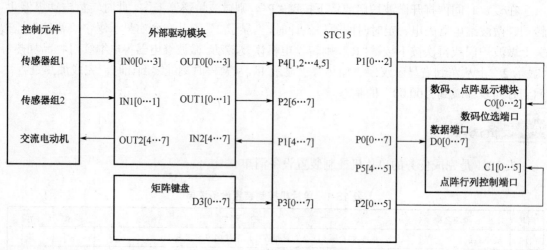

图13-2 各模块连接原理图

微波炉控制器包括数码管显示、点阵显示、键盘输入、数据采集、电机驱动、按键控制算法等。

项目要求有两种显示，一是数码管显示，二是点阵显示。

提供数码管硬件电路如图13-3所示，由8个8段共阳极数码管，8个9012型PNP驱动三极管，两个74LS377双八D边沿触发器构成。CS1端口控制段码，CS2端口控制位码，WR是时钟信号。

项目 13 单片机综合应用分析

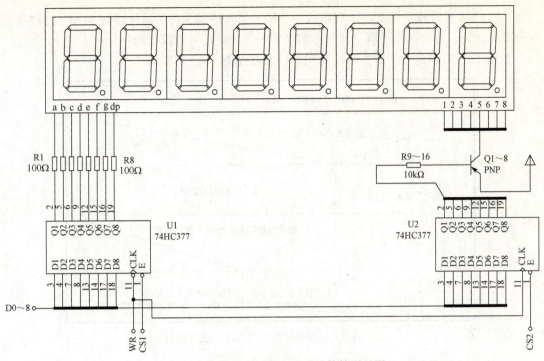

图 13-3 八位共阳极数码电路连接管原理图

提供点阵硬件电路如图 13-4 所示。

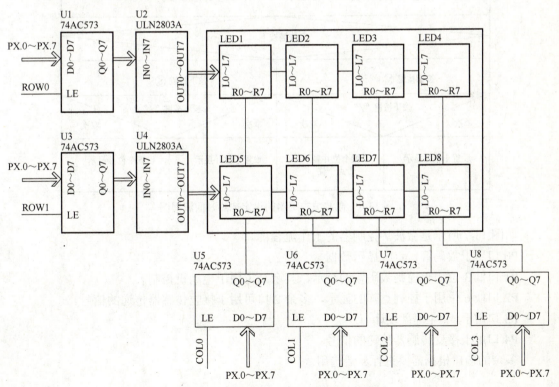

图 13-4 8 块 8×8 点阵电路连接原理图

8 块 8×8 点阵模块由 2 行 4 列组成：使用 6 块八进制 3 态非反转透明 74AC573 锁存器进行信号选通，上下两组点阵的行列引脚各有一个驱动芯片 ULN2803A。

如图 13-5 所示是微波炉控制器的初始状态流程图。

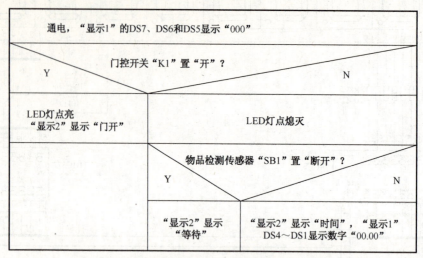

图 13-5　微波炉控制器的初始状态流程图

如图 13-6 所示是微波炉控制器的设定加热时间流程图。

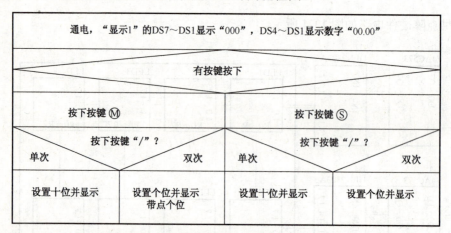

图 13-6　微波炉控制器的设定加热时间流程图

如图 13-7 所示是微波炉控制器的工作流程图。

P0 口用于数码管、点阵显示数据。

P1 口低 3 位用于控制数码管的显示，其余高位用于电动机控制。

P2 口低 6 位用于控制点阵的显示，多余 2 口可用于接收传感器传递的信号。

P3 口用于 4×4 键盘设计。

P4 口用于接受传感器传递的信号。

多余的端口根据需要进行灵活选用。

项目 13 单片机综合应用分析

设定加热时间后，微波炉门关闭，有加热物品，"显示2"显示"时间" "显示1"的DS7～DS1显示"000"，DS4～DS1显示数字"****"		
有按键按下		
按下按键"R"	按下按钮"SB2"	打开微波炉门或按下按键"P"
电动机开始转动；微波继电器得电；"显示1"倒计时；"显示2"显示"加热"	前三次温度升30，"显示1"有相应显示，到90，微波继电器失电；后三次温度降30，"显示1"有相应显示，到30，微波继电器得电；累计减到"00.00"时，微波炉停止工作，"显示2"显示"停止"。蜂鸣器发音。按下按键"T"，蜂鸣器停叫，回到初始状态	微波炉暂停工作；电动机停止转动；微波继电器失电；定时时间暂停倒计时；"显示2"显示"暂停"

图 13-7 微波炉控制器的工作流程图

程序分析

以下程序仅列出点阵显示、数码管显示、获得按键值等程序段，其他功能可参考相关项目自行编写。

```c
/*****************************************************************
* 程 序 名：综合练习
* 程序说明：点阵、键盘、数码管合并应用
* 连接方式：P0 口接数码管、点阵段码，P1 口接数码管位码控制
            P2 口接点阵位码控制，P3 口接键盘或传感器
* 调试芯片：STC15F2K60S2-PDIP40 系列/IAP15F2K61S2，1T 芯片
* 使用模块：5V 电源、STC15 单片机最小系统、8 位数码管显示
* 适用芯片：89、90、STC10、STC11、STC12、STC15 系列
*****************************************************************/
#include<reg51.h>
#include"absacc.h"//使用其中定义的宏来访问绝对地址，包括：CBYTE、XBYTE、PWORD、
                 //DBYTE、CWORD、XWORD、PBYTE、DWORD
#define uint unsigned int
#define uchar unsigned char
//-----位定义-----//
//8 段数码管为共阳极数码管，使用两个 74LS377 双八 D 边沿触发器
sbit Cs1 = P1^0;        //控制数码管的段选端
sbit Cs2 = P1^1;        //控制数码管的位选端
sbit Wr = P1^2;         //时钟信号
//-----位定义-----//
//2 行 4 列使用 6 块八进制 3 态非反转透明 74AC573 锁存器，上下两组点阵的行列引脚各增加一个
//驱动芯片 ULN2803A，使用单片机可以利用行扫描驱动 4 个或者更多的 LED 点阵显示器
sbit Row0 = P2^0;       //点阵上半屏控制口
sbit Row1 = P2^1;       //点阵下半屏控制口
sbit Col0 = P2^2;       //点阵左起第 1 列控制口
sbit Col1 = P2^3;       //点阵左起第 2 列控制口
sbit Col2 = P2^4;       //点阵左起第 3 列控制口
sbit Col3 = P2^5;       //点阵左起第 4 列控制口
uchar code dis[] = {0xc0,0xf9,0xa4,0xb0,0x99,0x92,0x82,0xf8,0x80,0x90,0xff,0xbf,
```

```
                        0x40,0x79,0x24,0x30,0x19,0x12,0x20,0x78,0x00,0x10,};
//共阳极,显示0~9(数字)、空、-、1.~9.(数字带小数点)
/*******************************************************************
// 汉字库: 宋体, 宽×高 = 16×16 横向取模右高位, 数据排列: 从左到右从上到下 //
********************************************************************/
uchar code HanZi_Zu[][32] =           // 汉字组一数据表
{
"门", 0x04,0x20,0xD8,0x7F,0x12,0x20,0x02,0x20,
      0x02,0x20,0x02,0x20,0x02,0x20,0x02,0x20,
      0x02,0x20,0x02,0x20,0x02,0x20,0x02,0x20,
      0x02,0x20,0x02,0x20,0x02,0x28,0x02,0x10,
"开", 0x00,0x10,0xFE,0x3F,0x10,0x04,0x10,0x04,
      0x10,0x04,0x10,0x04,0x10,0x24,0xFF,0x7F,
      0x10,0x04,0x10,0x04,0x10,0x04,0x10,0x04,
      0x08,0x04,0x08,0x04,0x04,0x04,0x02,0x04,
"暂", 0x08,0x00,0x7E,0xFC,0x10,0x80,0x28,0x80,
      0x7E,0xFE,0x08,0x88,0x0E,0x88,0xF9,0x08,
      0x0A,0x08,0x1F,0xF0,0x10,0x10,0x1F,0xF0,
      0x10,0x10,0x10,0x10,0x1F,0xF0,0x00,0x00,
"停", 0x08,0x40,0x0C,0x20,0x0B,0xFE,0x10,0x00,
      0x11,0xF8,0x31,0x08,0x51,0xF8,0x90,0x00,
      0x17,0xFE,0x14,0x02,0x11,0xFC,0x10,0x20,
      0x10,0x20,0x10,0x20,0x10,0xA0,0x10,0x40,
"时", 0x00,0x10,0x20,0x10,0x7E,0x10,0x22,0x10,
      0xE2,0x7F,0x22,0x10,0x22,0x10,0x3E,0x11,
      0x22,0x12,0x22,0x12,0x22,0x10,0x22,0x10,
      0x3E,0x10,0x22,0x12,0x00,0x14,0x00,0x08,
"间", 0x04,0x20,0xD8,0x7F,0x10,0x20,0x02,0x24,
      0xF2,0x2F,0x12,0x24,0x12,0x24,0x12,0x24,
      0xF2,0x27,0x12,0x24,0x12,0x24,0x12,0x24,
      0xF2,0x27,0x12,0x24,0x02,0x28,0x02,0x10,
};
uchar Str[2] = {2,3};   //显示"暂停"
uchar h;
/*******************************************************************
* 函 数 名: Delay10ms
* 函数功能: 延时函数, 延时 10ms
* 来   源: 使用 STC-ISP 软件的选项卡"延时计算器"功能实现, 调试频率 11.0592MHz
********************************************************************/
void Delay10ms()        //调试芯片 STC15F2K60S2-PDIP40 系列/ IAP15F2K61S2, 1T 芯片
{
    unsigned char i, j;
    i = 108;            //1T 芯片 i = 108, 12T 芯片 i = 18
    j = 145;            //1T 芯片 j = 145, 12T 芯片 j = 235
    do
    {
        while (--j);
    } while (--i);
}
/*******************************************************************
* 函 数 名: Delay_n_10ms
```

```
* 函数功能：延时 n 个 10ms
* 注    意：形参定义类型为 unsigned char，则实参最小值为 0，最大值为 255
* 来    源：根据功能要求自写程序
*******************************************************************/
void Delay_n_10ms(unsigned char n)        //@11.0592MHz
{
    unsigned char   i;
    for(i = 0 ; i<n ; i++)
        Delay10ms( );
}
/*******************************************************************
* 函 数 名：Dian_Zhen
* 函数功能：点阵显示函数
*******************************************************************/
void Dian_Zhen( )        //点阵函数
{
    P0 = 0;              //P0 口接点阵行，将点阵所有数据清除
    P2 = 0xff;           //P2 口接点阵列
    P2 = 0;
    P0 = HanZi_Zu[Str[0]][2*h];        //P0 口接收第一个汉字组第一组数据
    Col0 = 1;            //LE 高电平，低进高出
    Col0 = 0;            //LE 低电平，不变
    P0 = HanZi_Zu[Str[0]][2*h+1];      //P0 口接收第一个汉字组第二组数据
    Col1 = 1;
    Col1 = 0;
    P0 = HanZi_Zu[Str[1]][2*h];        //P0 口接收第二个汉字组第一组数据
    Col2 = 1;
    Col2 = 0;
    P0 = HanZi_Zu[Str[1]][2*h+1];      //P0 口接收第二个汉字组第二组数据
    Col3 = 1;
    Col3 = 0;
    if(h<8)              //选择上半屏
    {
        P0 = 1<<h;       //取下一组数据
        Row0 = 1;        //LE 高电平，低进高出
        Row0 = 0;        //LE 低电平，不变
    }
    else                 //选择下半屏
    {
        P0 = 1<<(h-8);
        Row1 = 1;
        Row1 = 0;
    }
    h++;
    h& = 0x0f;
}
/*******************************************************************
* 函 数 名：Shu_Ma_Guan
* 函数功能：数码管显示函数
*******************************************************************/
void Shu_Ma_Guan( )         //数码管显示函数
```

```c
{
    uchar i;
    for(i = 0;i<8;i++)
    {
        P0 = 0xff;              //P0 口获得数据"0xff",消隐
        Cs2 = 0;                //位选无效
        Wr = 0;                 //P0 信号锁存到 74LS377 中
        Wr = 1;                 //锁存器输出 7 段码
        Cs2 = 1;                //位选有效
        P0 = dis[tab[i]];       //段选数据
        Cs1 = 0;                //段选通无效
        Wr = 0;
        Wr = 1;
        Cs2 = 1;                //段选有效
        P0 = ~(0x80>>i);        //位选数据
        Cs2 = 0;                //位选通
        Wr = 0;
        Wr = 1;
        Cs2 = 1;
    }
}
/***************************************************************
* 函 数 名：keycase
* 函数功能：测试按键返回值函数,高低电平反转法
***************************************************************/
uchar keycase( )            //测试按键返回值函数,高低电平反转法
{
    uchar temp,col,row;
    P3 = 0xf0;              //按键接 P3 口,高 4 位为高电平,低 4 位为低电平
    col = P3;               //col 获得 P3 口值
    P3 = 0x0f;              //高 4 位为低电平,低 4 位为高电平
    row = P3;               //row 获得 P3 口值
    temp = col|row;         //temp 获得按键信号
    switch(temp)
    {
        case 0xee:return 0;break;       //返回键值 0
        case 0xde:return 1;break;       //返回键值 1
        case 0xbe:return 2;break;       //返回键值 2
        case 0x7e:return 3;break;       //返回键值 3
        case 0xed:return 4;break;       //返回键值 4
        case 0xdd:return 5;break;       //返回键值 5
        case 0xbd:return 6;break;       //返回键值 6
        case 0x7d:return 7;break;       //返回键值 7
        case 0xeb:return 8;break;       //返回键值 8
        case 0xdb:return 9;break;       //返回键值 9
        case 0xbb:return 10;break;      //返回键值 10
        case 0x7b:return 11;break;      //返回键值 11
        case 0xe7:return 12;break;      //返回键值 12
        case 0xd7:return 13;break;      //返回键值 13
        case 0xb7:return 14;break;      //返回键值 14
        case 0x77:return 15;break;      //返回键值 15
```

```c
        }
}
/*******************************************************************
* 函 数 名：key
* 函数功能：按键赋值函数
*******************************************************************/
uint k;                    //定义 k 为全局变量
void key( )                //按键赋值函数
{
    P3 = 0xf0;             //按键接 P3 口，高 4 位为高电平，低 4 位为低电平
    if(P3! = 0xf0)         //按了键？
    {
        Delay_n_10ms(10);  //消抖
        if(P3! = 0xf0)     //已按了键
        {
            k = keycase( ); //检测出是哪一个按键
        }
    }
}
/*******************************************************************
* 函 数 名：Timer_Init
* 函数功能：时间中断初始化函数
*******************************************************************/
void Timer_Init( )         //时间中断初始化函数
{
    TMOD = 0x01;           //设置工作模式 1
    TH0 = (65536-1000)/256; //设置定时初值，12T 芯片，1ms
    TL0 = (65536-1000)%256;
    EA = 1;                //开总中断
    ET0 = 1;               //开定时器 0 中断
    TR0 = 1;               //启动定时器 0
}
/*******************************************************************
* 函 数 名：Timer0
* 函数功能：时间中断函数
*******************************************************************/
void Timer0( )    interrupt 1    //时间中断函数
{
    TH0 = (65536-1000)/256; //重装初值，12T 芯片，1ms
    TL0 = (65536-1000)%256;
    Dian_Zhen( );          //点亮点阵
    Shu_Ma_Guan( );        //点亮数码管
}
/*******************************************************************
* 函 数 名：main
* 函数功能：主函数
*******************************************************************/
void main( )               //主函数
{
    Timer_Init( );         //时间中断初始化函数
    while(1)
```

```
        {
            key( );              //获得按键值赋值给 k
            switch(k)
            {
                case 9 :按 S 键……
                case 10 :按 M 键……
                case 11 :按 R 键……
                case 12 :按 P 键……
                case 13 :按 SB2 键……
            }
        }
```

扩展应用

使用 STC 芯片开发实用型、应用型电气控制核心设备——可编程逻辑控制器（PLC）

可编程逻辑控制器的英文名为 Programmable Logic Controller，简称 PLC。随着用户要求的不断提高，PLC 功能越来越强，称其为可编程控制器，简称 PC（Programmable Controller）。但由于 PC 容易和个人计算机（Personal Computer）相混淆，故人们仍习惯地用 PLC 作为可编程控制器的缩写。

PLC 问世之初主要用于开关量的逻辑控制。随着 PLC 技术的进步，它的应用领域不断扩大。PLC 不仅用于开关量控制，还用于模拟量及数字量的控制，可采集与存储数据，还可对控制系统进行监控；还可联网、通信，实现大范围、跨地域的控制与管理。PLC 已日益成为工业控制装置家族中一个重要的角色。

淘宝网上有很多国产 PLC，它们的核心芯片都是单片机。现举一例使用 STC 单片机开发的体验版 PLC，读者可以根据自身能力设计一款具有自己特色的 PLC。

如图 13-8、13-9 所示是自行设计的使用 STC 芯片制作的体验版 PLC 外部接线图。

该 PLC 的硬件体现出 STC 单片机的主要功能，已开发定型体验版的软件可实现如下功能：

（1）最大 12 路开关量输入（源输入）、1 路频率测量（源输入）、1 路高速脉冲输出（NPN 型）、2 路模拟量（0～5V，0～20mA）输入、1 路模拟量输出（0～5V）。

（2）最大 8 路开关量输出（NPN 型，≤30V/ 500mA），可外接继电器和指示灯等负载。

（3）内置一总线测温，在梯形图中可以读取环境温度。

（4）内置电源进线电压检测和工作电压检测，内置 EEPROM 数据存储，可用于 PLC 停电数据记忆。

（5）可对时钟/日历芯片 PCF8563 进行操作。

（6）占空比 1:1 的 10～40k（Hz）高速脉冲输出，可用于频率发生器，外接扬声器可在程序里设置不同的音调输出。

（7）25 万次/秒 A/D 转换。

（8）65k 次/秒高速计数。

（9）中断模式 PWM 和硬件模式 PWM。

（10）使用 RS485-Modbus 通信，可以完成程序下载、在线监控、最大 32 台组网通信，可用于扩展 I/O 和远程采集、输出数据，通信距离 1200 米。体验版 PLC 可与组态王和触摸屏连接，组成自动化控制系统。

项目 13 单片机综合应用分析

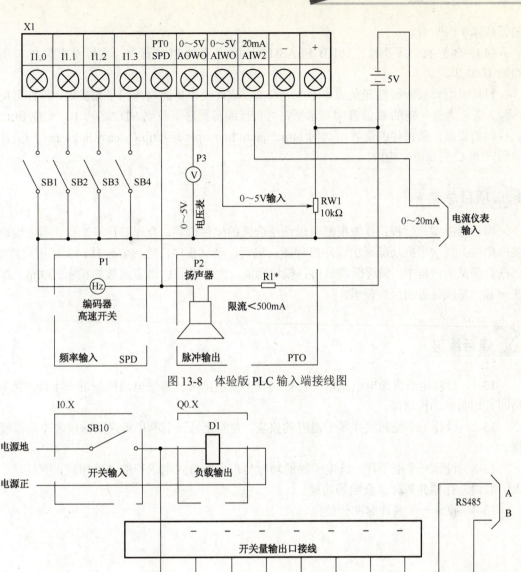

图 13-8 体验版 PLC 输入端接线图

图 13-9 体验版 PLC 输入或输出接线图

（11）软件自带并行、串行扩展，通过开发可支持最大 64 点数字量输出。

（12）软件自带 LED 段码驱动 SLED 模块，可用于开发最大 8 个数码管的数据显示，也可以开发成另一组最大 64 点数字量输出。

（13）软件操作界面兼容西门子 S7-200，编程指令完全相同，熟悉 S7-200 的读者可直接开发梯形图软件，支持 LAD 和 STL 两种编程语法。对于初学者来说是学习西门子 PLC 编程的低成本学习平台。

（14）体验版一共分配了 10KB FLASH 空间用于存放 PLC 程序，实际对应的 PLC 指令约为 1000 步。

目前定型体验版硬件开发成本 100 元左右，软件操作界面与西门子相类似，软件可免费体验。若读者有一定的 C 语言编写水平，可直接编写程序下载到 STC 芯片中，实现 PLC 工业控制的要求。感兴趣的读者可访问 http://jjauto.lingw.net 或 http://yteasy.lingw.net 网页，体验国产 PLC 的功能与应用。

项目总结

本项目的实施过程：首先根据需求选用合适的配件模块，合理安排好端口，画出模块连接原理图；其次根据功能画出程序流程图，编写、调试程序，连接好硬件，实现用户要求。在联合调试的过程中，仍遵循调试出各模块功能，然后使用 C 语言函数的积木式功能，综合在一起，完成任务的最终需求。

课后练习

13-1 检测电动机通电电流，并在数码管上显示出来。若该电动机超过一个设定值后，鸣叫并切断电动机电源。

13-2 设计一个能测温并显示温度的仪表，并能让另一个单片机读取该仪表中的温度数据。

13-3 设计一个电子秤。该电子秤的功能与市场中台式电子秤的功能相同，有显示、输入、取消、存储并累计总金额等功能。

13-4 设计一个高速脉冲计数仪。

附录 1 烧写单片机程序

本附录以 STC 芯片为例介绍烧写（下载）程序步骤。不同芯片厂家提供不同的烧写软件，对使用其他公司芯片的烧写程序方法仅供参考。

一、计算机与单片机系统的三种接线方法

STC 单片机芯片烧写程序接线连接一般有三种方法。

第一种：单片机组件板上有 232 模块，台式计算机 DR9 串口（一般笔记本电脑没有这种接口）与单片机 DR9 串口连接，即双 DR9 连接线连接。

第二种：单片机组件板上有 232 模块，使用 USB-RS232 串口转换专用线，即单 USB 单 DR9 串口连接。

第三种：单片机组件板上有 CH340 模块，计算机 USB 串口与单片机串口连接，即双 USB 串口连接。最新 STC15W4K 系列芯片不需要 CH340 模块可直接烧写程序。

目前第三种方法被广采用。

二、不同接线方法烧写程序的硬件及软件条件

第一种连接方式的前提：计算机要有 RS232 串口，单片机外围有 232 电平转换电路，使用 RS232 双串口线。需要使用软件：Keil C51 及烧写软件。

第二种连接方式的前提：计算机要有 USB 串口，单片机外围有 232 电平转换电路，使用 USB-RS232 串口转换专用线。需要使用软件：Keil C51、340 芯片驱动程序及烧写软件。

第三种连接方式的前提：计算机要有 USB 串口，单片机外围有 CH340 模块，使用双 USB 串口。需要使用软件：Keil C51、340 芯片驱动程序及烧写软件。

第二种连接方式需要购 USB-RS232 串口转换专用线，第三种连接方式需要自己制作 CH340 模块或购买 CH340 模块，读者可到 STC 公司申请免费的 U8 编程器，U8 编程器中含 CH340 模块。这两种连接方式在烧写程序前都需要安装 340 芯片驱动程序，并且在硬件设备管理中找到相应的 COM 号。若找不到 CH340 的 COM 口，无法烧写程序，请重新安装 CH340 驱动。

三、烧写程序操作步骤

三种连线方式烧写程序步骤相同。使用编程烧写软件到宏晶公司官方网站：www.STCMCU.com 下载最新版"STC-ISP 下载编程烧写软件"。

如附录图 1-1 所示为"STC-ISP 下载编程烧写软件"操作界面。

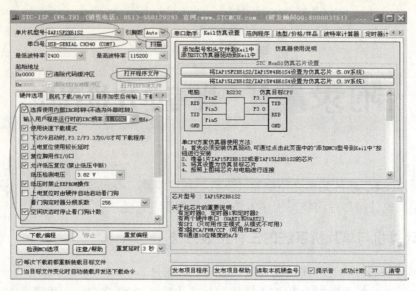

附录图 1-1 "STC-ISP 下载编程烧写软件"操作界面

在如附录图 1-1 所示操作界面的左侧进行以下六步设置。

1．单片机型号：选择与最小系统上相同型号的芯片。

2．引脚数：使用默认值 Auto，不得出错。

3．串口号：第一种连线方式默认值为 COM1，其他连接方式的串口号与硬件设备管理中相同，查找方法：【我的电脑】→【属性】→【硬件】→【设备管理器】→【端口】，如附录图 1-2 所示。

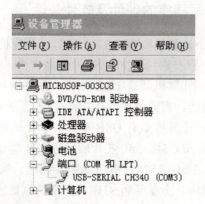

附录图 1-2 操作系统中设备管理器操作界面

4．打开程序文件：打开使用 Keil C51 软件编译并生成 HEX 的文件。

5．硬件选项：最小系统上有外围晶振电路，可以使用外围晶振，没有外围晶振电路可使用芯片内部的 IRC 时钟，其他选项可根据要求进行选择。

6．下载/编程：设置好以上 5 个选项，且硬件连接正确后，单击"下载/编程"，在附录图 1-1 的右下框中会出现正确烧写程序的提示信息，例如：

```
正在检测目标单片机 ...
    单片机型号：IAP15F2K61S2
```

固件版本号：7.1.4S

当前芯片的硬件选项为：
. 下次冷启动后系统时钟源为内部 IRC 振荡器
. 内部振荡器的频率未调节
. 掉电唤醒定时器的频率：34.174kHz
. P3.2 和 P3.3 与下次下载无关
. 上电复位时不增加额外的复位延时
. 复位引脚用作普通 I/O 口
. 检测到低压时复位
. 低压检测门槛电压：3.82 V
. 低压时可以进行 EEPROM 操作
. 上电复位时，硬件不启动内部看门狗
. 上电自动启动内部看门狗时的预分频数为：64
. 空闲状态时看门狗定时器停止计数
. 启动看门狗后，软件可以修改分频数，但不能关闭看门狗
. 下次下载用户程序时，将用户 EEPROM 区一并擦除
. 下次下载用户程序时，没有相关的端口控制 485
. TXD 与 RXD 为相互独立的 I/O
. 芯片复位后，TXD 脚为弱上拉双向口
. 芯片复位后，P2.0 输出低电平

. 单片机型号：IAP15F2K61S2
. 固件版本号：7.1.4S

开始调节频率 ...   [0.688"]
调节后的频率：11.062MHz （0.022%）

正在重新握手 ... 成功   [0.312"]
当前的波特率：115200
正在擦除目标区域 ... 完成！   [1.843"]
正在下载用户代码 ... 完成！   [0.063"]
正在设置硬件选项 ... 完成！   [0.015"]

更新后的硬件选项为：
. 下次冷启动后系统时钟源为外部晶体振荡器
. P3.2 和 P3.3 与下次下载无关
. 上电复位时增加额外的复位延时
. 复位引脚用作普通 I/O 口
. 检测到低压时复位
. 低压检测门槛电压：3.82 V
. 低压时不能进行 EEPROM 操作
. 上电复位时，硬件不启动内部看门狗
. 上电自动启动内部看门狗时的预分频数为：256
. 空闲状态时看门狗定时器停止计数
. 启动看门狗后，软件可以修改分频数，但不能关闭看门狗
. 下次下载用户程序时，不擦除用户 EEPROM 区
. 下次下载用户程序时，没有相关的端口控制 485
. TXD 与 RXD 为相互独立的 I/O
. 芯片复位后，TXD 脚为弱上拉双向口
. 芯片复位后，P2.0 输出高电平

. 芯片出厂序列号：0D00001F014201
. 单片机型号：IAP15F2K61S2
. 固件版本号：7.1.4S

. 用户设定频率：11.059MHz
. 调节后的频率：11.062MHz
. 频率调节误差：0.022%

操作成功！

若程序不能成功下载至芯片的主要原因如下：接线没接好，芯片选择不正确，串口号选择错误，或电源没开所至等，在不断实践中找出规律。

附录 2 Keil C51 的软件、硬件仿真

一、Keil C51 软件仿真

1. 打开工程文件*.UVPROJ，选择主菜单【Veiw】项，在下拉列表中选择【Project Window】与【Output Window】项。打开 Project Window 窗口与 Output Window 窗口。

2. 编译连接：选择主菜单【Project】项，在下拉列表中选择【Rebuild all target files】，在 Output 窗口显示编译结果，"0 Error（s），0 Warning（s）" 则表示程序没有错误，进行下一步操作。若有错误，检查并修改程序。

3. 在 Keil C51 下使用软件仿真器，须进行一些选项设置。如附录图 2-1 所示，右击【Target 1】，选择【Options for Target 'Target 1'】。

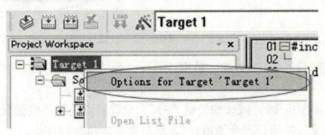

附录图 2-1　工程项目设置下拉菜单

4. 如附录图 2-2 所示，在 Options for Target 'Target 1' 对话框中选择【Debug】选项卡。点选 "Use Simulator"，单击 "确定" 按钮。Keil C51 软件仿真选项设置完成。

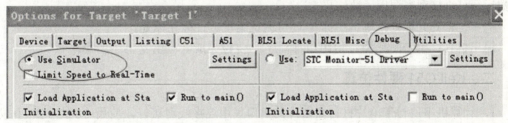

附录图 2-2　Options for Target 'Target 1' 中的【Debug】选项卡

5. 程序调试：选择主菜单【Debug】→【Start/Stop Debug Session】，或直接按快捷键 "Ctrl+F5"。

6. 单击主菜单【Peripherals】→【I/O-Ports】→【Port 0】，如附录图 2-3 所示。

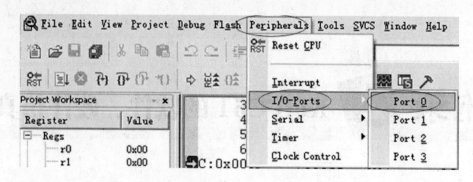

附录图 2-3 Keil C51 软件属性栏设置

7．在编辑调试程序窗口中出现单片机 P0 口的状态信息，如附录图 2-4 所示。

附录图 2-4 P0 口的状态信息

8．可使用全速运行、单步跟踪、单步运行、一步运行到光标处、退出仿真等功能观察调试结果。

全速运行：单击图标，或按快捷键"F5"。设置断点使用该功能比较好，或者多次单步观察程序运行情况，先运行"全速运行"，然后再单步执行程序。

单步跟踪：单击图标，或按快捷键"F11"，程序可根据实际执行情况单步运行，可观察到各变量或单片机各口状态变化情况。

单步运行：单击图标，或按快捷键"F10"，与"单步跟踪"区别在于不进入被调用函数运行可直接观察调用函数结果。

一步运行到光标处：单击图标，可调试至设定目标光标处。

退出仿真：单击图标，退出仿真程序。复位完成，可重复上述步骤。

二、Keil C51 硬件仿真

1．计算机串口与带单片机仿真芯片的串口使用连接线对接好，应用"STC-ISP 下载编程烧写软件"配置好串口号，并将 IAP15F2K61S2 芯片设置为仿真芯片，无误后，在如附录图 2-5 所示界面中会出现设置好的相关提示信息。烧录好仿真芯片后，以后使用该芯片不需要反复烧写。

2．打开工程文件*.UVPROJ，选择主菜单【Veiw】项，在下拉列表中选择【Project Window】与【Output Window】。打开 Project Window 窗口与 Output Window 窗口。

3．编译连接：选择主菜单【Project】项，在下拉列表中选择【Rebuild all target files】，在 Output 窗口显示编译结果，"0 Error（s），0 Warning（s）"则成功，进行下一步操作。若

附录 2 Keil C51 的软件、硬件仿真

不成功，检查程序。

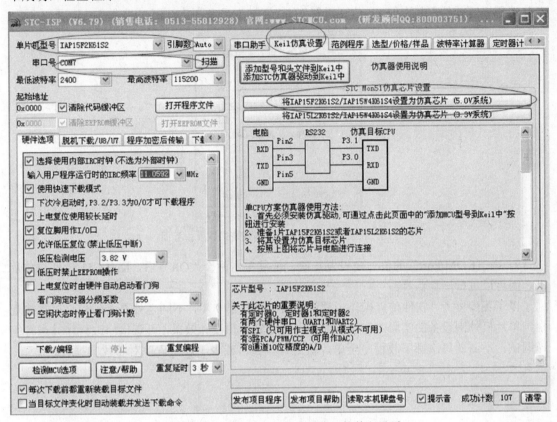

附录图 2-5　STC-ISP 下载编程烧写软件主界面

4．程序调试：选择主菜单【Debug】项，在下拉列表中选择【Start/Stop Debug Session】，或直接按快捷键"Ctrl+F5"。在 Output 窗口显示下载程序进度，如进度完成 100%，则程序下载到仿真芯片成功，黄色光标定位于程序首地址。如果下载程序不成功，则检查 CPU 模块上 MAX232 周围电路及串行电缆连接情况。

5．在 Options for Target 'Target 1' 对话框中点选【Debug】选项卡，如附录图 2-6 所示。

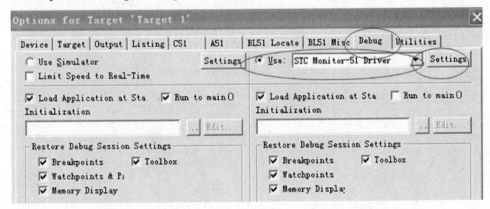

附录图 2-6　Options for Target 'Target 1' 中的【Debug】选项卡

6．选择仿真驱动。选中 USE，驱动选择"STC Monitor-51 Driver"，并进行"Settings"

325

设置，如附录图 2-7 所示。若没有"STC Monitor-51 Driver"选择项，则必须使用"STC-ISP 下载编程烧写软件"中的"Keil 仿真设置"的"添加型号及头文件到 Keil 中"功能进行设置。

附录图 2-7　STC-ISP 下载编程烧录软件主界面

7. 对"COM Port"的值一定设置正确，连续单击两个"OK"后，Keil C51 软件与单片机之间可以进行硬件仿真。

以下各步参考"软件仿真操作步骤"中第 6 步至第 9 步，不同之处是硬件仿真可直接观察到单片机外围设备的实际工作情况。若没有达到理想设计效果，可直接修改程序并进行编译调试，不需要每次都下载程序至单片机进行调试，减少了烧写程序对芯片的损害。

附录 3 ANSIC 标准关键字

序号	关键字	用途	说明
1	auto	存储类型说明	用以说明变量的存储类型为局部变量,一般默认值为此
2	break	程序语句	退出最内层循环或多分支
3	case	程序语句	switch 语句中的选择项
4	char	数据类型说明	单字节整型数或字符型数据
5	const	存储类型说明	在程序执行过程中不可更改的常量
6	continue	程序语句	转向下一次循环
7	default	程序语句	switch 语句中的失败选择项
8	do	程序语句	构成 do…while 循环结构
9	double	数据类型说明	双精度浮点数
10	else	程序语句	构成 if…else 选择结构
11	enum	数据类型说明	枚举
12	extern	存储类型说明	在其他程序模块中说明了的全局变量
13	float	数据类型说明	单精度浮点数
14	for	程序语句	构成 for 循环结构
15	goto	程序语句	构成 goto 转移结构
16	if	程序语句	构成 if…else 选择结构
17	int	数据类型说明	基本整型数
18	long	数据类型说明	长整型数
19	register	存储种类说明	使用 CPU 内部寄存的变量
20	return	程序语句	函数返回
21	short	数据类型说明	短整型数
22	signed	数据类型说明	有符号数,二进制数据的最高位为符号位
23	sizeof	运算符	计算表达式或数据类型的字节数
24	static	存储种类说明	静态变量
25	struct	数据类型说明	结构类型数据
26	swicth	程序语句	构成 switch 选择结构
27	typedef	数据类型说明	重新进行数据类型定义
28	union	数据类型说明	联合类型数据
29	unsigned	数据类型说明	无符号数数据
30	void	数据类型说明	无类型数据
31	volatile	数据类型说明	该变量在程序执行中可被隐含地改变
32	while	程序语句	构成 while 和 do…while 循环结构

附录 4 字符串常用的转义字符表

序号	转义字符	含义	16进制ASCII码	10进制ASCII码
1	\0	空字符（NULL）	00H	0
2	\a	响铃	07H	7
3	\b	退格符（BS）	08H	8
4	\t	水平制表符（HT）	09H	9
5	\n	换行符（LF）	0AH	10
6	\v	竖向跳格	0BH	11
7	\f	换页符（FF）	0CH	12
8	\r	回车符（CR）	0DH	13
9	\"	双引号	22H	34
10	\'	单引号	27H	39
11	\\	反斜杠	5CH	92
12	\ddd	1~3位八进制		
13	\xhh	1~2位十六进制		

附录 5 C51 编译器的扩展关键字

序号	关键字	用途	说明
1	bit	位标量声明	声明一个位标量或位类型的函数
2	sbit	位标量声明	声明一个可位寻址变量
3	sfr	特殊功能寄存器声明	声明一个特殊功能寄存器
4	sfr16	特殊功能寄存器声明	声明一个16位的特殊功能寄存器
5	data	存储器类型说明	直接寻址的内部数据存储器
6	bdata	存储器类型说明	可位寻址的内部数据存储器
7	idata	存储器类型说明	间接寻址的内部数据存储器
8	pdata	存储器类型说明	分页寻址的外部数据存储器
9	xdata	存储器类型说明	外部数据存储器
10	code	存储器类型说明	程序存储器
11	interrupt	中断函数说明	定义一个中断函数
12	reentrant	重载函数说明	定义一个重载函数
13	using	寄存器组定义	定义芯片的工作寄存器

附录 6 单片机 C 语言中常用的数据类型

序号	数据类型	关键字	长度	取值范围
1	无符号字符型	unsigned char	1 字节	0～255
2	有符号字符型	signed char	1 字节	−128～127
3	无符号整型	unsigned int	2 字节	0～65535
4	有符号整型	signed int	2 字节	−32768～32767
5	无符号长整型	unsigned long	4 字节	$0～2^{32}-1$
6	有符号长整型	signed long	4 字节	$-2^{31}～2^{31}-1$
7	单精度实型	float	4 字节	$-1.7×10^{38}～3.4×10^{38}$
8	指针	*	1～3 字节	对象的地址
9	位类型	bit	1 位	0 或 1
10	特殊功能位声明	sbit	1 位	0 或 1
11	特殊功能寄存器	sfr	1 字节	0～255
12	16 位特殊功能寄存器	sfr16	2 字节	0～65535

附录 7 运算符优先级和结合性

级别	类别	名称	运算符	结合性
1	强制转换、数组、结构、联合	强制类型转换	( )	自左至右
		下标	[ ]	
		存取结构或联合成员	->或.	
2	逻辑	逻辑非	!	自右至左
	字位	按位取反	~	
	增量	加1	++	
	减量	减1	--	
	指针	取地址	&	
	取内容	*	*	
	算术	单目减	-	
3	算术	乘	*	自左至右
		除（取整）	/	
		取模（求余）	%	
4	算术和指针运算	加	+	自左至右
		减	-	
5	字位	左移	<<	自左至右
		右移	>>	
6	关系	大于等于	>=	自左至右
		大于	>	
		小于等于	<=	
		小于	<	
7		恒等于	==	自左至右
		不等于	!=	
8	字位	按位与	&	自左至右
9		按位异或	^	
10		按位或	|	
11	逻辑	逻辑与	&&	自左至右
		逻辑或	||	
13	条件	条件运算	? :	自右至左
14	赋值	赋值	=	自右至左
		复合赋值	+= 、-= 、*= 、/= 、%= 、>>= 、<<= 、&= 、^= 、|=	
15	逗号	逗号运算	,	自左至右